巡洋艦入門

駿足の機動隊徹底研究

佐藤和正

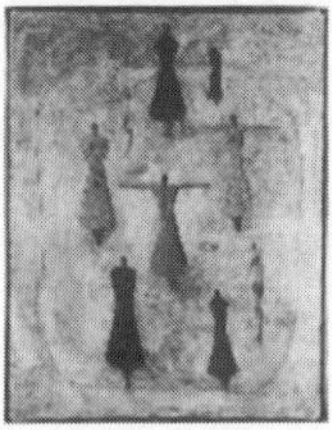

潮書房光人社

巡洋艦入門——目次

作図／石橋孝夫
写真提供／雑誌「丸」編集部

巡洋艦入門

駿足の機動隊徹底研究

第一章　日本最初の重巡「古鷹」型　古鷹 加古 青葉 衣笠

巡洋艦とはなにか

巡洋艦のことを英語でクルーザー（Cruiser）という。つまり巡航する船という意味だが、この名称は、けっして適切なものとはいえない。船ならすべてのものが巡航するからで、巡航しない船というものはありえないからだ。しかし、クルーザーとあえていうからにはそれなりの理由があるはずだ。

巡洋艦の前身をさぐってみると、フリゲイト（Frigate）やコルベット（Corvette）から出発したものである。フリゲイトは海外に植民地や領土をもつ国がもっぱら建造したもので、それらの土地との貿易や交通を維持するために警備艦としてつくられた。

初期の鉄製のフリゲイトは、たとえば英国のインコンスタントにみられるように、五七八〇トン、一六ノットという大型高速のものであった。もちろん当時のことであるから全帆装艦だが、四方が囲まれた中甲板に、両舷側に沿って大砲がならべられていた。ところが、こ

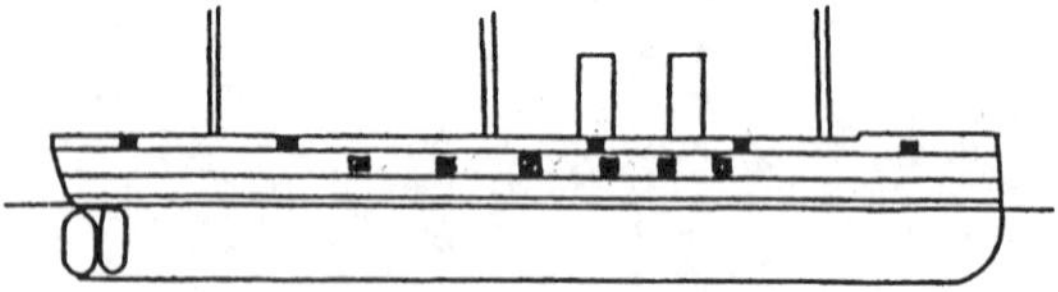

イギリス
インコンスタント（1868年）

の種の艦を多数つくるには費用が高くつくため、やや低速で小型の鉄製のコルベットが出現するようになる。

この二種の艦がさらに発達してクルーザーになるのだが、その最初は、十九世紀後期に出現した防御巡洋艦である。この種の艦は、がんじょうな防護甲鈑をもった鋼鉄製の艦で、わが国には英国に発注して明治十九年に竣工した「浪速」と「高千穂」（両艦とも同型艦、常備排水量三七〇九トン、速力一八ノット）、それに同二十四年竣工の「千代田」（二四三九トン、一九ノット）の三隻があった。

当時、これらの巡洋艦のほかに、コルベットの「金剛」「比叡」（二二〇〇トン）、さらに小型のスループと呼ばれる「葛城」「大和」「武蔵」「天龍」（一五〇〇トン）、「日進」「海門」（一四〇〇トン）、「天城」（九〇〇トン）、砲艦の「筑紫」（一三〇〇トン）も巡洋艦と呼ばれたのである。

これらの巡洋艦は、明治三十一年に正式に艦艇類別標準が制定されると、いずれも海防艦または砲艦のランクに入れられた。

このように、巡洋艦の定義づけはもともと不明確なものであり、不可能といってよい種類のものである。したがって日本はもとより諸外国の海軍でも、巡洋艦に対して明確な定義づけはしていない。

ただ巡洋艦の性格として、比較的はっきりしているのは、その軽快な航走力と大きな航続性を活用して、戦艦部隊のための偵察、索敵、水雷戦隊の旗艦、敵駆逐艦の撃破を主たる任務にしたことである。したがって巡洋艦に対する呼称も、「巡航艦」とか「偵察巡」「通報艦」など、さまざまな呼び名が使われたことがあった。

このような目的のもとに巡洋艦が使われたのは、第一次大戦のときにこの種の艦種を最初に出現させた英国海軍をのぞくと、わずかにドイツがあるだけだった。しかし第一次大戦での海の戦いをみると、艦隊の活動にとって巡洋艦の果たした役割は、きわめて効果的

明治19年、英国のアームストロング社で建造された日本海軍の鋼鉄製クルーザー「浪速」(上)と「高千穂」(下)。「浪速」は日清戦争中、東郷平八郎が艦長となり、黄海海戦で活躍した。

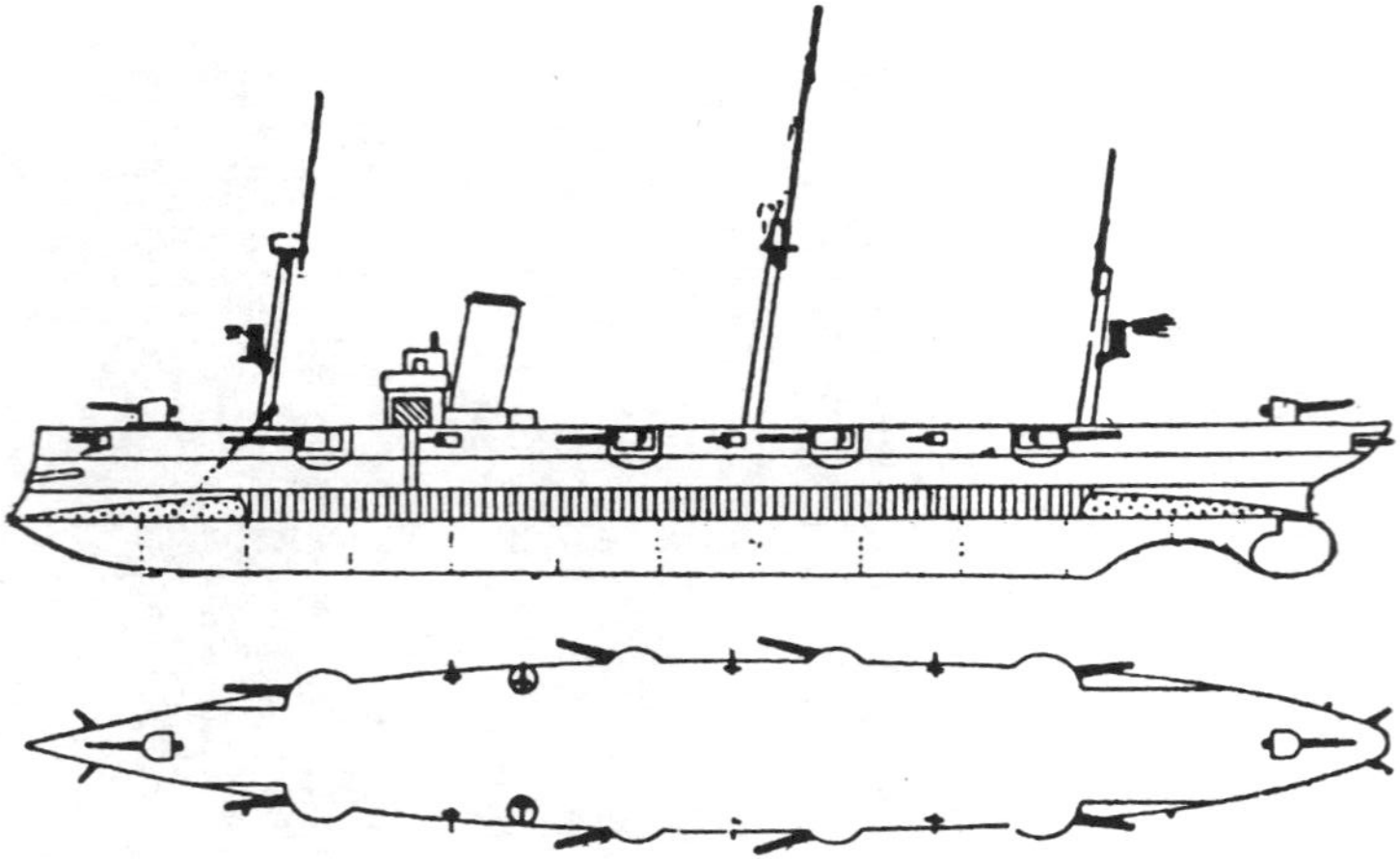

千代田（明治23年）　排水量2439 t　長さ94.4m
幅12.5m　吃水4.1m　備砲12cm砲×10，発射管×3

であることから、それ以後、各国は競って巡洋艦を建造するようになった。この場合の巡洋艦は、その後の類別でいわれた「軽巡」である。

日本海軍が、第一次大戦の戦訓から、最初の近代的な軽巡を建造したのは、大正八年に竣工した「龍田」と「天龍」であった。つづいて八八艦隊の計画にもとづいて、さらに近代的な五五〇〇トン型軽巡を多数建造していった。

この五五〇〇トン型には、「球磨」型、「長良」型、「川内」型の三種がふくまれている。このタイプから日本の巡洋艦は太平洋戦争で活躍することとなるのだが、大正九年から十四年にかけて建造された合計一四隻にのぼる五五〇〇トン型

明治11年、英国にて建造された日本海軍のコルベット「金剛」(上)と「比叡」(下)。両艦とも鉄骨木皮の艦ではあるが、日清日露両戦役に従事し、練習艦として明治末期まで就役した。

明治20年、国内で設計され、横須賀において建造された日本海軍のスループ「葛城」(上)、「大和」(中)、「武蔵」(下)。日清日露の両戦役では、港湾警備や輸送船護衛の任務について活躍したが、大正時代に入ると老朽化し海防艦に編入された。

も、一九二三年から二五年（大正十二～十四年）にかけて米国でつくられた、オマハ型軽巡には太刀打ちできないものであった。

これらの軽巡については後述するが、日本海軍ではオマハ型に対向する偵察巡洋艦として新しい艦種を考えていた。

そして、これを七〇〇〇トン級の大型軽巡として、建造する計画を立てた。これが世界の耳目を集めることになった「古鷹」型である。

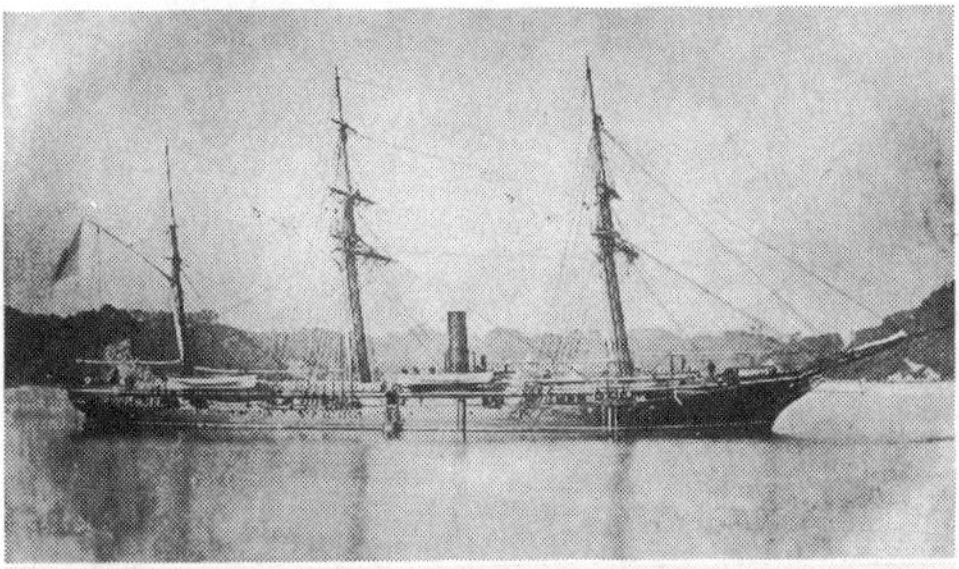

明治３年に竣工したスループ「日進」(上)と、11年に竣工した「天城」(中)。下は、当時、艦種としては巡洋艦に属した砲艦「筑紫」。「日進」はポルトガルで建造されたのを佐賀藩がオランダ人から買いあげたもので、のちに明治政府に献納した。

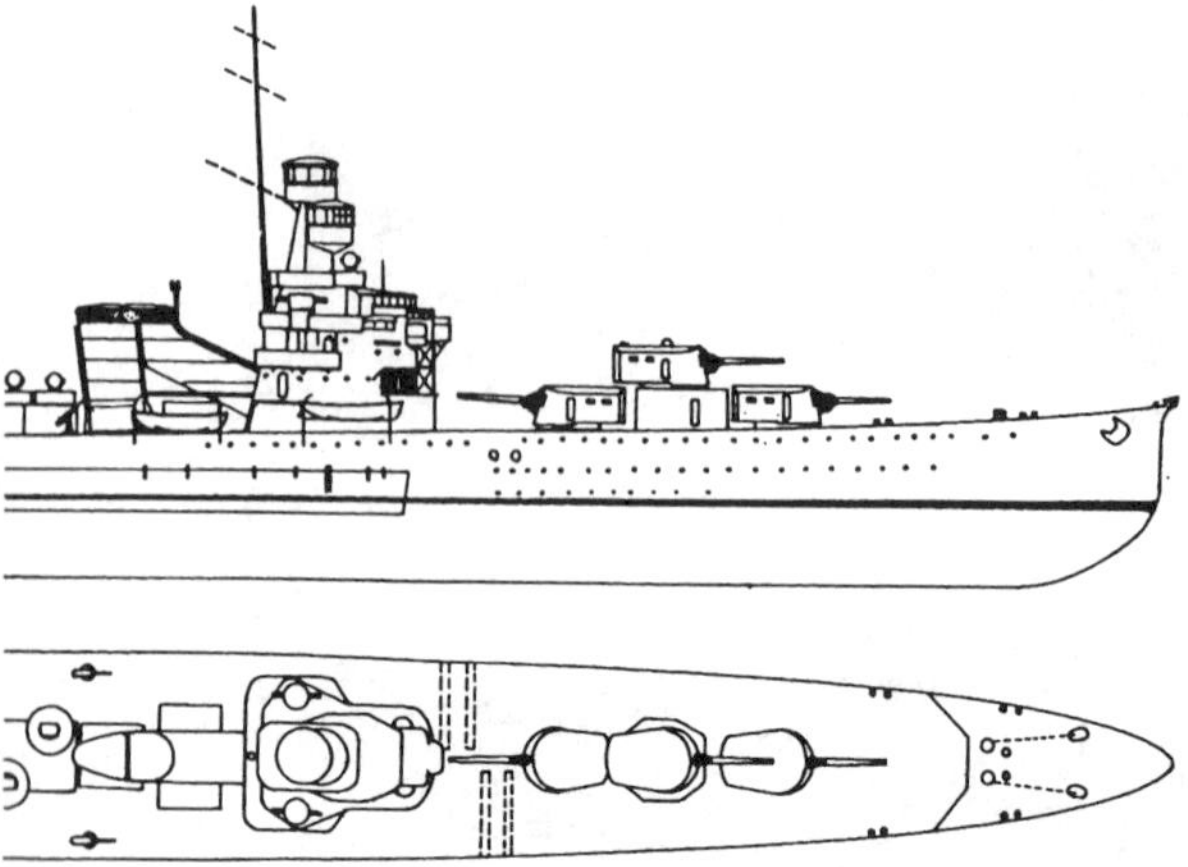

速力34.6kn　備砲20cm砲×6,
8cm高角砲×4, 発射管×12

軽巡として作られた「古鷹」型

米英をはじめとする世界の海軍国が、六インチ砲を主な備砲とする最新鋭の〝軽巡〟を建造していると
き、日本海軍では世界で初めて、二〇センチ砲（七・九インチ）を搭載した「古鷹」を大正十五年三月三十一日に、ついで「加古」を同年七月二十日に竣工させた。

この二隻の「古鷹」型の出現に、世界はアッと驚いた。六インチ砲（一五・二センチ）をいくら搭載して

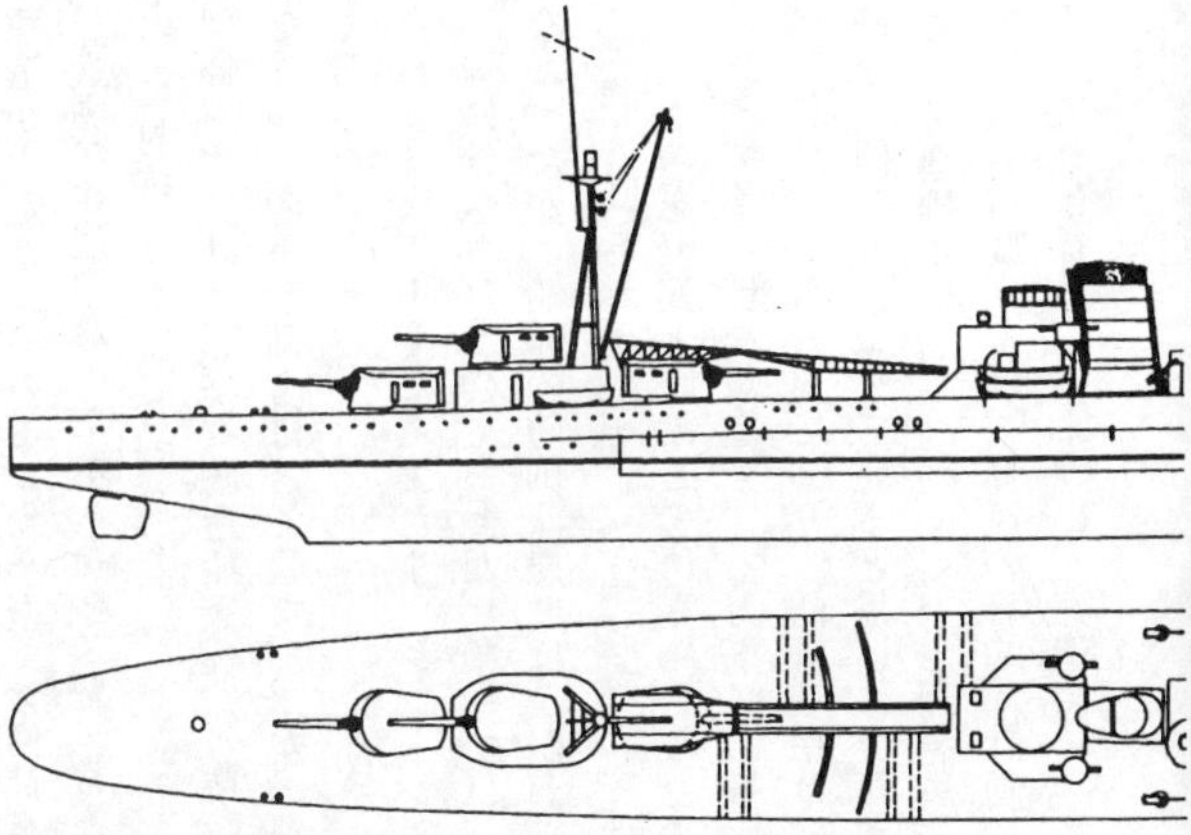

古鷹(新造時)　基準排水量7950t　水線長183.532m
最大幅16.55m　吃水5.56m　馬力10万2000

も、二〇センチ砲には敵うはずがない。「古鷹」型の出現で最新鋭艦も旧式艦に落ちこんでしまうからだ。

なによりも彼らが驚異の目を見はったのは、二〇センチ砲単装六門を、艦首と艦尾に三基ずつピラミッド式に搭載していることだった。そのうえ日本海軍の発表によると基準排水量はわずか七一〇〇トンという。技術的には、とうてい不可能なことだ。日本海軍は不可能を可能にする革新的な技術をもっているのか、と驚き怪しんだのであった。

「古鷹」型は、大正九年度

の計画によって建造を予定されたものだが、これが計画された理由は前述したとおり、すでに米国で建造が予定されているオマハ型（常備排水量七五〇〇トン、六インチ砲一二門、三四ノット）と、英国が建造中だったホーキンス型（常備排水量九七五〇トン、七・五インチ砲七門、三一ノット）に対抗するためだった。

この新型軽巡の設計は、平賀譲（ゆずる）造船大佐（当時）があたったが、基準排水量七一〇〇トンに、どれだけ多くの重装備をほどこして、米英の新型艦を凌駕（りょうが）することができるか、という点が問題であった。

こうしたおり、大正十年にたまたまワシントン軍縮会議が開かれ、巡洋艦については重巡と軽巡の二種に分類されたのであった。条約では、巡洋艦以下の補助艦は合計トン数の枠は設定されなかったが、船体の防御状態にはかかわらず、巡洋艦は一万トン以下で、八インチ砲（二〇・三センチ）以下を搭載したものを重巡とし、六・一インチ砲（一五・五センチ）以下を搭載したものを軽巡と呼ぶことにきめられたのである。

これはいたって不合理な規定で、一万トンの排水量で防御装甲をもっていても、六・一インチ砲を搭載していたら軽巡であり、防御装甲はほんの申しわけで、排水量も小さいのに、八インチ砲を一門でも搭載していると重巡に分類されるというものであった。

このために基準排水量七一〇〇トン、主砲に二〇センチ砲（七・九インチ）を搭載することになっていた「古鷹」型は、軽巡の目的で計画したのに重巡のランクに入れられてしまったのである。これは後述するように、建造時の「最上」型軽巡のほうが、「古鷹」型よりも

大正15年、公試に先立って予備運転中の「古鷹」。斬新な形態は、当時としては世界に例をみない空前のもので、日本の造艦技術の高さを顕示した。

昭和初期の米軽巡オマハ(上)と、完成まもない英軽巡ホーキンス(下)。「天龍」型や5500トン型軽巡では太刀打ちできない強力な英米艦に対抗するため、「古鷹」型軽巡が計画された。

大きかったという、妙な矛盾めいたことがらが生じてくる結果になった。

「古鷹」型は、こうしてワシントン条約のもとに建造されることになったが、もともとこのクラスは軽巡として計画され、条約前に設計が完了していたのである。ただ、軍縮会議が開催されたために、大正九年度の建造を一時延期していたが、十一年十一月に「加古」を、ついで翌十二月に「古鷹」を、それぞれ神戸川崎造船所と、三菱長崎造船所で起工した。

巧妙な船体の軽量化

二〇センチ砲六門を搭載するとなると、当時の造船常識からいえば、排水量は九〇〇〇トンを超えるものとされていた。したがって造船技術上の問題からいっても、ワシントン条約で規定した、一万トンという排水量の制限は、二〇センチ砲を搭載するための最低限ギリギリの数字だったのである。

昭和2年ごろの「古鷹」。艦尾から巻き上がる白波の状態からみて、かなりの高速で航走中である。艦橋の前に白く見えるのは掃海具（パラベーン）である。

「古鷹」型中央断面

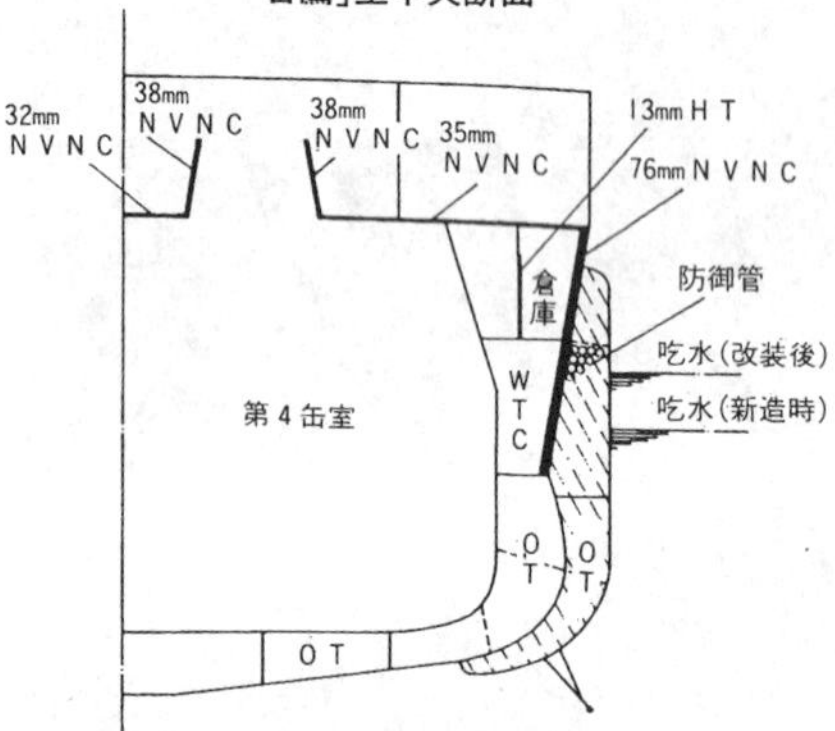

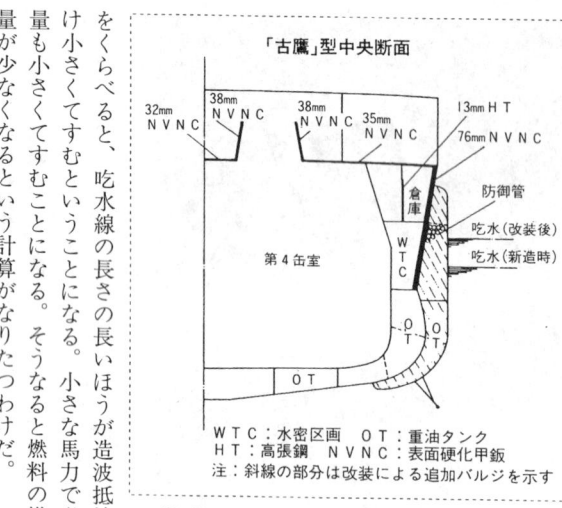

WTC：水密区画　OT：重油タンク
HT：高張鋼　NVNC：表面硬化甲鈑
注：斜線の部分は改装による追加バルジを示す

　ところが、「古鷹」型は、最低限と認められていた壁を打ち破ったのである。つまり一万トン級の実力をもつ艦を七〇〇〇トンでつくるというのだから、それだけ経費は安あがりになるし、小型化されながらも、なおかつ一万トン重巡と同威力をもつことになれば、小型化した艦のほうが戦闘効果は、はるかに優位である。

「古鷹」型の軽量化の秘密は、船体の長さをできるだけ長くとったことにあった。したがって「古鷹」型では船体の長さと幅の比、および長さと深さの比が、他国のどの巡洋艦よりもはるかに大きかった。

　おなじ排水量で、船体の長さの異なる船をくらべると、吃水線の長さの長いほうが造波抵抗が小さく、したがって機関馬力もそれだけ小さくてすむということになる。小さな馬力で必要スピードがえられるなら、燃料の消費量も小さくてすむことになる。そうなると燃料の搭載量を減らすことができ、それだけ排水量が少なくなるという計算がなりたつわけだ。

基本的には、このような考え方に立って「古鷹」型が設計されたのである。このため、船体がきわめて細長いものになった。船体が細くなると、縦強度が弱くなるものだが、本艦はきわめて巧妙な船体構造法が採用されており、この弱点はカバーされている。

一つの例をあげると、上甲板をフラッシュ・デッキ（平甲板型）にしたことである。つまり艦首から艦尾まで、段差のない全通甲板にすることによって、船体の縦通材の構造が単純となり、資材が節約され、しかも縦強度が高くなり、なかおつ船体を軽くすることができるという有利な構造法であった。

そのうえ平甲板を波型にうねらせることによって凌波性を向上させているが、これは「古鷹」型以後の「妙高」型、「高雄」型をはじめ、戦艦「大和」型にも採用された形状である。

二〇センチ砲を搭載した「古鷹」型が出現したとき、外国の造船技術者たちは、軽量化するために防御を犠牲にしているのだろう、と批判した。

ところが「古鷹」型の防御は、米英が建造した最新鋭の軽巡の防御となんら遜色がないばかりか、部分的にはむしろ強力なものになっていたのである。

つまり一般的にいって、船体を細長くすると強度を保つために、資材を多量に使わなければならない。そのために全体の船殻重量がふえてしまうものである。これをさけるために「古鷹」型では、たとえば舷側甲鈑（こうばん）をそのまま船体構造の一部として使用することによって、合理的な船殻をつくりあげたのであった。

この方法は、やはり後年の「大和」型の舷側装甲に活用されているように、きわめて画期

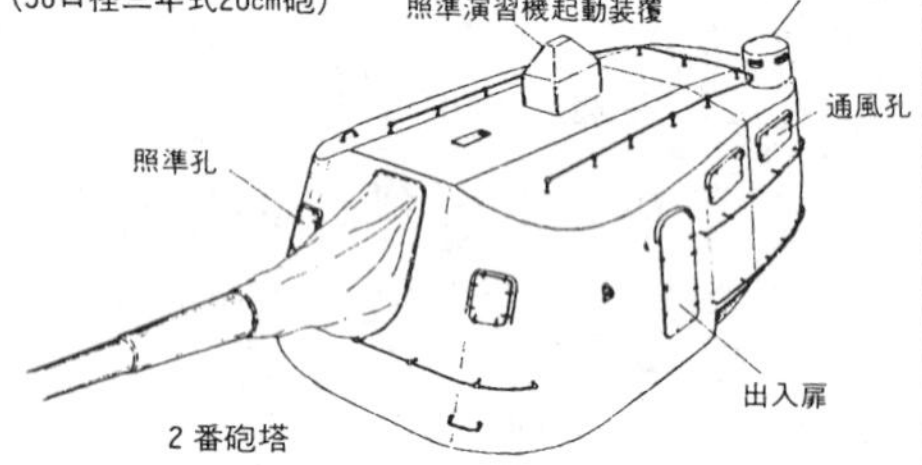

新造時の「古鷹」型主砲塔
(50口径三年式20cm砲)

的なものであった。

「古鷹」型の舷側は、厚さ三インチ（七六ミリ）のNVNC甲鈑（New Vickers Non Cemented Armour Plate＝ニッケルクローム鋼均質甲鈑）を、耐弾性を増すために傾斜甲鈑として用いた。この甲鈑を、そのまま船体の主要部の舷側としてグルリと張りめぐらし、船体構造材と防御の両用に当てることによって、余分の鋼材を節約したのである。

新機軸の主砲配置

船体の軽量化には成功したものの、問題はもっとも重量を食う主砲塔である。単装とはいえ、前部と後部の主砲群は、三基ずつ二群に分けた六基の砲塔になっている。これでは常識的にみて大重量になるはずだ。

諸外国の専門家たちは、「古鷹」型が六門の二〇センチ砲を搭載した艦になると公表されたとき、とうぜん連装砲三基の砲塔群になるものと考えていた。

砲塔というものは、それ自身が大重量であるが、決定的な重量は、砲塔の下につながっている揚弾塔の機構にある。戦艦はもちろん、重巡級の主砲塔はすべて垂直揚弾薬方式が常識

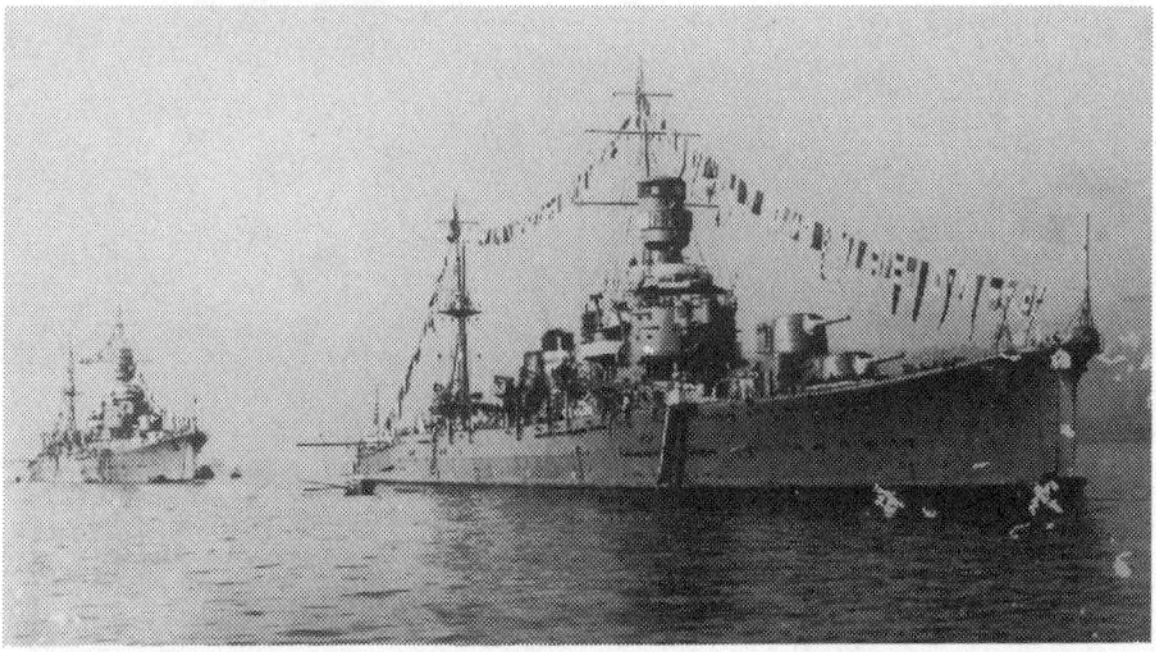

大正15年９月、朝鮮の元山で撮影された「古鷹」(前)と「加古」(後)。新造時の艦容を明確に伝える写真で、平賀デザインの原型をよく表わしている。

で、弾丸も装薬も砲塔直下の弾火薬庫から機械力で垂直に揚げられる。この機構は複雑かつ大重量のものだ。こうした常識的な機構を考えると、砲塔部の重量を削減することは考えられないから、連装砲塔にして船体防御を弱めた艦にするだろう、と考えたのもムリからぬことである。

ところが単装砲塔を三基一群としたのは、じつは連装砲塔にしたときの重量よりも軽くするための方策だったのである。まったく逆の発想によって、軽量化を実現するという意表をついた卓抜な設計だった。

砲塔軽量化の秘密の第一は、砲塔に防御甲鈑は用いず、単なる波浪よけ、または弾片よけ程度の、薄い鉄板を用いた防楯としたことである。つまり駆逐艦の砲塔程度のものにして重量を軽減したのであった。

ついで問題になる給弾方式も、ごく簡単な方法がとられた。まず弾火薬庫から下部揚弾機でいったん中甲板の砲支筒外部に移し、そこから三基の各砲塔直下の砲支筒内に送りこみ、さらに上部揚弾機で砲側に上げ

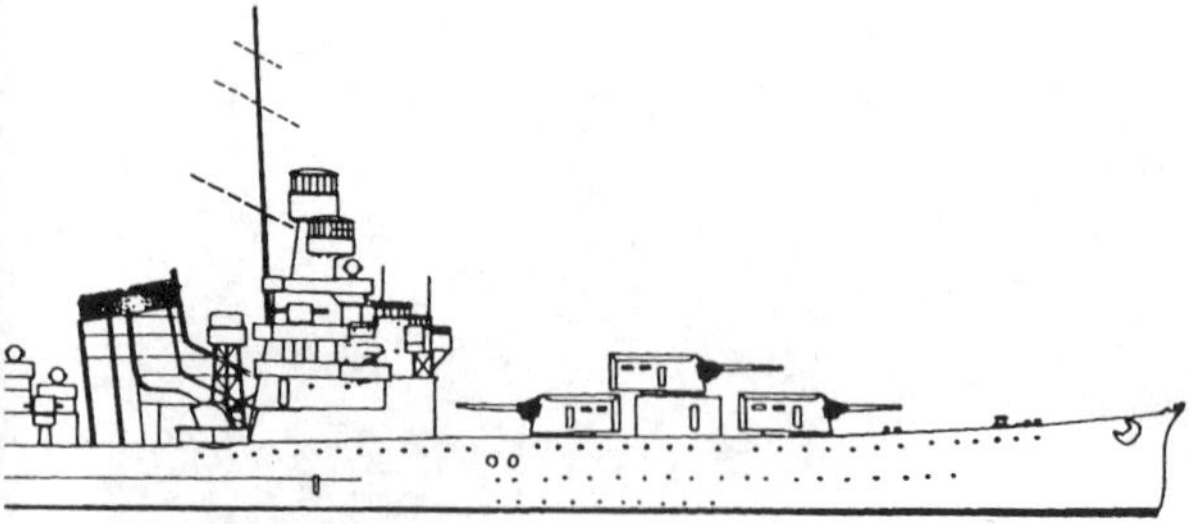

速力34.6kn　備砲20cm砲×6，
8cm高角砲×4　発射管×12

るという、二段がまえの揚弾方法をとったのである。

こうすれば、さしもの大重量の機構も一挙に軽くすることができる。しかし間接揚弾方式なので能率はわるく、発射速度の低下はまぬがれない。このため「古鷹」型の主砲は、一分間に四発という、重巡としてはやや低い発射速度になってしまった。

もちろん、これらのことは極秘になっていたので外部に知られることはなかったが、よくしたもので、疑心暗鬼(ぎしんあんき)の外国の専門家たちは、「古鷹」型が単装砲にしているのは発射速度を早くするためで、その威力は連装砲塔四基八門の一万トン級重巡に匹敵するものであろう、と過大評価したものだった。

したがって日本の「古鷹」型は、これから各国で作られるであろう、ワシントン条約型の一万トン重巡に対して、対抗しうる新鋭艦である、という評判が早くも立ち、驚異と羨望をもって眺められたのであった。

排水量の大幅な超過問題

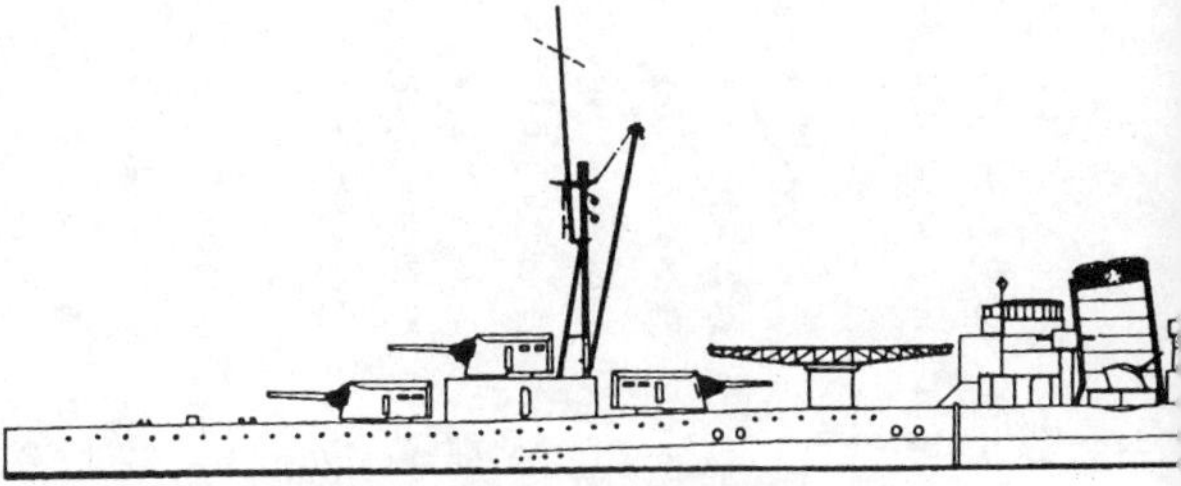

加古（新造時）基準排水量7950ｔ　水線長183.532m
最大幅16.55m　吃水5.56m　馬力10万2000

問題となった主砲が、設計者である造船界の鬼才平賀大佐（のちの東大総長・技術中将）によって解決されたが、この単装砲二基のほうが、このあとで建造された姉妹艦「青葉」型で採用された連装砲塔一基よりも重量的に軽かったといわれている。

しかし平賀博士が、「古鷹」型のバランスを考慮して、重量分布上から連装砲塔をさけ、単装砲塔にしたのである

重巡「加古」新造時の要目

基準排水量	7100トン、実際は7950トン
公試排水量	8544トン
全　長	185.166メートル
水線長	183.532メートル
垂間長	177.4メートル
最大幅	16.55メートル
水線幅	15.77メートル
深　さ	10.07メートル
平均吃水	5.56メートル
主　機	オール・ギャード・タービン４軸
主　罐	艦本式12基
出　力	102000馬力
速　力	34.6ノット
燃料搭載量	重油1400トン、石炭400トン
兵　装	主砲＝三年式20センチ砲50口径単装６基、高角砲＝三年式８センチ砲40口径単装４基、発射管＝固定式61センチ連装６基
乗　員	627名

が、意外にも船体の安定性は抜群で、つぎの「青葉」「衣笠」では軍令部が単装砲の非能率をきらって連装砲塔にしたところ、重量分布は危惧(きぐ)したほどの問題はおこらなかった。この一事からも、平賀博士の設計には、計算をこえた深淵な才能がうかがわれる。

こうして難問をみごとに解決して「古鷹」型はできあがったが、予定に反して排水量が七一〇〇トンにおさまらず、最終的には約一〇〜一二パーセント増し（「古鷹」は七八〇〇トン）になってしまった。

それでも八〇〇〇トン以内にとどまったので大成功の艦となったのであるが、この重量増加は本来なら大問題になるところである。というのは、ふつう軍艦の場合、最初の設計と実際にできあがったときの排水量の誤差は、一〜三パーセント程度とされていたからである。

それが一〇パーセントをこえるということになると、艦の性能に重大な影響が出てくることになる。まず速力の低下、航続距離の減少、乾舷の低下、凌波性能の低下、復元力の低下など、さまざまな悪影響が出てくることになる。しかし、前頁に示したように、新造時の「古鷹」型の要目は、一〇パーセントの超過にもかかわらず、実質的な欠点はなに一つとして発見されていない。せいぜい吃水がやや増したために、舷窓の位置が低くなった程度である。

厳密に評価すると、舷窓が低くなると、万一この部分に魚雷や砲弾が命中すると、舷窓が破壊されて破孔がひろがり、大浸水をまねくことになりかねない。このことは艦の生命にもつながることで、きわめて重大なことである。もっとも、戦闘状態に入るという段階になれ

大正15年7月21日、竣工日翌日、神戸を出港準備中の「加古」。本艦の方が「古鷹」より早く完成する予定であったが、事故により引き渡しが遅れた。

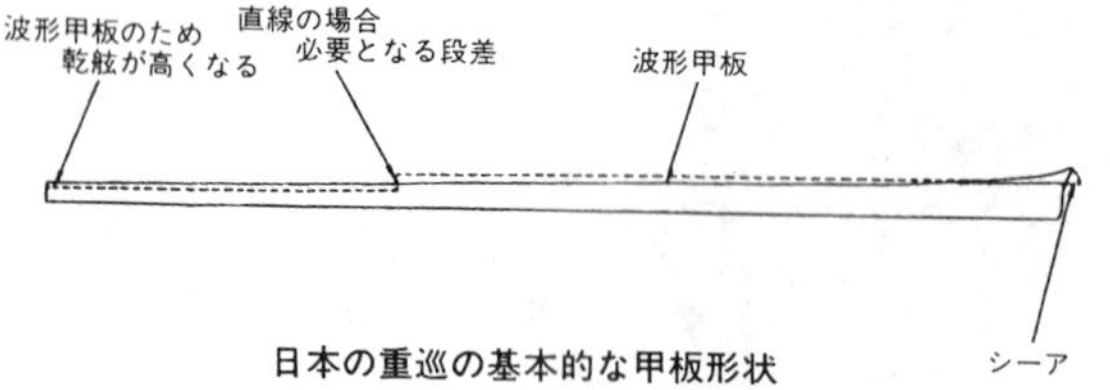

日本の重巡の基本的な甲板形状

ば、低い舷窓はすべて蓋をして熔接してしまえば、簡単に問題はかたづくことではあるが。

この重量超過は、じつは平賀博士の設計にミスがあったのではない。設計どおりに建造すれば、計算どおり七一〇〇トンで完成したはずだったのである。ところが、このような斬新な艦に対して、施行側が不必要な危惧をいだき、平賀博士から設計を受けとった詳細設計者が、独断で設計変更したことからおこった問題であった。しかしこのことは、つぎの一万トン重巡の建造にとって、貴重な経験になったのである。

新造時の船体の特徴

「古鷹」型の新造時の要目は、前掲の表でもわかるとおり、きわめてすぐれたものである。すぐれた性能は、すぐれた船体構造からみちびきだされるものだが、「古鷹」型の船体をながめてみると、さまざまな特徴が見られる。

まず艦首だが、「古鷹」型の艦首の形は、戦艦「長門」や軽巡「夕張」とおなじように、当時の日本の軍艦の標準ともいうべき形態をとっている。すなわち吃水線のところで大きな円弧をえがき、

昭和５年ごろの撮影と思われる「加古」。すでに第４砲塔前の滑走台が撤去されているところからみて、昭和６～７年の改装に備えたものであろう。

艦底にむかってふかく傾斜し、ちょうど艦首が吃水線をさかいにして上方のやや垂直型カーブと、下方にのびる大カーブとの二重カーブになっているもので、これはダブル・カーブド・バウ（二重屈曲式艦首）と呼ばれていた。

さらに艦首の上端部は、するどく前方に突き出させることによって、艦がピッチングをして波の中に艦首を突っ込んでも、この部分で飛沫（ひまつ）をつくって波をはじき、艦橋におおいかぶさらないようにした。そのためにも、艦首の外板のフレアーを大きく外舷に張り出すようにそらせてある。このタイプは、それ以後の重巡の艦首にほぼ同様の形態で採用された。

とくに外舷に張り出すようにして設けられたフレアーは、もちろん艦首波が甲板上にかぶさらないようにした、凌波性向上のためであるが、このいちじるしく張り出した形は日本重巡の大きな特徴になっていった。

「古鷹」型の船体のいちじるしい特徴は、フラッシュ・デッキにあるが、まず艦首部を前方から見ると、いちじるしいシーア（Sheer＝舷弧、甲板の前後の反り）がかかっていることに気がつくであろう。これはフレアーとおなじように、凌波性を増すためのものである。

このシーアの傾斜角が、そのまま平甲板へつながる流れになって下がってゆき、三番砲塔から艦橋の間で水平になっている。この水平部分の下の中甲板に、連装の魚雷発射管が両舷に一基ずつ固定して装備してあった。上甲板の裏側には、魚雷を吊り下げて移動するレールがついており、それが傾斜甲板になっていると具合が悪いからである。また、中甲板に魚雷発射管を固定したことは、上甲板では水面からの位置が高すぎて、発射した魚雷の入射状態が問題となるからである。したがって「古鷹」型の舷側をよく見ると、魚雷発射用のまるい穴がついているのが見られる。

ついで、水平になった甲板は、艦橋部をすぎたところから、ごくゆるやかに四番砲塔まで下がっている。この傾斜はごくわずかで、注意して見ないとわからない程度だが、これも四番砲塔の直前の中甲板に連装発射管を二基ずつ両舷に装備してあるからである。そして四番砲塔から最後尾まで、上甲板は大きなカーブをえがいて下がっている。

平甲板を波形に大きくうねらせたのは、重量の大きい砲塔や上部構造物の部分を、できるだけ下げてトップ・ヘヴィになることをふせぎ、艦尾の乾舷を逆に高めて凌波性を増す、という効果をねらったものである。

甲板をうねらせながら艦尾に向かってしだいに下がっているのに、なぜ艦尾の乾舷が高くなるのか、という疑問が出るであろう。これは、波形をとらなければ上甲板は直線の平甲板になる。そうなると、艦尾が艦首とおなじくらいに高くなるので、すくなくとも後部砲塔の搭載位置あたりで段をつけ、甲板を一段低くしなければならない。この段差をもうけた甲板のことをブロークン・デッキというが、この方法をとると、艦の重量配分からいって艦尾部をかなり下げねばならず、したがって乾舷もまた相当範囲にわたって低くなるというわけである。

また防御舷側下の艦底部をバルジ状にふくらませた構造がとられたが、これはいわば起き上がりこぼしのダルマとおなじことで、対動揺性を高めるためのものである。この構造のために、「古鷹」型の航走時の動揺はほとんどなく、つねに安定していた。

近代化された構造物

「古鷹」型の艦橋構造物は、その後に出現した多くの巡洋艦を見ていると、なんのへんてつもない、ごくふつうの艦橋に見えるが、はじめての重巡としては、じつに思いきった大型艦橋であった。

従来の軽巡「天龍」「龍田」や、五五〇〇トン型軽巡の艦橋にくらべると、「古鷹」型のそれは驚異的ともいえるほど近代化された艦橋であった。しかも艦橋の最上部に方位盤をおき、その直下に主砲射撃指揮所を設置したことは、戦艦の艦橋方式に準じたものであり、将来の重巡の姿をリードしたものであった。

煙突は二本だが、前部煙突は上部で、誘導煙突と合体した結合煙突になっている。したがって実質的には三本煙突である。これは一二基の罐を三ブロックに分け、四基の罐から出る排煙を一本の煙突が受けもつようになっていた。前部の結合煙突のタイプは、すでに軽巡「夕張」で試作ずみであり、これ以後建造される軽巡、重巡ともにかならず結合煙突が採用されるようになった。

艦船のボイラーは、できるだけ中央部に設けるのが最上だが、軍艦の場合、中央部付近にどうしても艦橋構造物がくるので、煙突を出す場所がないために罐室を後方にずらす場合が多かった。この欠点を除去したのが結合煙突である。このために艦橋の直下でも罐室を設けることができるようになり、排煙を誘導煙路によって後方にみちびき、やや後方に傾斜した本来の第二煙突に結合して排出した。

この結果は、きわめて良好であった。煙突が艦橋からかなり離れているため、排煙が艦橋にかかることがないうえに、煙突の傾斜が敵艦の測的をくらますという、ねがってもない二次効果が生まれたのである。つまり光学兵器で距離を計測する場合、斜め煙突の稜線がわざわいして測距をさまたげるのである。

こう見てくると「古鷹」は、なにもかも成功したすぐれた艦ということになるが、ただ一つ、重大な問題があった。それは罐室の中央線上に設けられた縦壁である。

「古鷹」型の一二基の罐は、第一から第一〇までを重油専焼罐として、各二基ずつをそれぞれ一つの罐室に収容し、第一罐室から第五罐室に配置した。残りの二基は重油と石炭の混焼罐で、これは一罐ずつ第六、第七罐室に配置された。
第二から第七罐室までの六つの罐室は、いずれも左右に三室ずつ両舷にならんでおり、その中央線上に防御縦壁が左右の罐室群を二分して設けられていた。

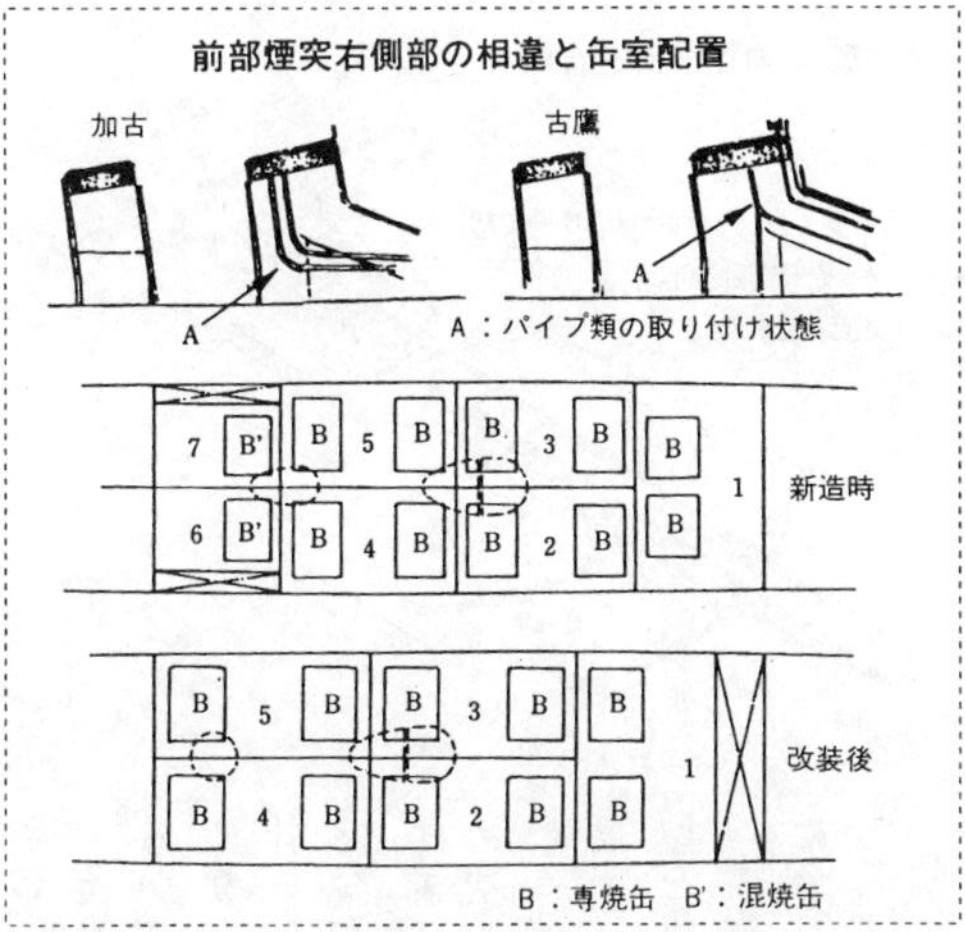

この縦壁は、船体を強化する目的と同時に敵艦の砲弾が落下して罐室を直撃した場合、被害を直撃された罐室にだけとどめておくための防御縦壁だった。当時は、魚雷攻撃による被害よりも、砲戦による被害のほうが重視されていた時代であり、事実、海戦の主体は砲撃戦に重点がおかれていたので、このような設計になったのである。

ところが、太平洋戦争では砲撃戦よりも魚雷戦のほうが多かった。魚雷が一方の舷側に命中すると、この縦壁のために片舷のみの浸水となり、艦はバランスをくずされて転覆することになりかねない。「古鷹」型のこの縦壁は、開戦以後、きわめて危険な存在として浮び上がってきた。しかし、これも当時とし

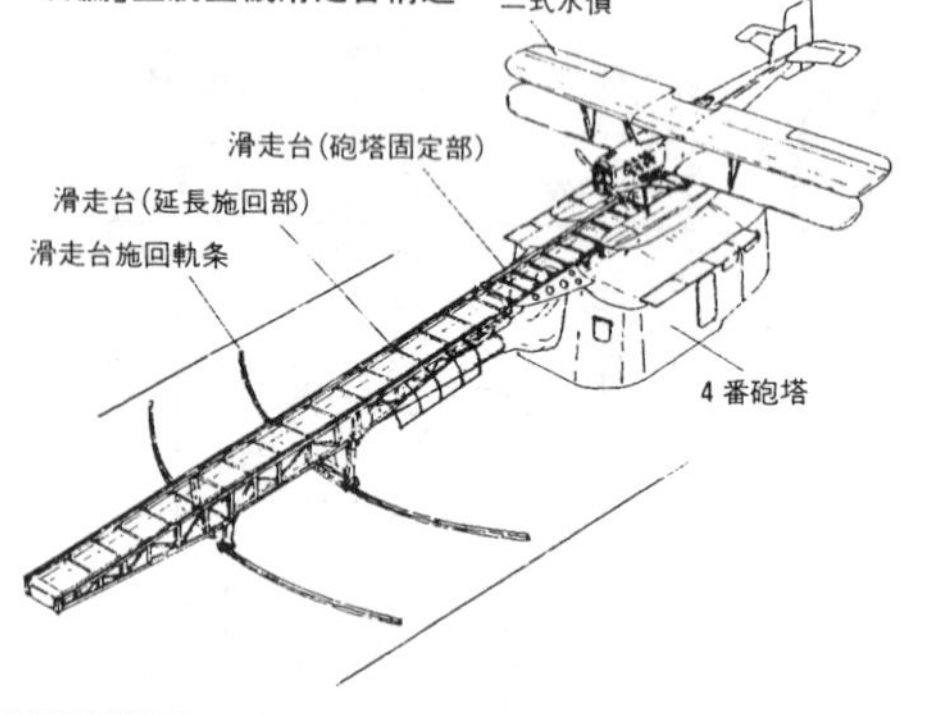

「古鷹」型航空機滑走台構造

ては、明確に予測できるものではなかった。

それに魚雷に対しても、当時の駆逐艦を相手とするかぎり、「古鷹」型にとってはあまり脅威になりえなかったし、もともと「古鷹」型は軽巡として設計されたので、細い船体に魚雷防御をほどこす余裕はなく、事実上、これ以上の防御を設けることはムリだったのである。したがって「古鷹」型は、はじめから魚雷に対する防御を放棄した艦であった。むしろ持ち前の高速と二〇センチ主砲の威力によって攻撃される前に攻撃するという積極策が、「古鷹」型を魚雷から防御する対策になっていた。

「古鷹」型の主砲以外の装備は、二本の煙突の両側にそれぞれ三インチ（七・六センチ）単装高角砲を二基ずつ、合計四門が装備された。

また、「古鷹」と「加古」は、本格的に飛行機を搭載したはじめての巡洋艦となった。まだカタパルトが出現していないので、四番砲塔の上から全長二七メートルの飛行機滑走台を設け、最初はハンザ水上偵察機を搭載していたが、昭和三年からハインケル水偵を国産化した二式複座水偵一機を搭載した。

滑走台は砲塔の天蓋にのせた部分と、これにつながる前方の部分の二つに分かれており、飛行機を発進させるときは、この二つの滑走台をつなぎ合わせ、俯角五度の傾斜をもたせて斜め前方に向けて発進させた。しかしこの滑走台の結合作業は、なかなかの難物だったらしく、操作上に多くの問題があり、きわめて評判の悪いものだった。だが不評の滑走台も昭和五年には撤去され、その後カタパルトが開発されて昭和七、八年ころにはこれを装備した。

「青葉」と「衣笠」の竣工

こうして「古鷹」型は完成したわけだが、この艦の建造目的が、米国のオマハ型を凌駕（りょうが）するためのものだっただけに、その性能の強化目標は、はじめからはっきりしていたわけである。完成した性能の強力ぶりは、目をみはるものがあった。

これを見ると、砲力、速力はもちろん、攻防力において「古鷹」型は完全にオマハ型を圧倒することに成功している。英国のホーキンス型を凌駕したことは、いうまでもない。

巡洋艦は、敵の艦隊偵察と、駆逐艦の撃攘（げきじょう）を目的とする軍艦である。まだ飛行機がそれほど発達していないときのことだから、巡洋艦の任務は第一線の尖兵（せんぺい）的役割をもっていた。

とうぜんのことながら、敵艦隊もこちらをさぐるために巡洋艦を触角として、第一線にくり出している。したがって敵味方、最初の接敵は巡洋艦同士になる可能性が高い。ここで、砲力において相手にまさり、速力において優速であれば、最初の第一撃によって、とうぜん相手を倒せるわけである。そのことは、その後に接敵してゆく戦艦群にとって、きわめて有

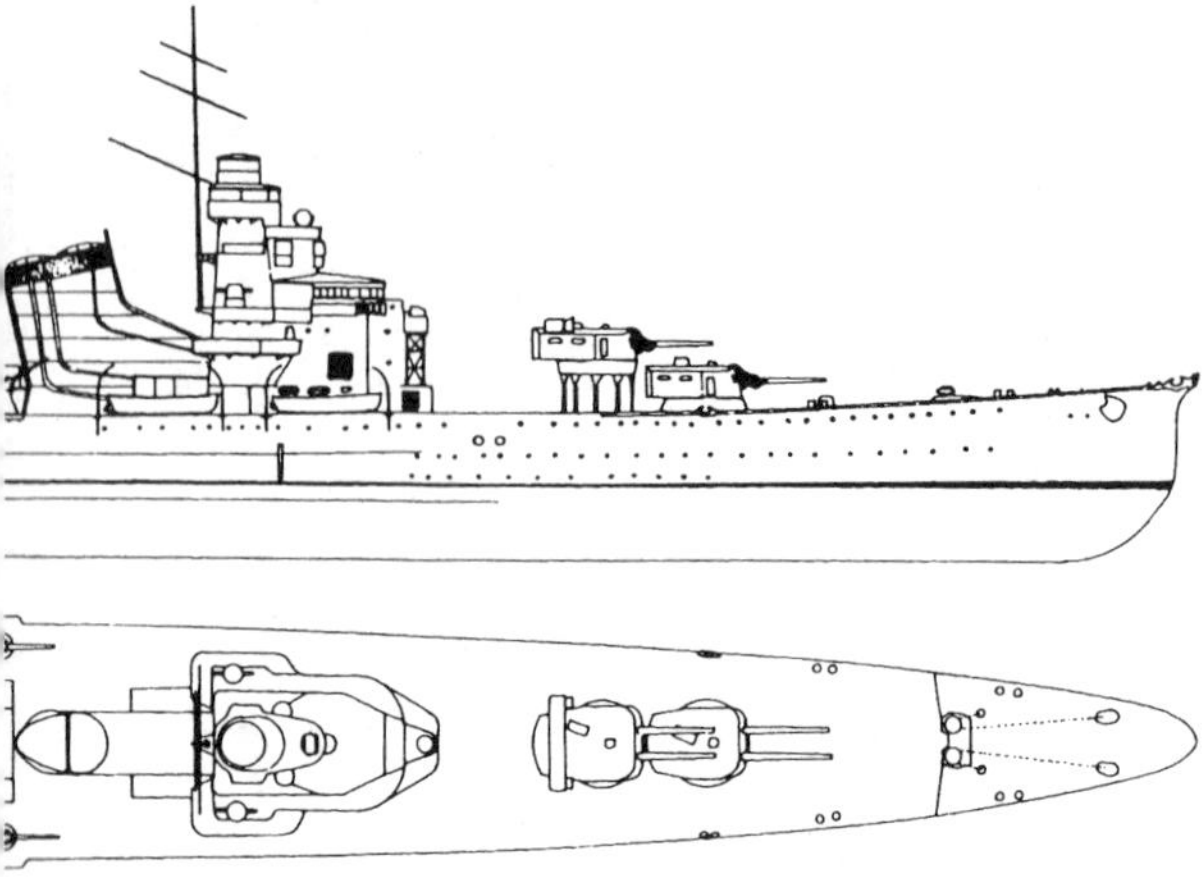

速力36kn　備砲20cm砲×6,
12cm高角砲×4, 発射管×6

利に合戦が展開できる要因になる。

とくに日本の場合は、四囲を太平洋という広大な海域にかこまれている。日米もし戦うことになれば、あきらかに渡洋作戦となる。ここで重大な問題となるのは、作戦海域が広大なために小艦艇では補給がつづかないこと、あるいは洋上に大きな風波があれば行動が制限されることである。

こうなると、戦艦群の警戒幕となる駆逐艦は、頼りにならない。駆逐艦をともなわない戦艦は裸で敵地におどりこむようなもので、

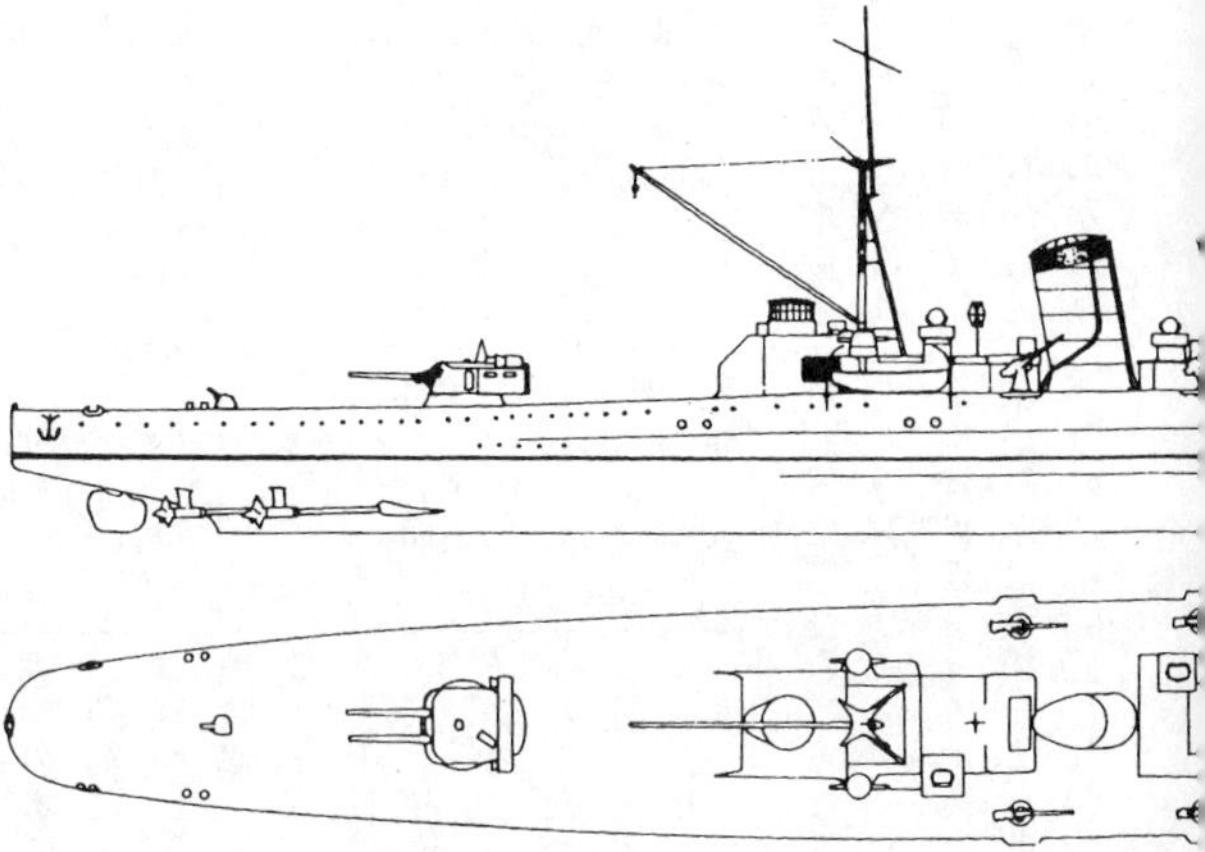

衣笠(新造時)　基準排水量8300 t　水線長183.58m
最大幅15.83m　吃水5.71m　馬力10万2000

自由な作戦を展開することができなくなる。こうした情況のもとでは、航続力があり、しかも装備において駆逐艦より強力であり、小まわりがきいて敏捷さの点でも駆逐艦に匹敵する能力をもつ巡洋艦の存在が不可欠のものとなってくる。

将来、広い太平洋が主戦場になるであろうことは、第一次大戦以後の日本海軍にとってはすでに常識だったわけで、それだけ巡洋艦建造の熱意はきわめて大きかった。

日本海軍がもとめた軽巡は「超大型駆逐艦」の性格

日米新鋭巡洋艦の比較

	古鷹	オマハ
常備排水量	(公表)7600トン	7500トン
機関馬力	102000	90000
速力	34.5ノット	33.75ノット
主砲	8インチ×6門	6インチ×12門
(〃片舷発砲)	6門	8門
高角砲	3インチ×4門	3インチ×4門
(〃片舷発砲)	2門	2門
魚雷発射管	24インチ×12門	21インチ×10門
(〃片舷発射)	6門	5門
舷側防御力	3インチ甲板	3インチ甲板
甲板防御力	1.4インチ甲板	1.5インチ甲板
燃料搭載量	1800トン	1914トン
同型艦	4隻	10隻

をもったものであり、その意味では「古鷹」型は大成功の艦であった。ただ軽巡のつもりが、ワシントン条約によって重巡にランクづけされた点だけが不本意なことだったといえよう。

「古鷹」「加古」の二隻につづいて、同型艦の「青葉」「衣笠」の両艦が、ともに昭和二年九月二十日と三十日に竣工した。この「古鷹」型の三、四番艦は、「古鷹」とまったくおなじ設計で起工されることになっていたが、その前にワシントン条約が締結されたため、基準排水量七一〇〇トンにこだわる必要性を失っていた。

二〇センチ砲を搭載した艦は、基準排水量が一万トンまでゆるされるのだから、「古鷹」と同型で充分に余裕のある排水量を、重装備にふりむけるならば、より優秀な性能と強力な兵装の艦を建造することができるはずである。

こう考えた軍令部では、発射速度がおそくめんどうな単装砲の機構をきらって「青葉」と「衣笠」は、最初から連装砲塔三基に改めるよう要求し、高角砲は一二センチ、また後部には飛行機滑走台のかわりに、そのころ開発されつつあったカタパルトを装備するよう指示し

昭和3〜4年に撮影された、「衣笠」から発進する一五式水偵。「衣笠」は当時、実用化された射出用カタパルトを日本軍艦のなかで最初に搭載した。

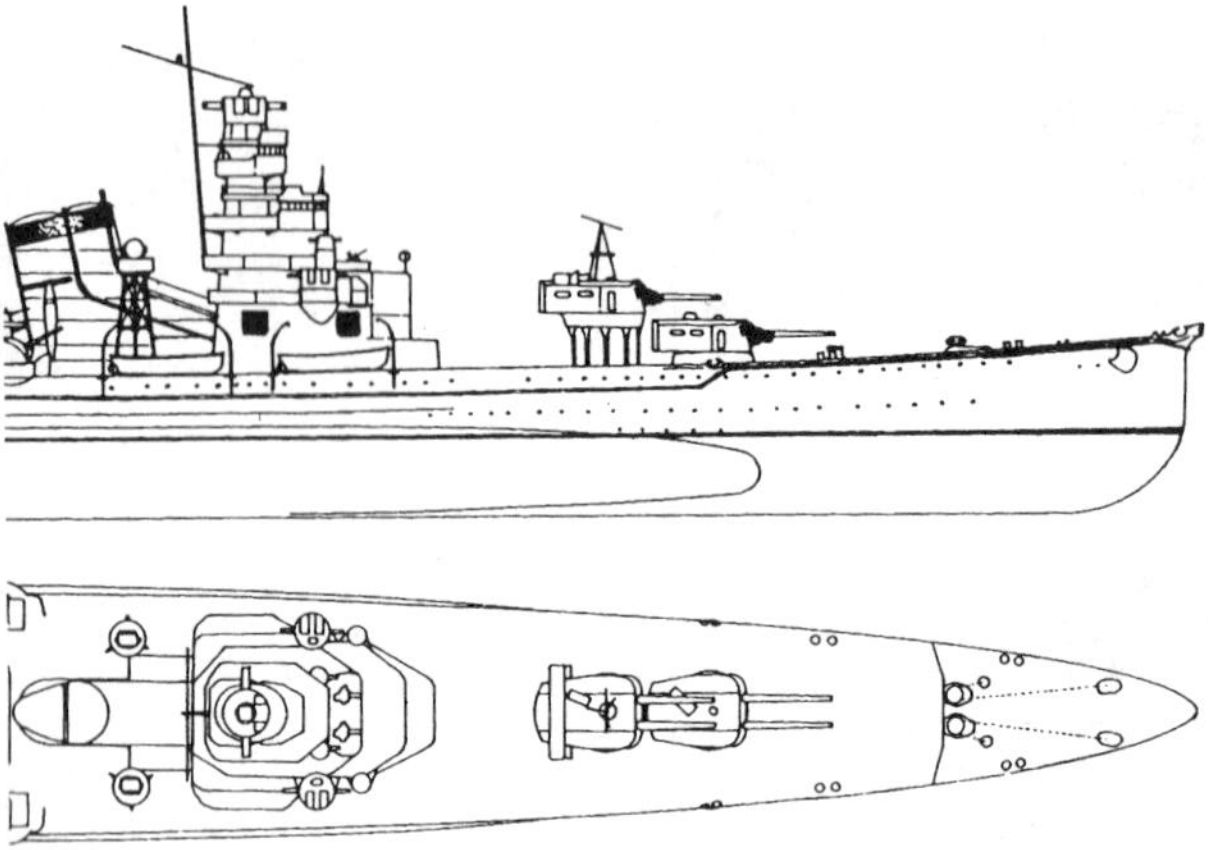

速力33.43kn　備砲20cm砲×6, 12cm高角砲×4,
発射管×8　航空機2機　射出機1基

た。

　前述したように、二〇センチ連装砲塔は、単装二基より重量が大きい。重量が大きいことは、砲塔直下の機構が大きくなることを意味する。もともと単装砲塔として設計した船体に連装砲塔をのせることは、強度の面でムリが生ずる。このため「青葉」と「衣笠」には、連装砲塔搭載に充分に耐えられるように船体が補強された。

　この補強のために、排水量はさらに三〇〇トン増加することになったが、平賀博士のすぐれた基本設計は、

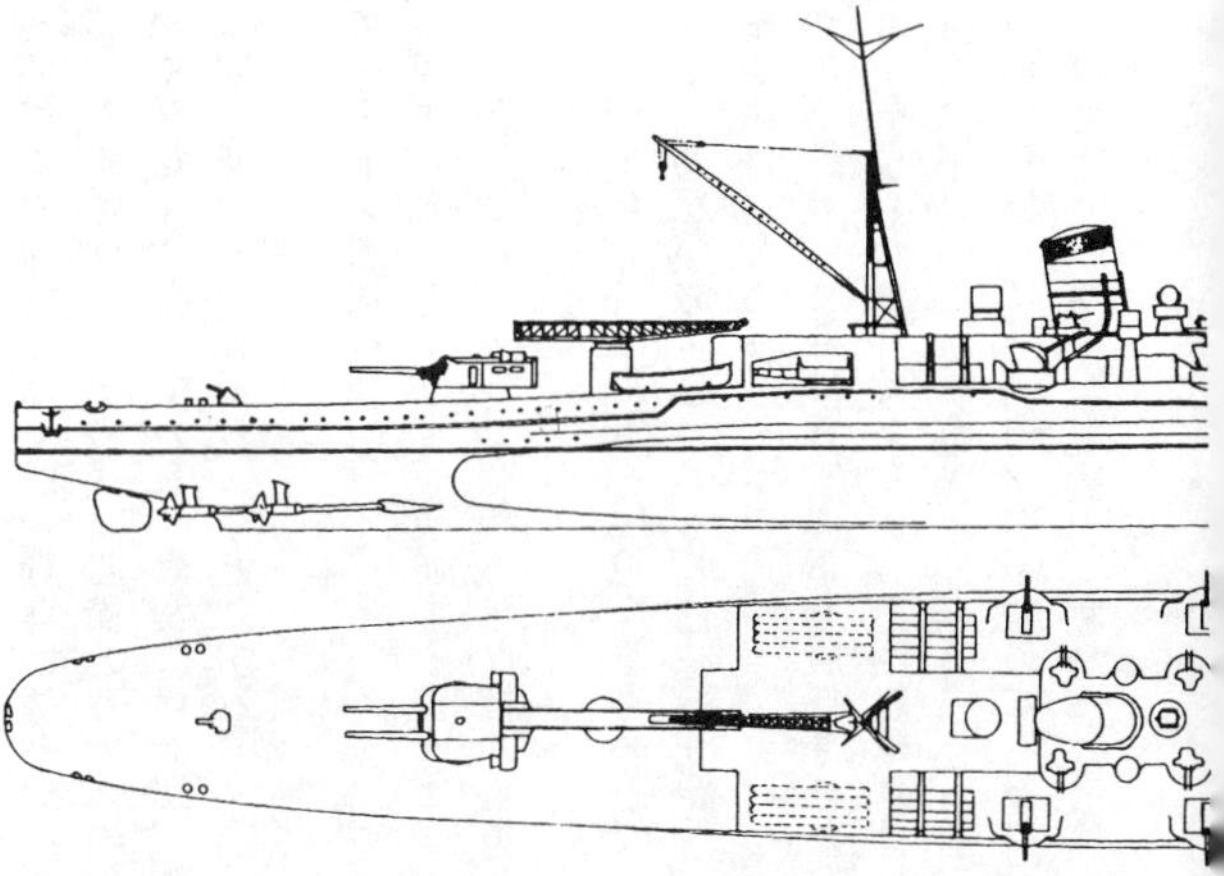

青葉(昭和16年)　基準排水量9000 t　水線長183.58m
最大幅17.558m　吃水5.66m　馬力10万4200

連装砲塔も受け入れるだけの船体性能をもっていた。本来なら新規に設計されるべきものだが、これは驚異的なことといってよい。

しかし、ムリはムリである。これらの改修の結果、船体上部のいちじるしい重量増加のために復元性能が低下し、やや速力がおそくなった。これらの悪影響のために、本来の「古鷹」型に比べると性能はあまりほめたものとはいえないが、公試排水量八九〇〇トン、速力三三ノットの性能は、けっして劣性能とはいえない強力なものである。

「青葉」と「衣笠」は、「古鷹」型の中に入るものだが、はじめから主砲を連装砲塔にしたこともあって、この両艦をとくに「青葉」型と呼ぶこともある。しかし、これはあくまで竣工時の状態をさす呼称で、その後、四隻とも大幅の大改装がほどこされたため、「青葉」型の呼称はやや無意味になっている。厳密にいえば、それでも両艦型は異なるが、ここでは四隻とも「古鷹」型で統一しておくことにする。

大改装で一万トン重巡に

「古鷹」型四隻のあとをうけて、後述するように、ふたたび世界を驚倒させた「妙高」型重巡が出現するが、これによって昭和五年に補助艦を規制するロンドン軍縮条約が生まれることとなる。

この条約は、またも日本海軍を圧迫するものとなったが、それよりも日本のすべての艦艇にかかわる重大問題が発生した。それは昭和九年に起こった〝友鶴事件〟、翌十年に起こった〝第四艦隊事件〟である。

この二つの事件は、まさに日本海軍を震撼させた。〝友鶴事件〟は復元力の不足から水雷艇「友鶴」が転覆した事件であり、〝第四艦隊事件〟は、風速三五メートルの台風下にあって、船体強度の不足から特型駆逐艦「初雪」「夕霧」（「吹雪」型）の両艦が、大波浪をうけて艦橋直前で船体が切断、艦首部を喪失するという事件である。しかも損害を受けたのはこの二艦だけでなく、空母「龍驤」「鳳翔」、重巡「妙高」、潜水母艦「大鯨」、駆逐艦「睦

昭和8〜9年の「青葉」。「青葉」は「古鷹」型を設計変更して重武装を施し、カタパルトなどを搭載したため重量は増加し、復原性能の悪化を招いた。

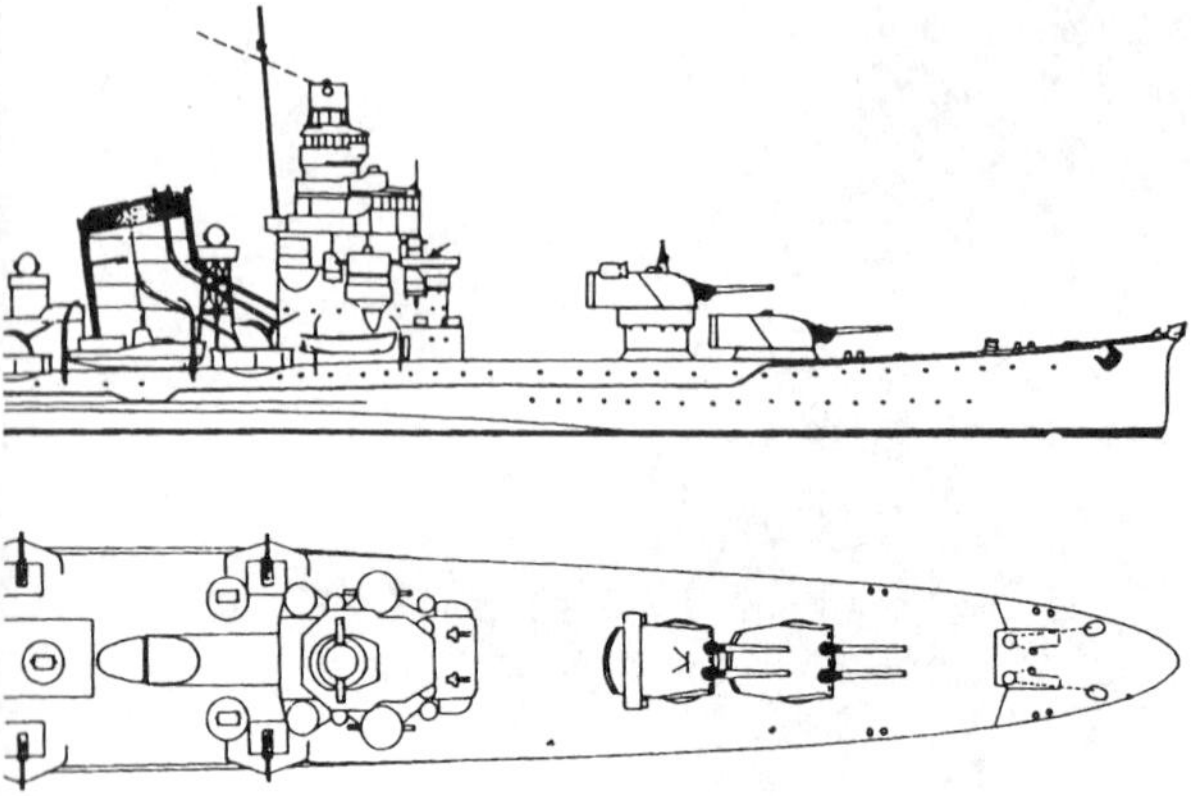

速力32.95kn　備砲20.3cm砲×6, 12cm高角砲×4,
発射管×8　航空機2機　射出機1基

月」「菊月」など、多くの艦が被害をこうむったのである。

この大事件があってから日本海軍は全艦艇のチェックを命ずるとともに、膨大な予算を計上して不備な個所を整備するとともに、この機会を利用して、主要艦艇の近代化のための大改装を実施した。

「古鷹」型四隻については、主砲だけが重巡で船体は軽巡なので、これを名実ともに条約に即した重巡にすべく、昭和十一年から十五年にかけて大規模な改装工事をほどこした。

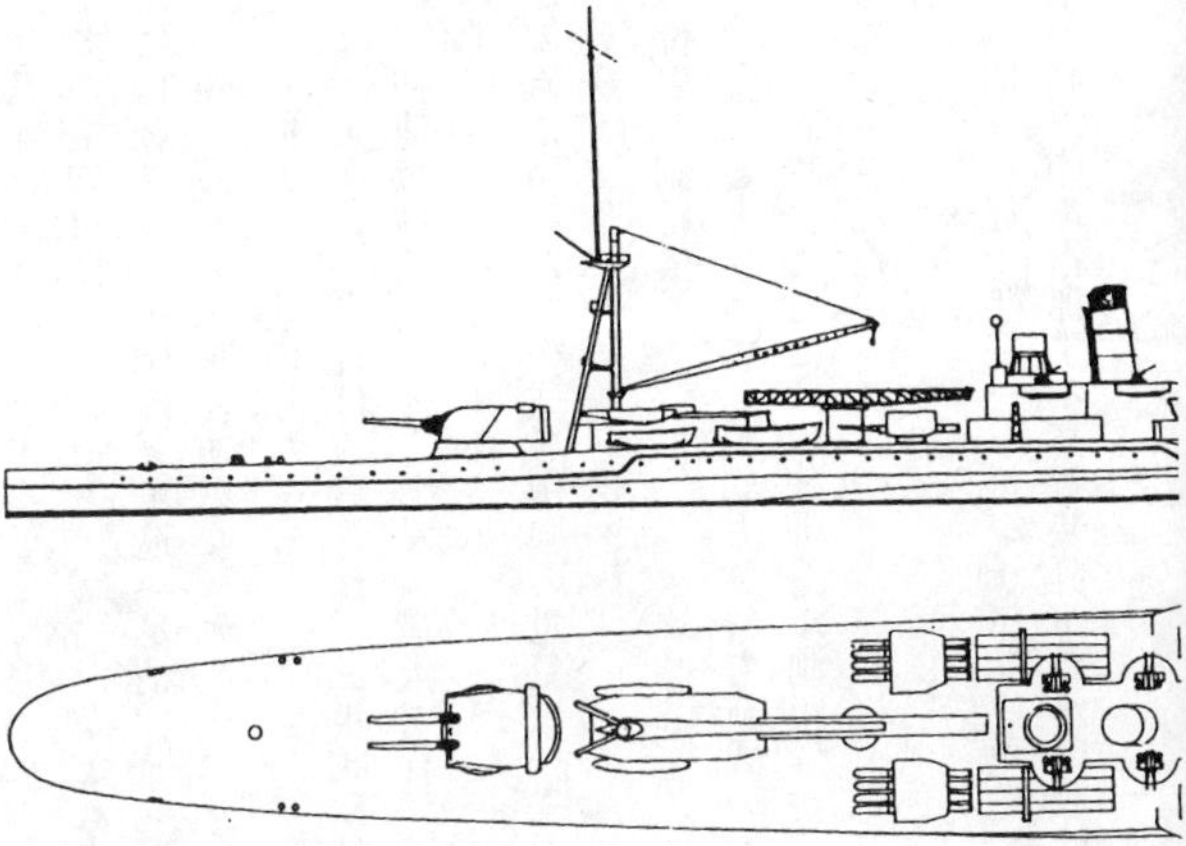

古鷹(昭和16年)　基準排水量8700 t　水線長183.474m
最大幅16.926m　吃水5.61m　馬力10万3340

まず「古鷹」と「加古」は主砲を連装に、高角砲を一二センチのものに換装した。発射管は固定式をやめて甲板上に四連装二基をおき、カタパルトも新型のものにして二機の水偵を搭載した。船体はさらに補強され、巨大なバルジを装着、罐もすべて新式強力なものに換装された。「青葉」も「衣笠」も、同様に船体が徹底的に強化され、兵装や指揮関係も「古鷹」と同様に改められた。

この大改装がどのようになされたかを、「古鷹」の場合を例にとって眺めてみよう。つぎの改装要目は、他の三隻にも同様になされたものである。

〈主砲を正八インチ連装砲とする〉

いままでの主砲口径は二〇センチだったがこれを二〇・三センチ砲とし、連装三基に改めた。新たに搭載された主砲は、重巡「足柄」と「羽黒」から改装のために撤去された五〇口径三年式一号二〇センチ連装砲をもってきて、これらの内筒の施条（ライフル）をボーリングして三ミリ拡大し、装備した。

これによって主砲の名称は改訂され、三年式二号二〇センチ砲と呼ばれた。砲身の重量は一九トン、初速毎秒八三五メートル、最大射程二万九四三二メートル、発射速度は毎分四発、最大仰角七〇度という性能である。

またこの砲に用いた九一式徹甲弾の重量は一二五・八五キロ、炸薬量三・一キロ、発砲のための装薬量は三三・八キロを要した。

〈主砲方位盤と測距儀〉

主砲の換装にともなって、主砲方位盤も新式のもの二基が装備された。一つは艦橋のトップにおかれ、同時にここには六メートル測距儀が設けられた。もう一基の方位盤は、後部煙突の後方に設置された。

〈高角砲〉

高角砲は四五口径十年式一二センチ単装高角砲で、艦橋後部と後部煙突の横に設置された。この四基の高角砲を指揮する高射装置が新たに設けられ、四・五メートルの測距儀つきのも

昭和14年6月9日、宿毛湾外で全力航走中の「古鷹」。大改装後の公試運転で速力33ノットを発揮した。工事は昭和12年4月から2年間を費やした。

のが艦橋の両翼に設置された。

〈機銃〉

二五ミリ連装機銃四基が、後部煙突をとりまく台上に装備された。またこの大改装以前に設けられた艦橋横のスポンソン上の一三ミリ連装機銃二基はそのまま残されている。これらの機銃装備に関連して、機銃射撃装置二基と、機銃管制室が設けられた。

〈魚雷発射管〉

従来の中甲板の固定式発射管はすでに旧式となり、それに艦内に魚雷をおいておくと、万一砲弾がここに命中した場合、艦内誘爆によって船体が致命傷をうけるおそれがある。そこでこれを撤去し、甲板上の後部方位盤とカタパルトの間の両舷に、旋回式六一センチ四連装発射管二基を装備した。また発射管の前方に予備魚雷を格納した次発装塡（そうてん）装置をおき、保有魚雷を一六本とした。

この次発装塡装置は日本海軍の秘密兵器で、一度魚雷を発射したのち、ただちに予備魚雷を装塡して二度にわたる魚雷攻撃ができるようにしたものである。これは世界で日本だけの装備で、米英のそれは、発射管にあらかじめ装塡したものしかなく、一度発射したらそれでおしまいで、基地に帰って装塡しなければならなかった。したがって太平洋戦争では、この次発装塡装置がものをいい、日本海軍に大戦果をもたらしたことがあった。

搭載魚雷は、これも大威力の酸素魚雷であった。他国の魚雷の燃料は石油のケロシンを用いていたが、日本海軍の場合は、液体酸素を燃料としていた。これはきわめて危険なものなので通常は魚雷の中に燃料を入れておかず、使用時に注入することにしていた。このため特用空気圧縮機(酸素発生機)の搭載、魚雷調整所、発射発令所などが新設された。

〈航空兵装〉

カタパルトを新たに呉式二号三型に換装した。当時のカタパルトは火薬式で、爆発力を利用して搭載機をワイヤーで急激にひっぱり、射出する方式のものである。また搭載機は九四式水偵二機とした。

〈汽罐の強化〉

混焼罐は廃止され、他の罐もすべて新式罐のロ号専焼罐に換装された。これいらい、罐は一〇基になり、二基ずつ五つのブロックに収納されたため罐室に余裕が生じた。この余剰スペースは重油タンクや機銃の管制室、居住区などにあてられた。

〈バルジの装着〉

魚雷防御のための直接的な対策がなされていなかった本艦型に、はじめてバルジが装着され飛躍的に船体が強化された。

もっともこれは、大改装によって船体重量が極度に増加したために、復元性が低下したことと、船体の強度をたかめるために必然的に生じた対策だった。もともとスリムな船体だったので、縦強度を強めるためにバルジは思いきった大型のものが採用され、さらにバルジ下端には特別の厚鋼板が用いられた。

〈外観の変貌〉

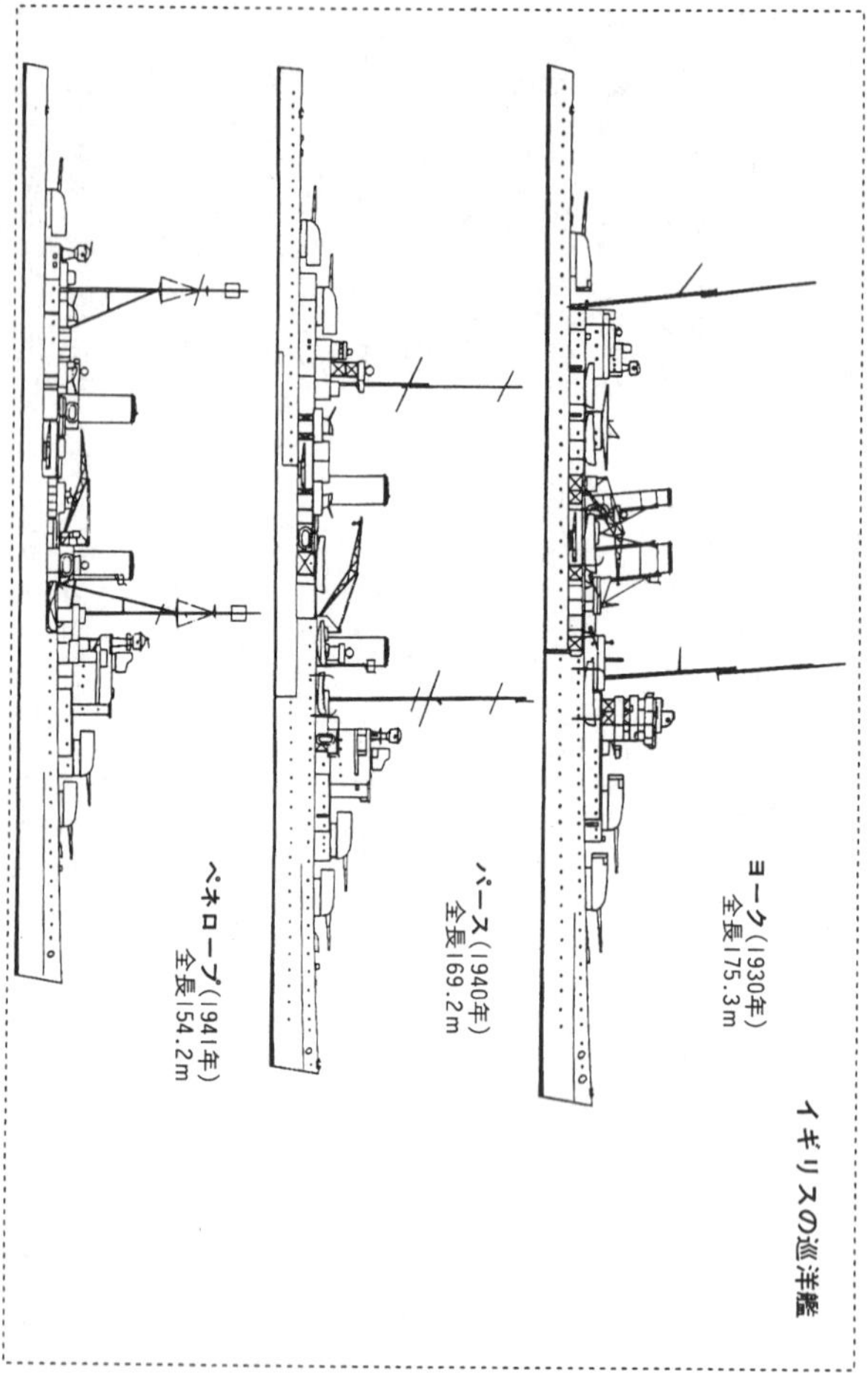

イギリスの巡洋艦

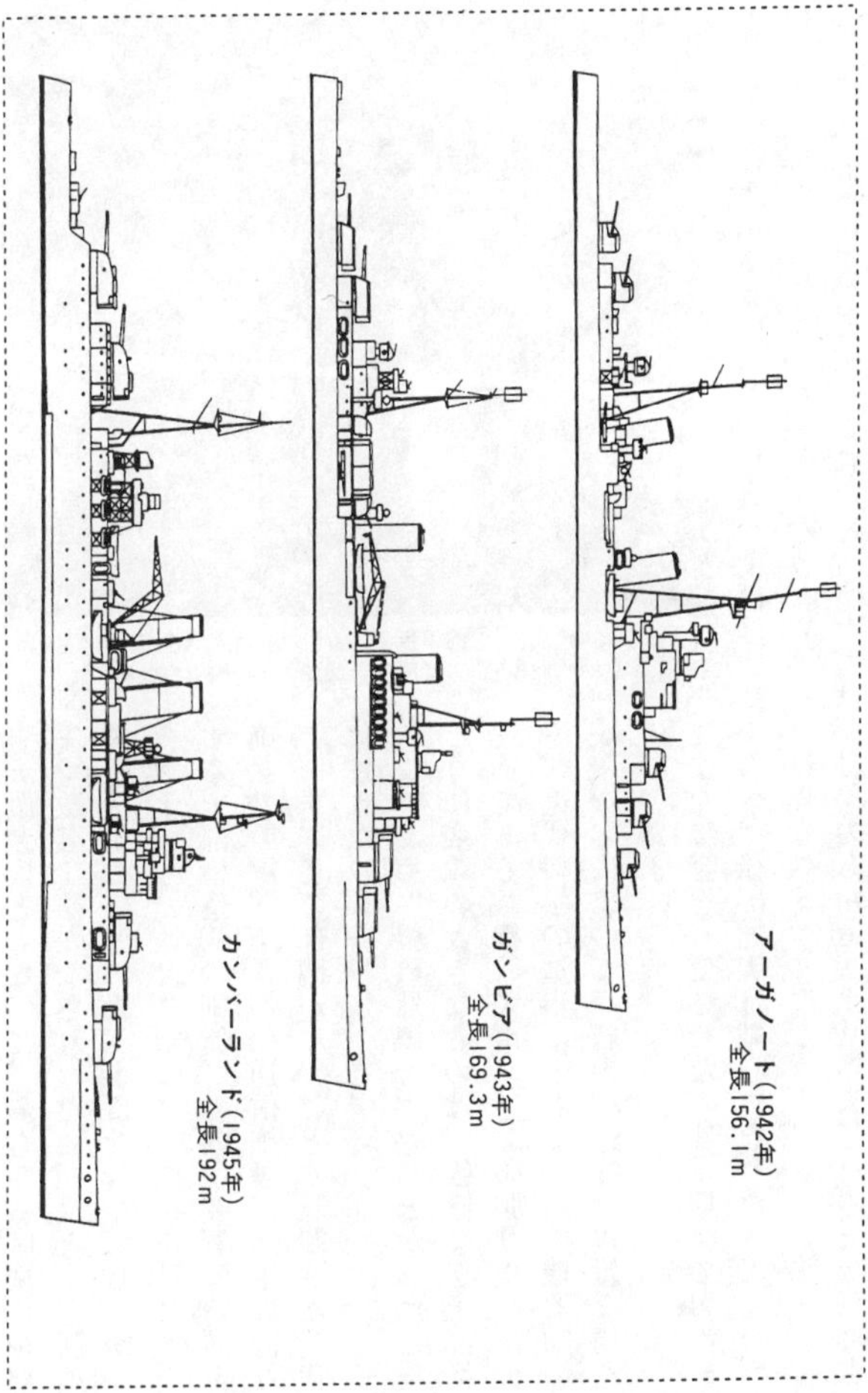
カンバーランド(1945年)
全長192m
ガンビア(1943年)
全長169.3m
アーガノート(1942年)
全長156.1m

大改装後の「加古」の前甲板よりみた前部主砲と艦橋部。主砲塔は「足柄」「羽黒」から転用し、20.3センチ砲に拡大された。

大改装にともなって、あらゆる区域の細部まで改装工事がなされたため、ほとんど新艦を建造するほどの大工事になった。したがって以上のべた改装のほかに、艦橋をはじめとする上部構造物の刷新、艦内主要個所の防毒施設の設置、マストや通信施設、衛生施設など、すべての部門がことごとく改装され近代化された。

このために艦の外観もガラリとかわった。とくに変貌の大きなものは、艦橋など上部構造物である。機銃スポンソンの張り出し部分や、近代科学の進歩にともなう新型機器類の装着などによって、艦橋構造物は複雑な構造になった。

また艦容を一変させたのは、煙突である。高さが一段と引き上げられた巨大な前部煙突にくらべて後部煙突は細身になった。このため艦の中央部がひきしまった感じになり、いっそう精悍なスタイルになった。

この大改装によって強化された「古鷹」型は、軸馬力も新造時より増大したのだが、排水

昭和15年当時の「加古」。本艦は昭和11年７月から１年半をかけて大改装が行なわれた。九四式水偵とカタパルト、魚雷発射管など新装備が分かる。

量もまた増加したために、速力はやや低下してしまった。しかしこれも致命的な低下というほどのものではなかった。

第一次ソロモン海戦の大戦果

昭和十七年八月七日、突如として米軍の大船団と艦隊が、ソロモン諸島のガダルカナル島に来攻した。米軍反攻作戦の第一歩が開始されたのである。

敵上陸の情報に接した日本軍は、ただちにラバウルの第五空襲部隊で反撃するいっぽう、来攻した敵船団を水上部隊をもって攻撃することにした。

このとき、即刻出撃が可能だった水上部隊は、当時ラバウルに入泊していた第八艦隊の巡洋艦戦隊であった。指揮官は勇猛智謀の第八艦隊司令長官三川軍一中将である。

長官はただちに使用可能の全艦艇を編成す

ると、ガ島とツラギ島の間の海峡に集結している敵艦船を攻撃すべく出撃した。出動艦は重巡「鳥海」を旗艦とし、第六戦隊の重巡「古鷹」「加古」「青葉」「衣笠」、さらに軽巡「天龍」「夕張」、駆逐艦「夕凪」を加えた合計八隻である。これは一見、無謀な殴り込み作戦に思われた。

少なくとも海戦が展開される以上、それなりの艦隊編成を準備する必要がある。巡洋艦戦隊だけの単独攻撃は、歩兵をともなわない戦車の小部隊が敵師団に突入するようなものである。

七日、ラバウルを出撃した三川艦隊はブーゲンビル島の北側を南方に急航した。翌八日午前四時、「鳥海」の水偵四機を発進させてガ島泊地の索敵を実施した。

各艦では乗組員がいずれも戦闘服に着がえていた。昨日までの半袖、半ズボンの防暑服とはちがって、ものものしい緊張感がみなぎっている。

正午ごろ、艦隊上空をガ島攻撃をおわってラバウルに帰る友軍機が飛んでいった。壮絶な奮戦をものがたるように、三々五々、疲れきったように帰途につく雷撃機の姿だった。

索敵機から敵情報告が入ってきた。それによるとツラギ沖に重巡一、商船四、駆逐艦三、そしてガ島泊地には商船一五、軽巡二、駆逐艦四ということだった。いよいよ奇襲の行動開始だ。ただ心配なのは敵空母の所在が不明なことだった。

日没近く、艦隊はその夜の戦闘に直接必要ではない可燃物をことごとく海になげすて、弾火薬庫漲水基弁を開いて、敵弾による火災防止に万全を期した。

夜がふけるころ、艦隊はソロモン水道にしのびこんでいった。二十一時、敵の上空を照明するため水偵三機が射出発進した。

艦隊は速力二六ノット、旗艦「鳥海」を先頭に一本棒の単縦陣になって突っ走っていた。やがて前方にガ島の北端に浮かぶ小さな丸いサボ島が見えてきた。そのはるか遠方のツラギ泊地上空が赤く映えている。昼間、雷撃機隊の餌食になった米船の火災である。

昭和11年5月1日、日本海にて戦技訓練中の第7戦隊。旗艦「青葉」から見たもので、手前より「衣笠」「古鷹」が後続する。

二十二時四十分、ついに「戦闘用意」が下令された。先頭の「鳥海」から一三〇〇メートルの間隔をおいて、「青葉」「加古」「衣笠」「古鷹」「天龍」「夕張」「夕凪」の順で、これにつづいた。まもなく「鳥海」は約九〇〇〇メートル前方に敵艦影をみとめた。ただちに「戦闘」が下令される。いつでも敵を攻撃できる態勢に入ったが、つづいて「発砲の命あるまで射つな」の指令が全艦にとんだ。

こちらに進んでくる敵影は一隻で、これは哨戒駆逐艦のようだった。ところが敵艦は四〇〇〇メ

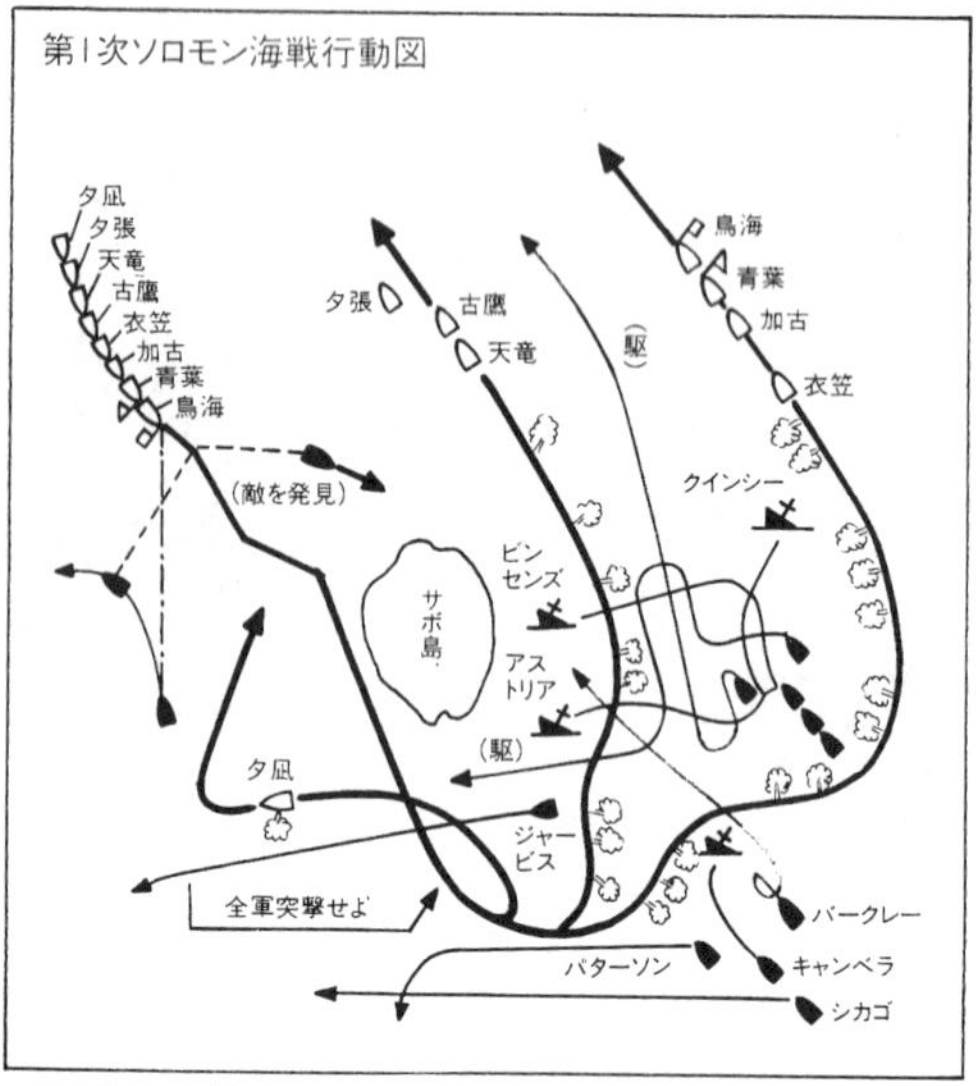

第1次ソロモン海戦行動図

ートルの近くまで接近しながら、クルリと反転、遠ざかってゆく。つづいて左舷に別の哨戒駆逐艦が現われた。だがこの敵艦も三川艦隊を見のがした。

　敵の哨戒線を突破した三川艦隊はサボ島スレスレに航過して、いよいよガ島泊地に突入していった。やがて二十三時三十三分、「全軍突撃せよ」の命令が下った。その直後、

「左舷七度に巡洋艦！」

　旗艦の見張員が約一五キロはなれた敵艦影を発見した。これは駆逐艦ジャーヴィスであった。「鳥海」は照準距離四五〇〇メートルまで待ってから魚雷四本を発射したが、命中せず。つづいて、こんどは右舷見張員が叫んだ。

「右舷九度に巡洋艦三隻、右に行動中！」

「鳥海」はこれを攻撃するため左に変針するとともに、上空待機中の照明機に「照明開始」

を下令した。同機はルンガ泊地の陸岸寄りに吊光弾を投下し、みごとな背景照明を行なった。

右舷の敵はオーストラリア重巡キャンベラと米重巡シカゴで、間隔五〇〇メートルの単縦陣をなし、その右前方一二〇〇メートルに駆逐艦バークレイ、左前方同距離にパターソンを配し、南方水道を速力一二ノットで哨戒中であった。

「鳥海」は二十三時四十七分、キャンベラに魚雷四本を照準した。距離三七〇〇メートル。「射ち方はじめ！」の命令に、魚雷は海中におどりこみ一直線に疾走する。つづいて「鳥海」の二〇センチ主砲一〇門が敵艦をピタリと捕えていく。

突如、闇の彼方に閃光がはしり、キャンベラの艦首に二本の魚雷が命中した。この閃光と同時に主砲が火を吐いた。たちまち命中弾をうけた敵艦は、傾いたまま停止する。「鳥海」につづいて「青葉」「加古」「衣笠」も、この敵艦群に砲雷撃を開始していた。「古鷹」「天龍」「夕張」も、つぎつぎに魚雷を発射、さらに砲撃の火蓋を切る。

奇襲は成功した。シカゴは左舷艦首に魚雷一本をうけたが、幸運にも戦場を離脱することができた。パターソンは命中弾により砲二門が使用不能、バークレイは三川艦隊の後尾部隊を雷撃したが命中せず、そのまま遁走した。

三川艦隊は一方的に敵を蹴ちらし、わが身は一弾もうけずに左へ変針していった。すべてはわずか六分間の出来事だった。そのころ、五番艦「古鷹」は舵故障をおこして大きく左へ変針し、そのまま本隊とは分離航進、これに「天龍」「夕張」がつづいたため艦隊の陣形は二列になった。

新造時のオーストラリア重巡キャンベラ(上)。1928年に竣工した本艦はケント級最後の艦だった。1933年当時の米重巡シカゴ(下)。1931年に建造されたノーザンプトン級の4番艦。

ところが、これがねがってもない結果をもたらすことになった。「鳥海」は、あとにつづく三隻の重巡をひきいて、サボ島を中心に時計の逆まわりの進路をとっていた。と突然、左舷に敵重巡三隻と駆逐艦二隻を発見した。一方、分離行動していた「古鷹」「天龍」「夕張」も、この敵艦群を右舷に発見した。偶然、三川艦隊は敵艦隊を挟撃する態勢になったのである。

この敵の一群は、米重巡ヴィンセンズ、クインシー、アストリアと、駆逐艦ヘルム、ウィルソンの五隻だった。彼らは速力一〇ノットで北方水道の哨戒を実施していたのだった。哨戒隊は南方に発砲音を聞き、照明弾があがるのを見ていたが、シカゴが日本機を砲撃しているものと誤認していたのだ。

　この油断している敵に対し「鳥海」は、距離三〇〇〇～七〇〇〇メートルで探照灯を照射

昭和17年8月8日、米軍のガ島上陸作戦によって生起した第1次ソロモン海戦に参加した米重巡ニューオーリンズ級の3艦。上より7番艦ヴィンセンズ、6番艦クインシー、2番艦アストリア。条約型巡洋艦として米国で7隻がつくられた。

した。暗夜にクッキリと浮びあがった敵艦隊に対し、三川艦隊は左右から攻撃をはじめた。主砲だけでなく、高角砲や機銃まで火を吐いた。探照灯の照射は、きわめて効果的だった。各艦が射ち出す主砲弾は、ことごとく敵艦に命中、さらに雷撃によって敵はつぎつぎと火だるまとなり、たちまち戦闘力を失っていった。

まずアストリアが被弾、魚雷も命中した。「古鷹」隊からも砲撃をうけ、多数の命中弾で戦闘機能を失い、速力も低下し、やがて弾火薬庫が誘爆して沈没のうきめをみることになる。

クインシーは、カタパルト上の飛行機に命中弾をうけて燃えあがり、このため好目標になった。たちまち「鳥海」隊と「古鷹」隊の十字砲火を浴び、一発も反撃しないうちに「天龍」の発射した魚雷が左舷第四罐室に命中、たちまち転覆して完全に沈没した。

ヴィンセンズもカタパルト上の飛行機が炎上して左右の日本艦隊から集中砲火を浴びた。激しい砲火にたえきれず、脱出しようと試みたとき、はやくも「鳥海」隊から発射された魚雷三本が左舷に命中、さらに「古鷹」隊からの魚雷一本が命中して弾火薬庫が爆発、ついに断末魔を迎えた。

駆逐艦ヘルムとウィルソンは、この激戦の中をうまく泳いで避退することに成功したが、それは三川艦隊が重巡に目標を集中したからである。

こうして三川艦隊は沈没しつつある敵の艦列をとおりすぎた。三川軍一中将は、戦闘はおおむねおわったものとみとめ、零時二十三分、「全軍引け」つづいて「巡洋艦隊、三〇ノットとなせ」を下令し、戦場から急速離脱することにした。奇襲作戦は大勝利のうちにおわった。だが撃沈破したのは戦闘艦艇のみで、ガ島沖に在泊中の敵輸送船団には一指もふれていない。これはガ島防衛のために大きな禍根を残すことになった。

三川司令長官は、引き返して輸送船を攻撃しようか、と考えた。だが戦闘中に「鳥海」では敵の不発弾が作戦室にとびこみ、机上の作戦海図が吹き飛んで紛失するという事故が生じていた。海図なしで敵中を航行することは、きわめて危険である。さらに問題なのは、ここでふたたび戦闘隊形をとるには二時間かかる。輸送船を沈めているうちに夜が明けてしまう。そうなると艦隊はラバウルまでの長い道中に敵空母機に襲われ、ミッドウェーの二の舞いになりかねない。そう考えて中将は、夜の明けないうちに、敵機の行動圏外に脱出しようと一路北上をつづけたのであった。

だがこのとき米空母部隊は、三川艦隊の追跡にまったく熱意がなく、ひたすらソロモンから南下しつづけていたのだった。三川艦隊は敵重巡四隻を撃沈、駆逐艦二隻を大破するという大

第1次ソロモン海戦で日本艦隊の猛砲撃を浴びて沈みゆく米重巡クインシー。「鳥海」の探照燈に照らし出されたところ。

戦果をあげ、白軍は一艦の損害もなくニュー・アイルランドの東方海上をカビエンに向けて航行していた。十日の朝はやく、すでに日本軍の制空権内に入ってホッと安心したときである。七時十分、「青葉」の後方八〇〇メートルを続行していた「加古」の右舷に、突如、轟音とともに全艦をおおう水柱があがった。

「敵潜！　配置につけ！」

全艦いっせいに戦闘用意のブザーが鳴りわたる。このとき艦隊は一六ノットで之字運動は行なっていなかった。「加古」の右側、約一〇〇〇メートル付近にいた米潜水艦S44が四本の魚雷を発射、うち三本が「加古」の艦首と中部と後部に命中、「加古」はたちまち大傾斜して五分後には沈没したのである。

もともと魚雷には弱点のある「加古」が、同一右舷に三個所から大浸水が生じ、とくに中央部の罐室中心線には危険視されていた縦壁がある。このため浸水が右舷にのみ片寄ったための急速転覆であったことは充分に想像される。だが、この海戦で「古鷹」型の強力な戦闘力もまた証明されたのであった。

第二章　世界を驚倒させた「妙高」型　妙高 那智 足柄 羽黒

しのぎをけずる一万トン重巡

大正十一年に成立したワシントン条約では、主力艦（戦艦）に制限が加えられて米・英・日の比率が五・五・三とされたが、空母をのぞく巡洋艦以下の補助艦は、その保有量は無制限になっていた。

ただ巡洋艦の場合だけは、単艦の基準排水量を一万トン以下とし、前述したように主砲の口径が八インチ以下の場合は重巡と、六・一インチ以下の場合は軽巡と呼ぶことに決めただけだった。

このころは、海戦の主役は戦艦で、戦艦さえ制限すれば軍備縮小に役立つと考えたことと、艦艇の建造に要する費用が莫大なため、経済的な出費をおさえようという二つのねらいから、このような規定が生まれてきたのである。

ところで、条約による制限兵力量を各国別にながめてみると、主力艦の隻数は英国が二二隻、米国一八隻、日本一〇隻という勢力分布になっていた。この隻数では、いざ戦争がおこったとき、予想される作戦場面に対して主力艦を充分に出撃させることは不可能だった。その意味では、たしかに戦争抑止の要素になるかもしれないが、戦艦ぬきの戦闘がおこりえないとはかぎらない。

そのときに、八インチ砲を搭載した重巡が、主力艦の代用として十二分に活躍することは可能である。それに重巡は何隻保有していてもいいことになっている。

各国が、この条約の〝抜け穴〟ともいえる重巡に目を向けたことは、いうまでもない。基準排水量一万トンの船体に、八インチ砲をできるだけ多く搭載して、強力な重巡戦隊をつくることが、条約時代の自国の海軍力を強める残された道になったのである。

一万トン重巡を主力艦の代用にする、これまでになかった新しい目的がこうして生まれたのだが、また主力艦と行動を共にした場合でも、重巡戦隊は有力な前進部隊となりうるし、主力の決戦を有利に展開する重要な役割を果たしてくれることになる。

こうした考え方から、期せずして世界の海軍国は、制限いっぱいの一万トン重巡の建造を開始した。しかし、とにかく艦の大きさと主砲の口径が条約でガッチリと定められているのだから、その枠内でいかに強力な重巡にするかということが、各国の最大の眼目になった。いわば重巡建造の技術オリンピックのような史上空前の建艦競争になったのである。

この一万トン重巡は、俗に〝条約型重巡〟と呼ばれているが、この建造にもっとも熱心だったのは米国と日本だった。

米海軍は、従来の軽巡オマハ型につぐものとしてペンサコラ型を建造、さらにこれを発展させたノーザンプトン型、ついでニューオーリンズ型と、つぎつぎに条約型重巡を建造していった。

日米海軍は条約型重巡（1万トン級）の建造にしのぎを削り、発展型を数多く建艦していった。1930年に竣工した米国最初の条約型重巡ペンサコラ（上）、ペンサコラ級を発展させたノーザンプトン（中）、1934年竣工したニューオーリンズ（下）。

これに対して日本海軍は、すでに「古鷹」型の実績があるところから、これを拡大強化した「妙高」型の建造にふみきっていた。この「妙高」型が、さらに「高雄」型へと発展するわけだが、日本も米国も、これらの条約型重巡に対して最大の砲力と防御力、それに高速を同時にかねそなえた、すぐれた性能を追求していった。

これは、きわめてむずかしい問題である。この日米の重巡に対して、フランスとイタリアでは、防御をある程度犠牲にして高速力を確保する重巡の建造にむかっていった。

英国では建造費を問題にしたため、とくに技術的に苦心しなければならないような新鋭艦づくりはさけ、主砲数も少なく、軽防御のものを建造していった。

また、軽防御、高速力の重巡をつくったフランスとイタリアは、これらが完成すると、こんどは逆に速力を切り下げて防御を強化したものをつくった。この二種類の異なる性能の重巡の、どちらがいいか、という比較の問題もあったろうが、一万トン重巡の建艦競争に対する試行錯誤の一つのあらわれであった。

日本海軍において条約型重巡建造の要求が出たのは、大正十二年の補助艦艇補充計画であった。この計画によって、まず四隻の建造が決定したが、軍令部が出した要目はつぎのようなものだった。

基準排水量＝一万トン。速力＝三五・五ノット。航続力＝一三・五ノットで一万浬（カイリ）。兵装＝二〇センチ砲八門、一二センチ高角砲四門、発射管八門、搭載機二機

この要求案を見るかぎり、当時すでに建造中だった「古鷹」型を拡大すれば、その設計は

昭和4年1月20日、横須賀工廠の小海艤装岸壁で工事中の「妙高」。艦橋はほぼ全体の形をなしており、第2煙突後部に水偵格納庫の原形が見える。

容易に思われる。しかもこの新重巡の基本設計者は、「古鷹」型を生み出した平賀造船少将（当時）である。

したがって「妙高」型の設計は、「古鷹」型方式にのっとって、その拡大延長として進められていった。しかし、このときはまだ「古鷹」型は船台上にあって進水もしていなかったし、「妙高」型の縮小型のようなことになった「青葉」型も、その連装砲塔への改装方針がまったく出ていないときである。「青葉」型はむしろ、「妙高」型の設計ができたために、急に連装砲塔へと改められたというべきであろう。

したがって「妙高」型は、「古鷹」型の拡大延長型とはいえ、まったく新型式の重巡として設計されたものだった。

この設計にあたって平賀少将は、軍令部の要求案に対して注文をつけた。まず航続距離

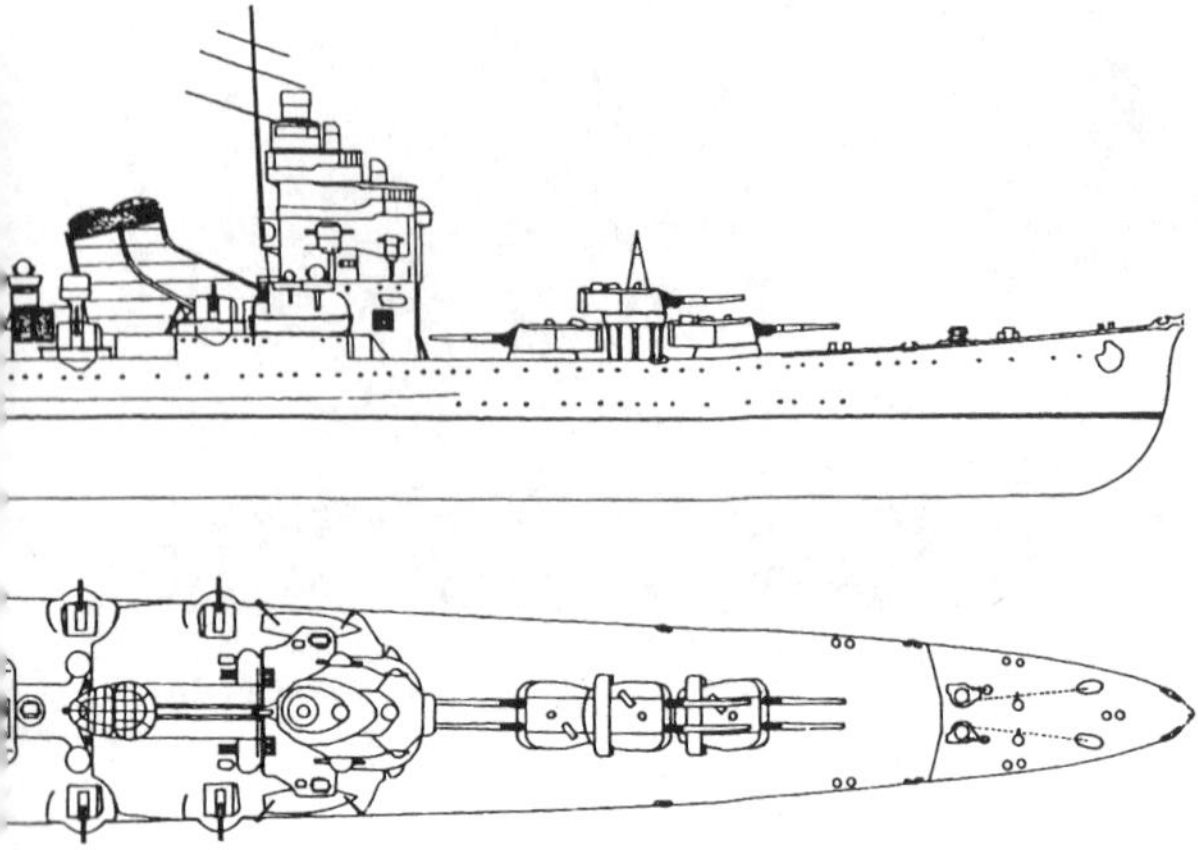

速力35.5kn　備砲20cm砲×10, 12cm高角砲×6,
発射管×12　航空機2機　射出機1基

を八〇〇〇浬に短縮すること、主砲をさらに二門ふやして一〇門にすること、魚雷発射管を全廃すること、水雷防御を強化すること、というのである。

この提案を見るかぎりでも、新一万トン重巡の近代化の程度と強力さがうかがえる。まさに鬼才である。軍令部は一万トンの排水量のなかに、連装砲五基を搭載することは技術的にムリだとして反対していたが、結局は平賀博士の提言を全面的にとり入れて最終的なプランをすすめることにしたのである。

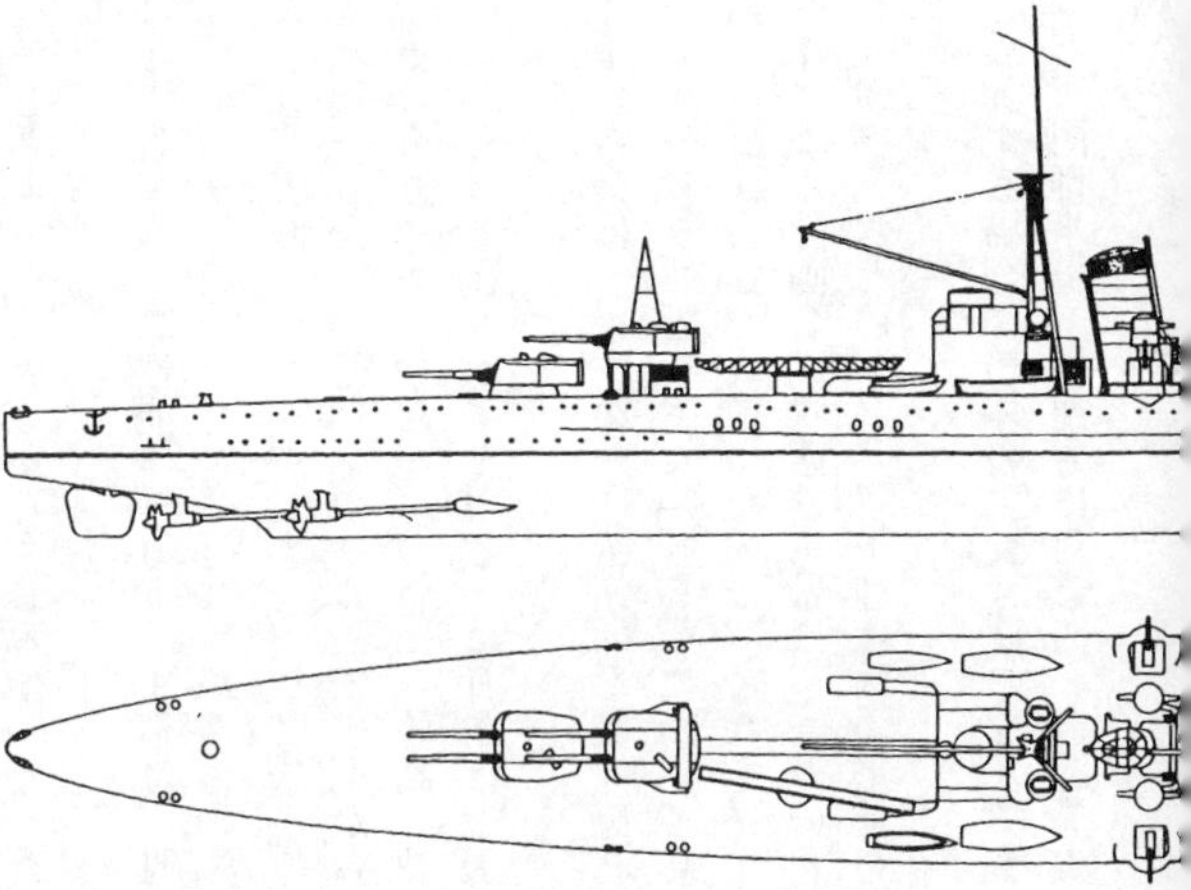

那智（新造時）　基準排水量1万t　水線長201.50m
最大幅17.34m　吃水6.23m　馬力13万

画期的な船体構造

大正十三年十月二十五日、横須賀工廠において「妙高」がまず起工されたが、「妙高」型四隻のうちもっとも早く完成したのは、「那智」で、昭和三年十一月二十六日に竣工、その美しい艦容を呉港外に浮べたのである。

新造なった「那智」の姿をながめた日本国民は、いちように感嘆の声をあげた。均整のとれた流れるような構成美をもった「那智」は、これが軍艦かと思わせるような優美さを感じさせた。

まさに芸術的な軍艦だった。

しかし美しさもさることながら、日本がつくった一万トン重巡の性能をみて、世界の海軍は驚愕した。

これほどの重装備、高性能の一万トン重巡は、世界のどこをさがしても存在しなかったからである。

米国は一九三九年(昭和十四年)までに、条約型重巡を一八隻つくり、その後の一〇年間に基準排水量一万三六〇〇トンのバルチモア型から、一万七〇〇〇トンのデ・モイン型まで合計二〇隻の重巡をつくったが、ついに「妙高」型のもつ重装備と高速を上まわる重巡をつくり上げることはできなかった。じつに日本は、天才的な世界最高の造船技術をもっていたのだ。

「妙高」型の特徴は、まず第一に芸術的な美を感じさせるその船体にあるといってよい。まず〝ネーム・シップ〟となった「妙高」について見ると、その船体の寸法は当時、ヤード・ポンド法で設計が行なわれていたので、これをメートル法に換算すると細かい端数がつく。

この船体による計画公試状態排水量は、一万一八五六トンとなっていた。この排水量から規定どおり燃料一六七〇トンと、予備罐水の重量をさしひくと、ぴったり一万トンの基準排水量になる。

艦艇を設計する場合、船体の主要寸法のなかでもっとも重要なものは、長さである。長さが長いほど、同排水量、同速力に対して、機関馬力と重量を軽減することになる。しかし船

竣工後まもない「那智」。2番艦として大正13年に竣工したが、昭和3年の観艦式参列のため引き渡しが急がれ、「妙高」よりひと足さきに完成した。

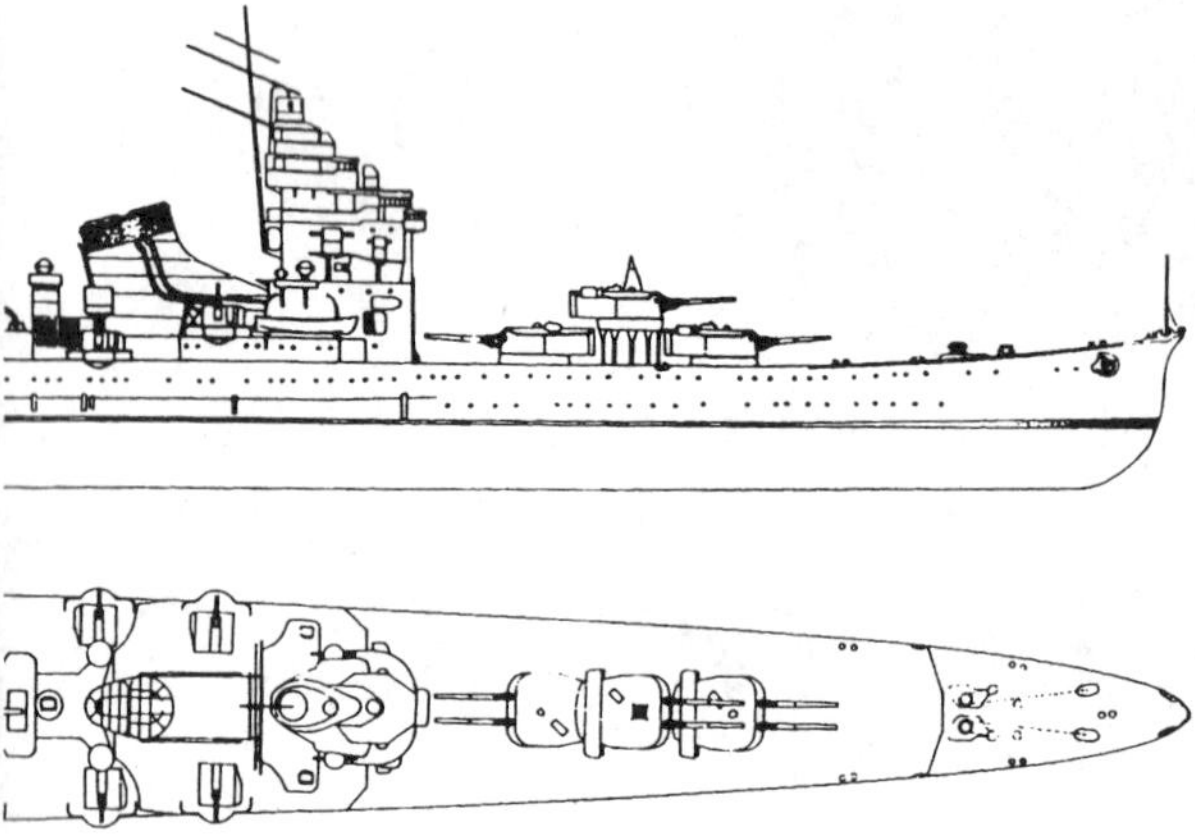

速力35.6kn　備砲20cm砲×10, 12cm高角砲×6,
発射管×12　航空機2機　射出機1基

体が長くなった分だけ、その重量と艤装品の重量が増加するという矛盾が生じてくる。したがって、長さを適切に選定することが艦艇の設計上、きわめて重大な問題になるのである。

前掲の「古鷹」型の場合、できるだけ船体の幅を小さくし、水線長を充分長くとったために、きわめて良い性能をもつ高速艦になったが、このときの長さと幅の比は一一・四であった。「妙高」の場合は、この比が約一一・二であったが、他の海軍国での巡洋艦のこの数値は一〇・〇がふつう

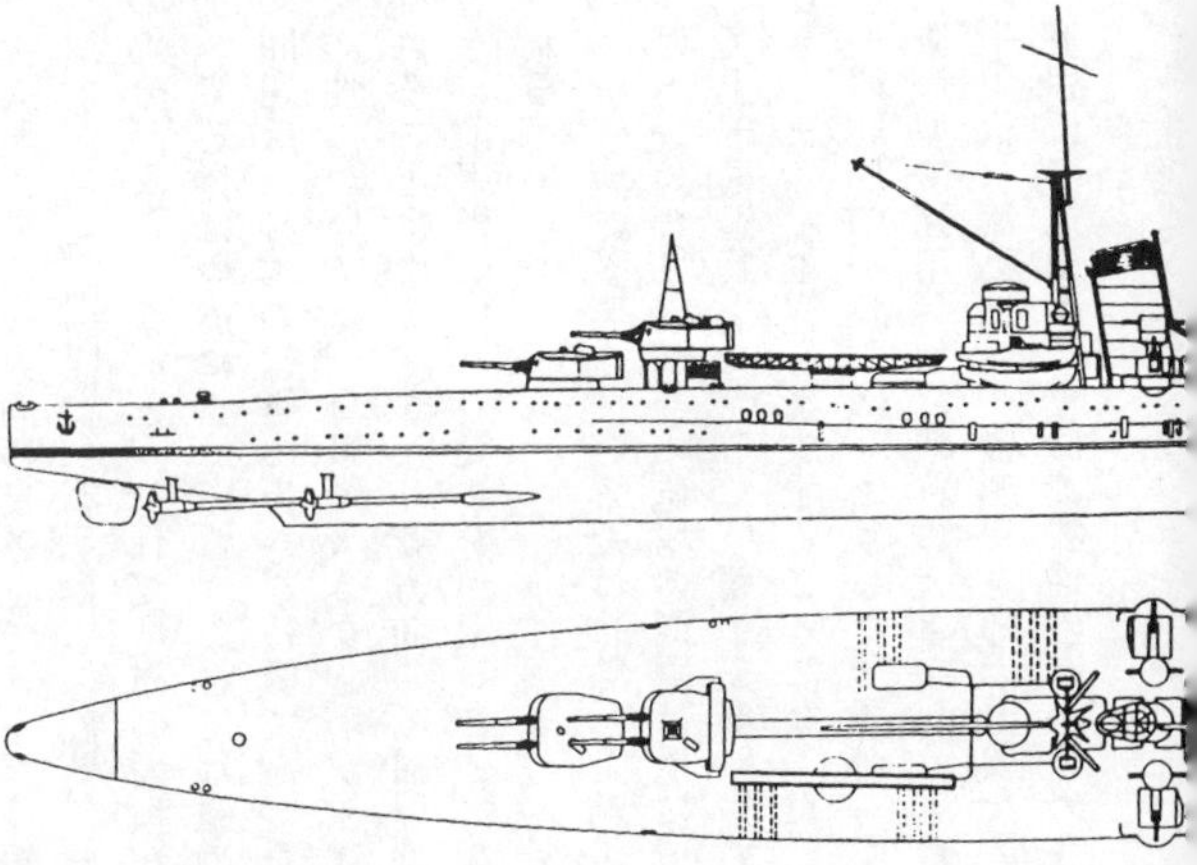

妙高（新造時）　基準排水量1万902ｔ　水線長201.625ｍ
最大幅18.999ｍ　吃水6.23ｍ　馬力13万8692

である。したがって「古鷹」にしても「妙高」にしても、外国の巡洋艦に比していちじるしく長い船体であった。これが、日本の重巡が抜群の高速をえられた秘密である。

船はその長さが長いほど優美さを増すが、同時に船体上に配置された上部構造物のバランスも美醜におおいに関係する。「妙高」は連装五基の砲塔をもっているが、これが船体の中央部にできるだけ接近して配置されたために、美しいプロポーションを示したのである。

これは、じつは重量軽減と航洋性の関係から工夫された苦心の配置であった。というのは機関部と弾火薬庫の前後方向の長さをできるだけ短くすることによって、船の心臓部（ヴァイタル・パート）の防御面積を小さくし、重量の軽減化をはかる必要にせまられたからである。この部分が大きくなると、それだけ防御面積がひろがり、大きな重量の防御甲鈑の使用量が増加して船体は極度に重くなる。これでは艦のあらゆる性能に悪影響をおよぼす。この軽量化の問題は、日本の艦艇の大きな特徴であった。

また航洋性については、重量の大きな砲塔が船体の端のほうに配置されると、艦が前後に大きく揺れることになる。つまり縦方向の動揺周期が大きくなって、大波にむかって高速走航するとき、前甲板にひどい大波をかぶることになる。このため艦の航洋性が、はなはだしく阻害される。

これらのマイナス要素をできるだけ排除した結果、他国の艦にくらべて船体の長さは一〇メートルほど長いのに、前後の砲塔の間隔は逆に一〇メートルほど短い。

こうして上部構造物をできるだけ艦中央部に集めたため、間のびした感じがまったくなくなり、ひきしまった艦容を構成することになった。

「妙高」型の艦形の美しさは、こうした配置からくる緊張感から出てくるものであろう。さらに「古鷹」型で採用された艦首の大きなシーアと、艦尾部にゆくにしたがって下降している波形の平甲板の流動性も、艦形美を呼ぶ重要な要素になっている。

この波形甲板の採用は、単に凌波性の向上をめざしただけでなく、重量軽減と重心の低下

昭和16年3月、第2次改装を終えて宿毛湾で全力公試運転中の「妙高」。前檣が従来の単檣から三脚檣となり、外観上の大きな相違点となっている。

に大きな威力を発揮しているのである。

まず艦の中央部では、罐の高さと煙路から、船体の深さが必然的にきまってくる。この深さが、上甲板の高さを決定する基本的な寸法になる。つぎに艦首と艦尾は、凌波性のうえから水線上、必要な乾舷の高さを求めて決定する。つぎに問題になるのは砲塔の部分である。大重量の砲塔があまり高い位置にあると、ますます重量が増大するばかりか、トップ・ヘヴィになって復元性からみても好ましくない。そのためこの砲塔の部分は、その大重量をなるべく低く位置するように、機構上さしつかえない程度の最低の高さまで低めた。

こうして艦首、艦尾、艦中央、砲塔の四点の高さを必要最小限の高さで決め、あとは強度上、不連続のないようになめらかな曲線で連結してゆけば、日本海軍独特の波形平甲板が描かれるというわけである。もし「妙高」型が、米国の重巡のような直線平甲板を採用していたとすると、五砲塔の搭載は不可能となり、上部構造物の重量が船体の重心を引き上げてトップ・ヘヴィになり、これだけの高性能を発揮することは不可能であったろう。

合理的な耐弾防御

軍艦にとって重要なのは、敵弾または魚雷に対して、いかに防御をほどこすかということである。これは船体設計において優先すべき重要課題である。これまで、軍艦の防御といえば戦艦にほどこされていただけで、補助艦の巡洋艦に防御甲鈑をつけた例は、さきの「古鷹」型の経験しかなかった。これとて、いわば軽巡クラスの艦であるから、本格的な防御とはいえない。つまり一万トン重巡にかんする、前例となるような統一的な防御構造様式というものは、これまで存在していないのである。

それに問題なのは、一万トン級といえば船体が細いので戦艦のような防御方式はとることができない。まして艦の重量そのものに防御甲鈑をドカッとのせるような余裕はないのである。

造船技術の先輩格である英国では、やはりこの防御問題に頭を痛めたようで、機関部に対して二五ミリ程度のDS鋼板（ジュコール鋼）を用いて軽防御とし、弾火薬庫だけは側面に一〇〇ミリ、上面に六〇ミリ前後のニッケル鋼板を張り重点防御としている。このDS鋼というのは英国で完成した、すぐれた軍艦用鋼材で、マンガン分が多く粘度のたかい性質をもち、防弾材としては適切なものである。日本海軍でも、はやくからDS鋼を採用しており、

「妙高」型中央部断面
（単位はmm）

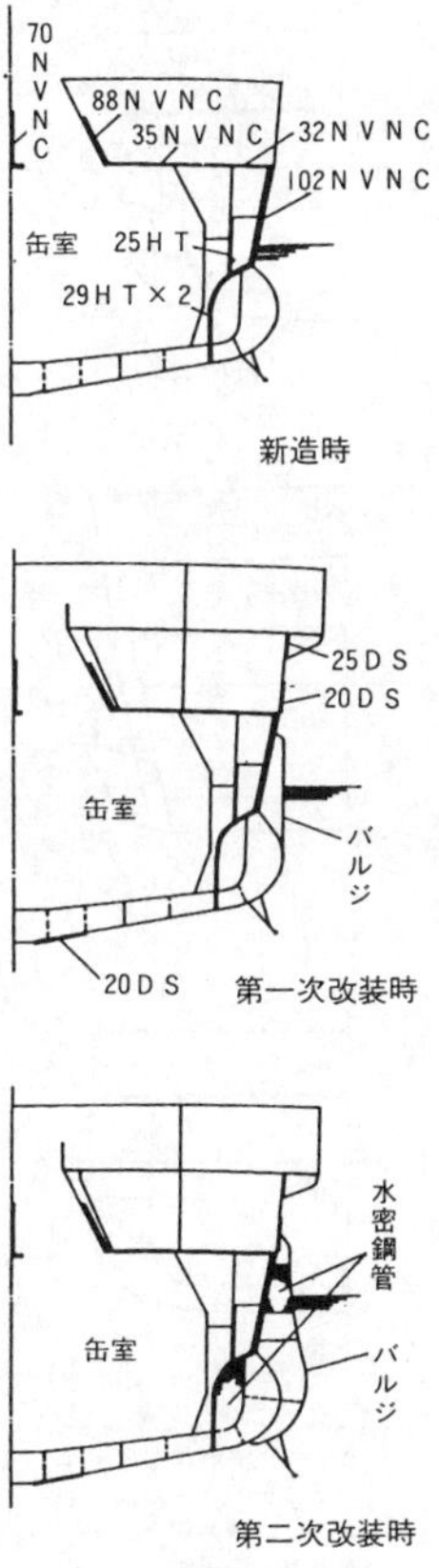

船体構造材としてほとんどの艦艇に使用している。

しかし甲鈑（アーマー）ではないので、弾片防御にはよいが、耐弾効率にはやや難点があった。そこで日本海軍では独自に開発したNVNC甲鈑を用いた。これはすでに「古鷹」型に装着ずみである。このNVNC甲鈑は、表面も内部も均質の硬度にしてあるので、砲弾がある撃角で命中したとき多少変形する。このために砲弾が鋼板面ですべる傾向を生じ、爆発力をたわめる性質をもっていた。

「妙高」型では「古鷹」型の場合と同様に、ヴァイタル・パートの舷側部にNVNC甲鈑を用いた。機関室の天井にあたる甲板の高さから、水線下一・五メートルあたりまで、外板の部分を外方に一二度傾斜させ、その斜面舷側に厚さ四インチ（一〇二ミリ）の甲鈑を装着した。

日英米の1万t
重巡の防御要領

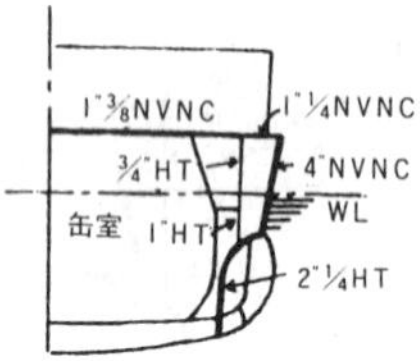

「妙高」型

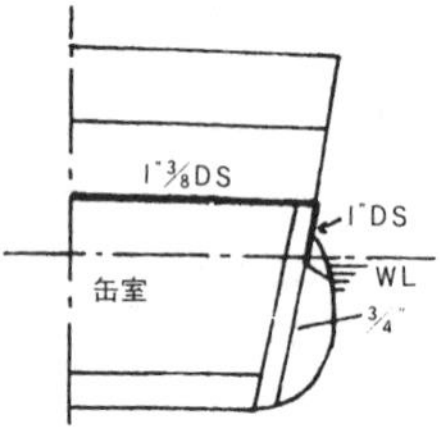

「ケント」型（英）

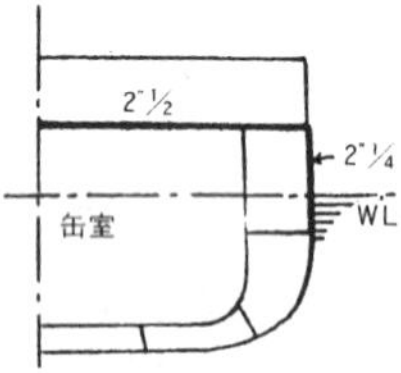

「ノーザンプトン」型（米）

WL：2/3満載状態吃水線
OS：デュコール鋼
HT：高張力鋼
NVNC：甲鉄

甲鈑を傾斜させたのは、遠距離砲戦の場合敵弾は上方からななめに命中するので、その場合、甲鈑面への撃角を垂直面よりも大きくすることによって、砲弾の貫徹力を減殺しようというのが目的である。

この甲帯の水線下下端からバルジを設け、外方にむかって張り出した形の水中防御対策を行なった。このバルジの内部は空所とし、魚雷爆発によるガス圧が空所内に同一の圧力としてかかるようにした。さらにバルジの内側には、内方に屈曲した防御縦隔壁を二重に設け、ガスの膨張圧力を受け止めるとともに破片防御とし、さらにその内側に漏水防止のための隔壁をもう一層もうけた。

舷側甲鈑の下端から延長した内方に屈曲した防御縦隔壁は、厚さ二九ミリのＨＴ鋼（高張力鋼）を二枚かさねあわせた五八ミリ鋼板である。これは戦艦「長門」型や「加賀」とおなじ手法によったものだが、このような防御法が巡洋艦に採用されたのは他にあまり例がない。きわめて意欲的な防御対策であった。

船体の外板をそのまま防御甲鈑としたのは「古鷹」型の場合と同様で、甲鈑を船体構造材として有効に利用することによって、重量軽減の一つの手段としたのである。

しかしこの防御法だけでは、まだ心もとなかった。軍艦の防御というのは、自艦のもっている主砲と同等の砲弾が命中しても、それに充分耐えられるようにしておく必要がある。つまり、自艦より強力な主砲を備えた敵艦とわたりあっても、勝ち目はないのだから、これを敵にまわして戦うことは論外である。したがって重巡の相手は、重巡またはそれ以下の艦が主たる砲戦相手になるわけだ。しかし主砲口径がおなじでも、炸薬の質や砲の初速、貫徹力などは国によって異なるわけで、砲弾が同じ大きさでも、その威力は同一ではない。

　そこで「妙高」型では、たとえ防御甲鈑を貫通して爆発しても、弾片をくいとめるようにその内側にもう一層のやや厚い鋼板の隔壁をもうけた。しかし、この縦隔壁は、弾片をくいとめたとしても穴だらけになる恐れがある。そうなると、この穴から内部に浸水してくることになるので、その海水をさらにくいとめるために、もう一層の縦隔壁を内側にもうけた。

　このように舷側部は三重四重の防御構造になったが、いちばん外側の外板から最内側の防御縦隔壁までの距離は、約二・五メートルしかなく、これでは魚雷が命中したときの爆発に対して万全とはいえない。そこでバルジ内部の最内側の区画に、水防鋼管を約二〇〇トン詰めこむ計画をたてた。

　この水防鋼管というのは、両端を密封した鋼鉄製のパイプで、ガス圧でおしつぶされることによって魚雷の爆発エネルギーを吸収するものである。ところが、二〇〇トンものパイプを充塡(じゅうてん)すると基準排水量を大きく超過してしまい、条約違反になる。そこで、これは戦時にだけ搭載することとされた。

　水平防御としては、中甲板に三五ミリのNVNC甲鈑を装着し、さらに罐室の煙路開口部の外周に八八・五ミリ甲鈑を、二本の煙突の中間には七〇ミリ甲鈑を装着して罐室部を防御した。

　これらの防御甲鈑の使用重量は、じつに二〇二三トンにもたっし、初期の条約型重巡のなかでは、世界でもっとも強力な重防御の艦になったのである。

重要区画と上部構造物

動力源のボイラーは一二基あり、主機械は蒸気タービン四基を搭載し、これによって計画速力三五ノットという高速力を出すエネルギーをつくり出している。出力は一三万馬力である。

罐の配置は第一、第二、第三罐室に各二基ずつ左右に並置し、船体の横幅いっぱいにおさめられていた。問題は、それ以下の罐である。第四～第九罐室は、中心線隔壁の左右に一室一基ずつおさめられた。そして主機械も、これら罐室群の後方に、隔壁をはさんで左右に一室ずつ四室の機械室がもうけられていた。

この隔壁は「古鷹」型の場合とまったくおなじで、魚雷命中、浸水といった場合に、傾斜をはやめる危険性をもつものだった。これについては設計者の平賀少将は百も承知だったらしいが、垂直落下の砲弾に対する対弾防御としてはすぐれた効果を発揮するものである。当時、予測しうる海戦は艦艇同士の砲戦が主であったから、こうした防御対策がとられたのもやむをえないことだった。

太平洋戦争に入ってから、艦艇の戦闘は対空戦闘が主流を占め、航空魚雷による攻撃が圧倒的になった。このため軍令部では、極めて危険な罐室の隔壁を撤去するように命じたが、これを撤去するのは大工事になる。そこで応急の処置としてできるだけ隔壁を切りとり、魚

「那智」缶室

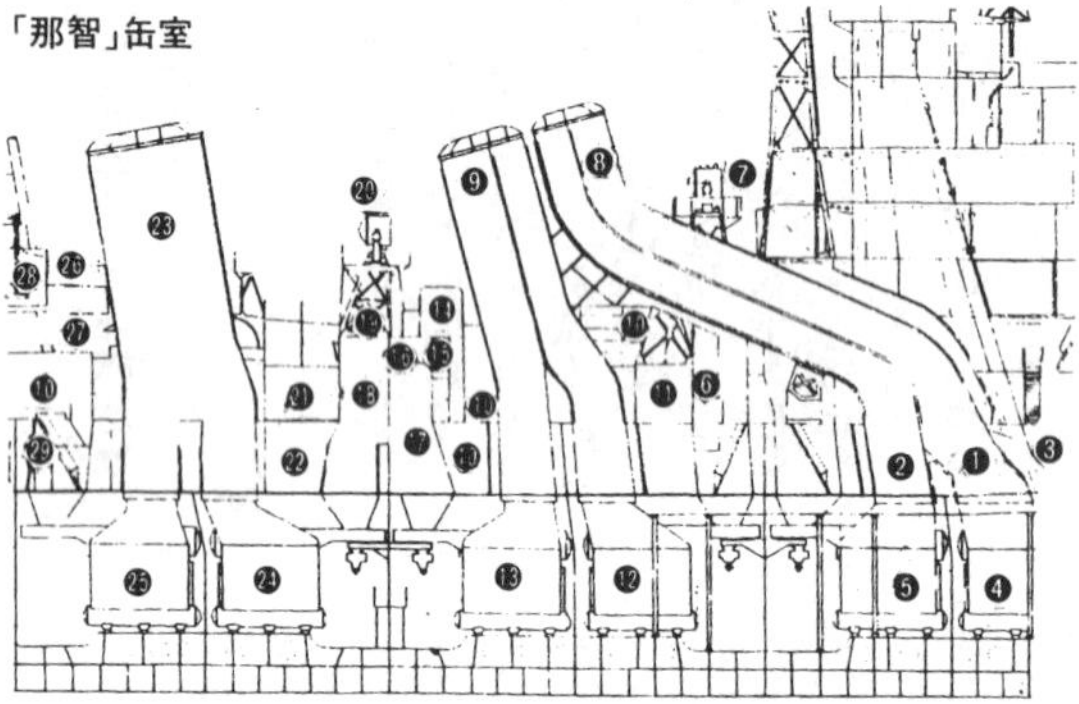

①第1缶室煙路
②第2缶室煙路
③司令部事務所
④第1缶室
⑤第2缶室
⑥第3缶室通風路
⑦九六式110cm探照燈
⑧第1煙突
⑨第2煙突
⑩通　路
⑪鍛冶工場
⑫第3缶室
⑬第5缶室
⑭高角砲指揮通信所
⑮第1弾薬庫
⑯活水タンク
⑰第3缶室通風路
⑱第7缶室通風路
⑲兵員待機所
⑳九二式110cm探照燈
㉑ラムネ製造機室
㉒補助発電機室
㉓第3煙突
㉔第7缶室
㉕第9缶室
㉖機銃甲板
㉗揚貨機
㉘デリック機械用電動機室
㉙機関科倉庫

雷命中による浸水が片舷だけではなく、反対舷の罐室にも流れ込んで船体傾斜のバランスが保てるようにしようとした。

しかし、隔壁にはさまざまなパイプや計器類が装着されているので思うようにならない。それに戦況の過熱化で、入泊した重巡をいつまでも引き止めておくわけにいかず、ついに工事未了のまま、多くの損害を出す結果になっていったのである。

それはともかく、この罐に供給する燃料は満載で二五〇〇トン、航続距離は一四ノットで七〇〇〇浬（一万二六〇〇キロ）と、その後に出現する重巡よりは足が短い。これは当時、仮想敵国である米国の艦隊と交戦する戦場を、小笠原列島以西の海域と考えていたことから生じた性能であった。

さて、「妙高」型のもう一つの大きな特徴は煙突である。これは「古鷹」型とまったく同じである。前部煙突に結合した誘導煙路は、第一、第二罐室にある四基のボイラーからの煙路で、この罐室はちょうど艦橋の真下に位置している。したがって艦橋構造物の下方内部をとおって後方にみちびかれ、いわゆる「結合煙突」という日本海軍独特の煙突を構成してい

「那智」断面

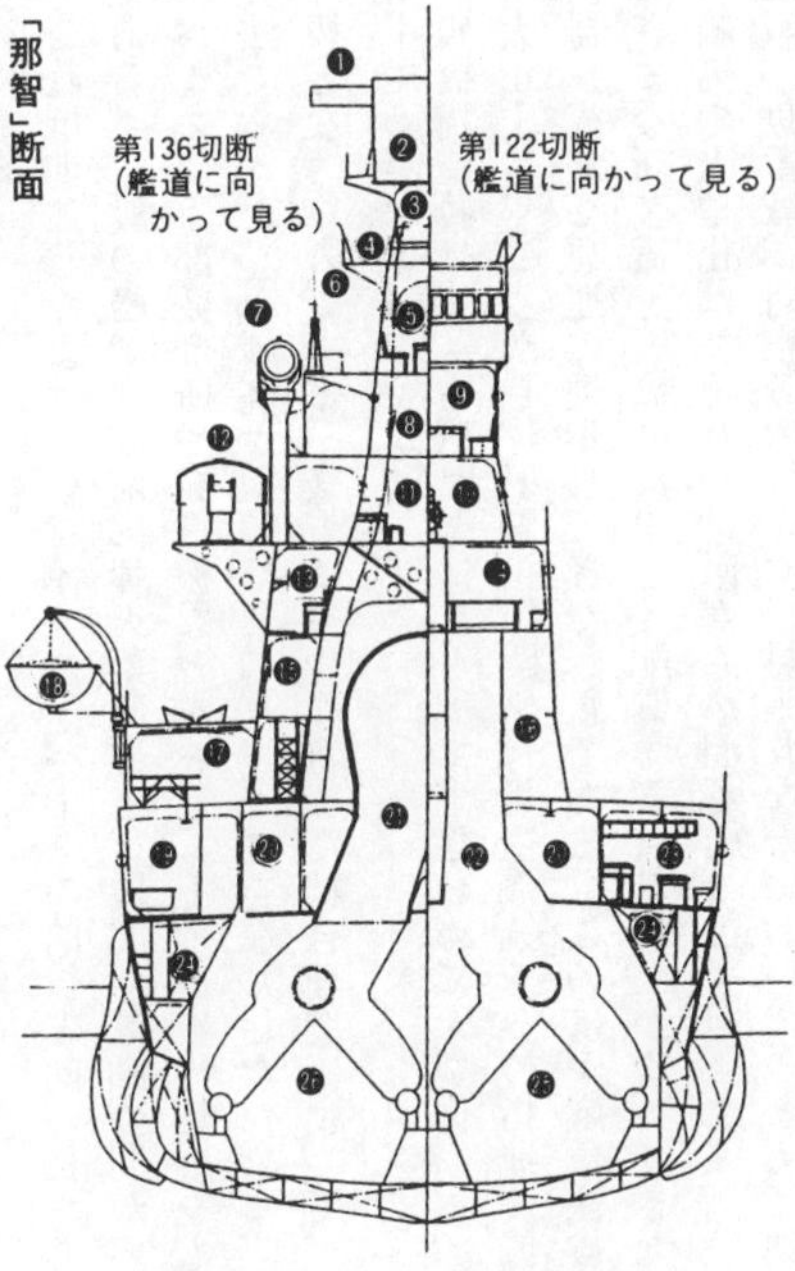

①6 m測距儀
②方位盤照準装置射撃塔
③主砲指揮伝令所
④測的所
⑤海図室
⑥12cm高角双眼望遠鏡
⑦60cm探照燈
⑧作戦室
⑨艦長休憩室
⑩操舵室
⑪航海長室
⑫高射装置
⑬暗号室
⑭第2無線電話室
⑮発射発令室
⑯通信科倉庫
⑰第2兵員室
⑱9 m救命艇
⑲第2士官浴室
⑳通　路
㉑第2缶室通風路
㉒第1缶室通風路
㉓第2士官次室
㉔電線通路
㉕第1缶室
㉖第2缶室

るのである。

これは前述したようにヴァイタル・パートの前後方向の長さを圧縮したために生じた配置である。一般の艦では、前部弾火薬庫群と、機関部区画の間がいくらかはなれていて、このスペースに下部発令所や発電機などをおき、その直上に艦橋をもってくるのがふつうの設計方法であった。「妙高」型ではこのスペースをなくしたために、世界でも例のない特徴的な外観となったのである。後方にやや傾斜した結合煙突によって、さらにスピード感あふれた精悍さが生まれている。

艦橋構造物は、「古鷹」型にくらべて、きわめて大型化した。「妙高」型を設計しはじめた大正十二年ころから、射撃指揮関係、対空機銃とその指揮装置、魚雷関係、航空関係など兵器技術が、急速に進歩してきたからである。このほか応急注排水装置や防毒施設など、さまざまな新装置を艦橋に集中して配置する要求がたかまってきたためでもあった。

艦橋の大型化は、それだけ敵からの目標となり、けっして好ましいことではなかったが、砲戦、魚雷戦、対空戦の場合や、見張りなどにおいてきわめて便利であることが判明し、これ以後、艦橋の大型化はますます助長されていくことになった。

「妙高」型の艦橋構造は、誘導煙路の上にまたがった基部が、二番砲塔よりも高い箱型の構造物として設置され、その上に後半部が円錐状、前半部が幅のせまい箱型になった構造物をのせている。円錐状の支筒の頂上には測距塔をのせ、主砲射撃所、測的所となっている。その下が天蓋つきの羅針艦橋、その下が上部艦橋と艦長休憩室、その下が中部艦橋で操舵室、その下が下部艦橋になっている。

艦橋の背後に立っている前檣はシンプルな一本マストで、後檣は三脚檣になっている。三脚檣のトップマストは無線の空中線の長さを増すために、グンとたかめられているのが印象的だ。艦橋、煙突、マストなど、いずれも大型化された構造物だが、それらが艦の中央にコンパクトにまとめられているため、艦全体の印象が実際よりも小さく見える。このことからも、「妙高」型がきわめてすぐれた、成功した艦になっていることがうかがえる。

米海軍がオマハ級についで建造した軽巡ブルックリン(上)とその改良型のセントルイス(下)。両級は「古鷹」型と同様に前部に砲塔3基を設け、3番砲塔を後ろ向きに配置している。

斬新強力な兵装

主砲一〇門はすべて

連装とし、五基の砲塔におさめて前部に三基、後部に二基を配置した。当時、多数の砲をいかに配置するかで、世界各国でさまざまに論議されていたが、連装三基の砲塔を艦首部に一群に集中し、「古鷹」型とおなじように三番砲塔を後ろ向きに搭載したアイディアは、柔軟性にとんだ発想の転換としてたかく評価されるものだ。

この着想は「那智」が竣工した一〇年後に、米国の軽巡ブルックリン型（七隻）と、ついでセントルイス型（二隻）に採用されている。しかし三番砲塔のみが、前部砲塔群のなかでいちばん低くおかれているのが、いささか気になる。艦が全力航走すると、艦首波が大きくなり、そのしぶきが霧状になって舷側に立ちのぼるため、各砲塔の独立射撃のときは、三番砲塔だけが照準装置の視界がさまたげられ、砲側照準ができなくなるという欠点があった。しかしこれも、太平洋戦争での実戦では、実際にこのようなことがおこらなかったので、いわば取りこし苦労の欠点指摘といったものだろう。

「妙高」型が採用した五〇口径三年式二〇センチ砲は、仰角四〇度、俯角五度、最大射程は二万六七〇〇メートルという性能だった。重巡の場合は、口径が八インチまで許されるのだが、この砲は口径が二〇〇ミリで、八インチの二〇三・二ミリではなかった。

この砲は、もともと排水量をできるだけ小さくした軽巡に二〇センチ砲をのせるという、「古鷹」型を目的としてつくられたものだったので、したがって威力も正八インチよりはややおとる。これは、他国で条約型重巡が多数つくられるにしたがって、「妙高」型の弱点になっていった。このため後年、この砲はすべて二〇・三センチ砲に換装されることとなる。

二〇センチと二〇・三センチの寸法差は、わずかに一・六パーセントだが、砲弾の重量は二〇センチのもので一一〇キロ、二〇・三センチのほうは一二五・八五キロとなり、威力の差は一四パーセントにものぼったといわれている。

条約明けに米国が建造した重巡バルチモア(上)と大戦後に竣工した重巡デ・モイン(下)。いずれも条約型巡洋艦とは類を異にするが、「妙高」型を上回る性能は持ち合わせなかった。

砲塔そのものは、二五ミリの装甲鈑で防御されていたが、これはなはだ薄くて砲弾防御にはならない。せいぜい弾片防御の程度である。このような軽防御にしたのは、もちろん重量軽減が目的であった。もし完全な防御をほどこすとなれば、少なくとも一五〇〜二〇〇ミリのアーマーを必要とする。これでは重量過剰で五砲塔一〇門の搭載

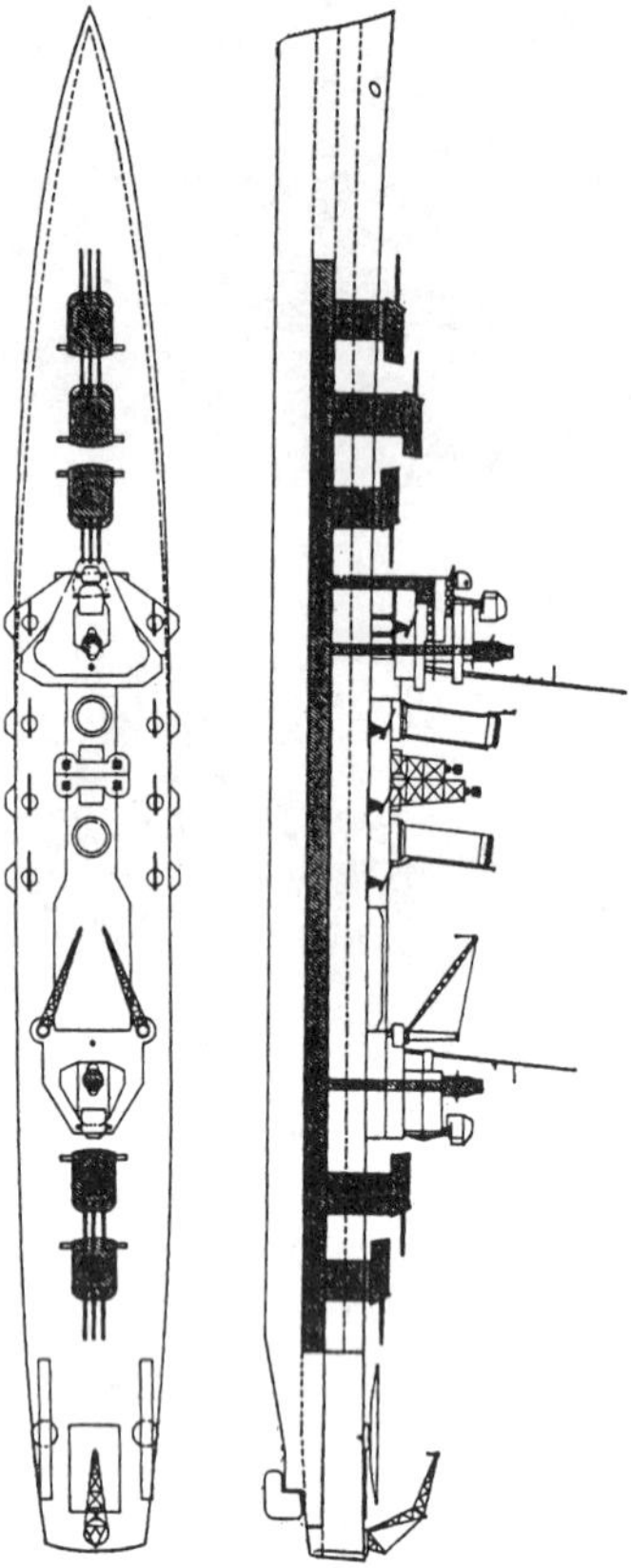

ブルックリン(1938年)　基準排水量9700ｔ　全長185.4ｍ　幅18.83ｍ　吃水5.91ｍ
馬力10万　速力32.5kn　備砲6in砲×15, 5in砲×8　航空機4機　射出機2基

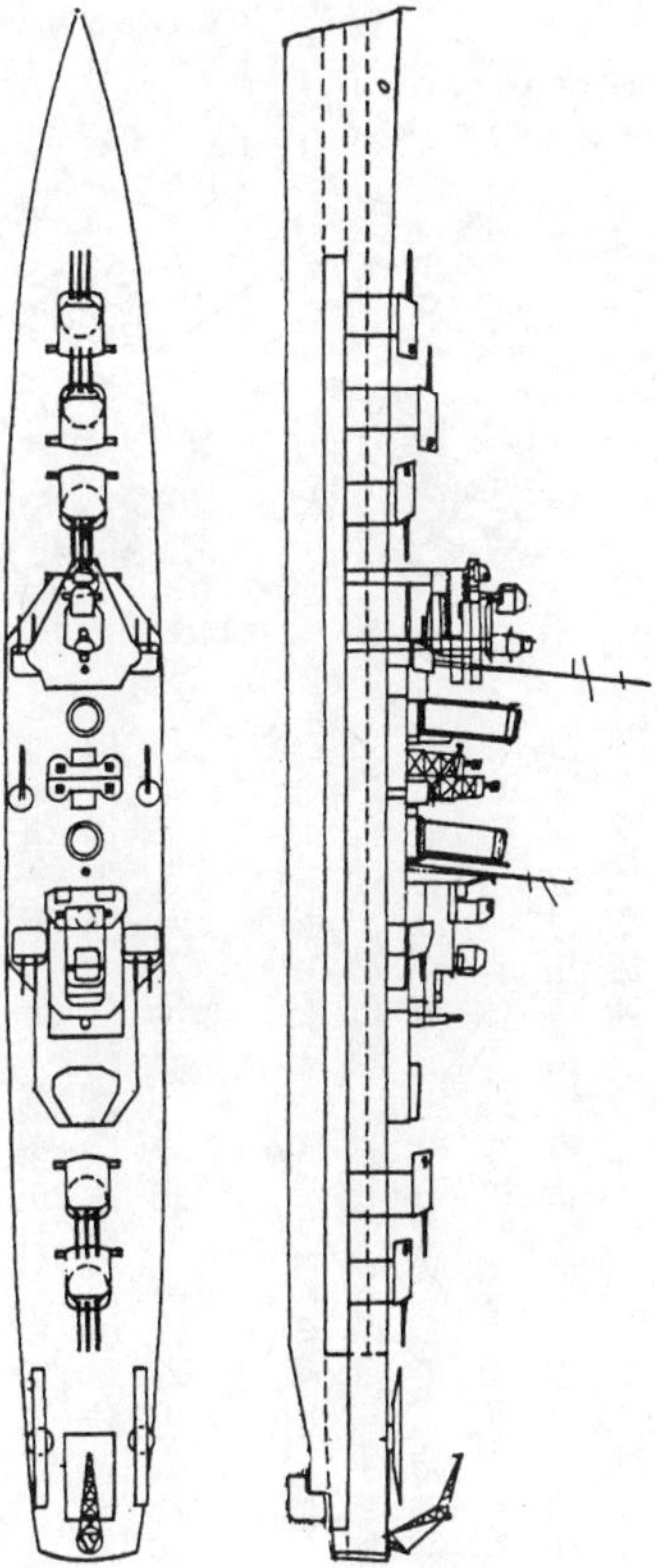

セントルイス(1939年)　基準排水量1万t　全長185.4m　幅18.8m　吃水6m
馬力10万　速力32.5kn　備砲6in砲×15, 5in砲×8　航空機4機　射出機2基

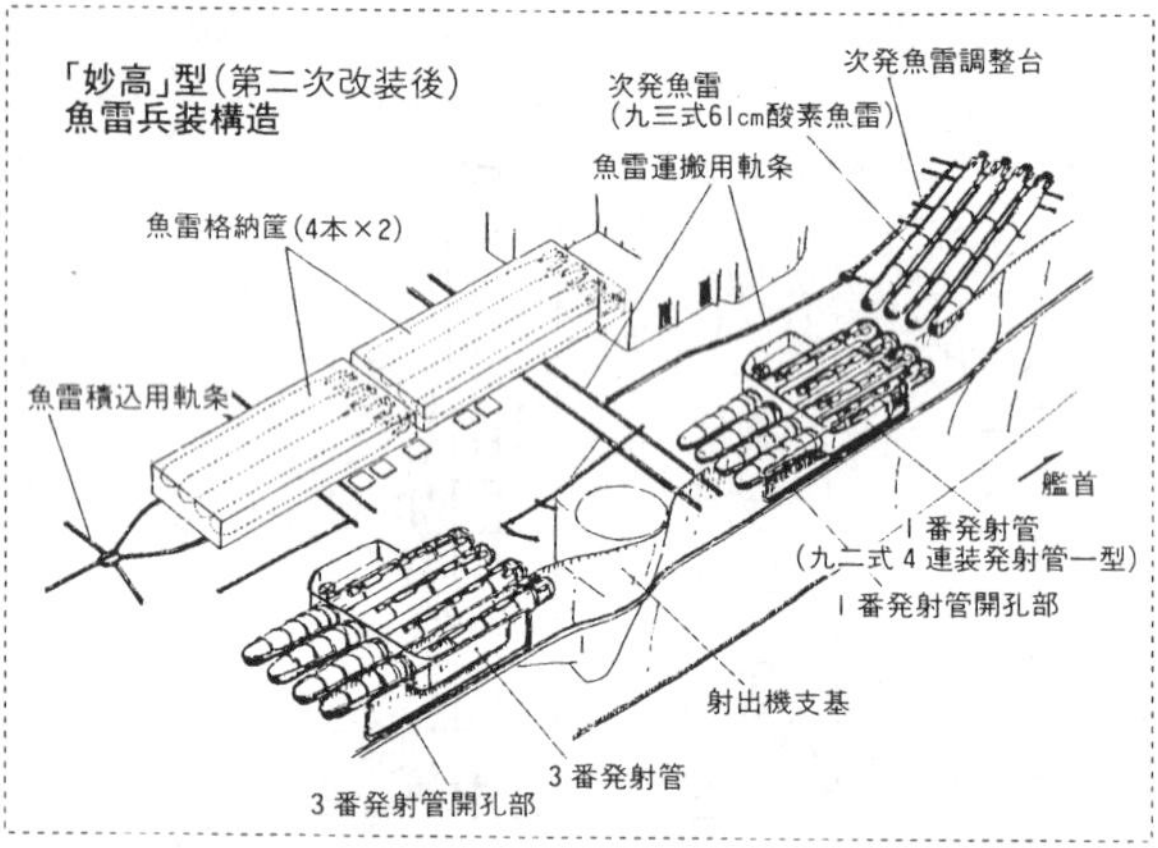

は、まったく考えられないことになる。

したがって防楯程度の軽防御砲塔とし、もし命中弾があったときは防楯を貫通して外部で炸裂することをねがったものである。それでも砲塔内で爆発することも考えなければならない。この場合は砲塔直下の弾火薬庫が引火して誘爆しないように、揚弾筒内に防炎装置を設けて防御することにした。これだけが、本艦における重大な弱点であった。

また砲塔内はせまく、太陽の直射に照らされると内部の温度は急上昇し、長時間、中で待機していることは不可能となる。そこで、防御鋼板でできた砲塔の本体の外側に、一〇センチぐらいはなして日除け用の薄厚鋼板を取りつけた。中間の空隙を空気が流通することによって、熱射を防ごうというわけである。この薄厚鋼板は、波や爆風などによってたやすく変形した。このため戦時中には、ベコベコになった様子を見て、砲塔が破壊されたものと早とちりした人が多かったという。

魚雷発射管は、平賀博士の先見の明によって搭載しないことになっていた。ところが用兵側にしてみれば、これがはなはだ不満だった。本来、重巡とはいっても軽巡から発展したものなので、魚雷発射管の必要性を彼らは信じて疑わなかったのである。

「那智」に搭載された十年式45口径12センチ単装高角砲。射高1万メートル、発射速度毎分11発、艦の中央に配置された。

後年、太平洋戦争では艦隊同士の激突はまったく影をひそめてしまったので、重巡が発射管を活用して攻撃を展開した例は、ほとんどなかった。しかし当時は、こういうことは予想もできないことである。

平賀博士が魚雷装備を廃止した理由は、この兵装を行なっても、重量は二〇〇トンたらずで問題はないのだが、使用する甲板面積が相当ひろくなり、このために居住区を圧迫することになる。かりに上甲板以上の位置に搭載したとしても、そのための区画を新たに装備しなくてはならず、したがって船体関係に大きく影響し、必然的に重量増加をきたすことになる。

このような配慮と、重巡は主砲戦を主目的とすべきであるとの考えから廃止したのだが、不満者の強い要求のため、平賀博士が英国視察で外遊しているすきに、発射管搭載の設計に変更してさっさと作りあげてしまった。横車がまかりとおった暴挙といってもよいだろう。

この雷装は、機械室の真上の中甲板に、六一センチ固定式三連装を両舷に二基ずつ装備されたが、「古鷹」型の場合とおなじように、中甲板に装備することはきわめて危険である。本来なら上甲板に設置するのが至当だったはずである。

この雷装のため艦内の兵員居住区が圧迫され、乗組員の部屋がなくなってしまった。やむなく結合煙突の両側の上甲板に、甲板室を積み上げるように増設しなければならなくなったのである。このことは直接、高角砲の設置位置に影響をおよぼした。

一種のやりくり算段で、四五口径一二センチ単装高角砲六基は、両舷中部の上甲板上に二基ずつ、もう二基は甲板室の上部に搭載することとした。この高角砲の最大仰角は七五度で最大射高一万メートル、発射速度は毎分一一発であった。

こうして「那智」のあとにつづいて、昭和四年四月二十五日に「羽黒」が、同年七月三十一日に「妙高」、同年八月二十日「足柄」がつぎつぎと完成していった。

しかし完成時の公試状態では「那智」が一万三三三〇トンとなり、計画時より約一五〇〇トンの増加となった。他の三艦も同様に排水量が約一〇パーセントも増加してしまったのである。

排水量増加の理由は、軍令部の苛酷な兵装強化の要求もさることながら、現場の建造所が重量軽減構造に対する協力態勢が消極的であったこともあげられた。しかしいずれにせよ、重量の増大は速力、航続力の低下をまねき、予備浮力を減じ、水線上の高さを低め、乾舷を減じて凌波性を悪化するなど、さまざまな悪影響をおよぼすことになる。そのうえ船体強度

「妙高」型重巡が初めて人々の前に姿を現わしたのは昭和３年12月４日、横浜沖の特別観艦式であった。当日、英国から参列した条約型重巡ケント級の３隻、ケント(上)、サフォーク(中)、バーウィック(下)。ケント級は全５隻が建造された。

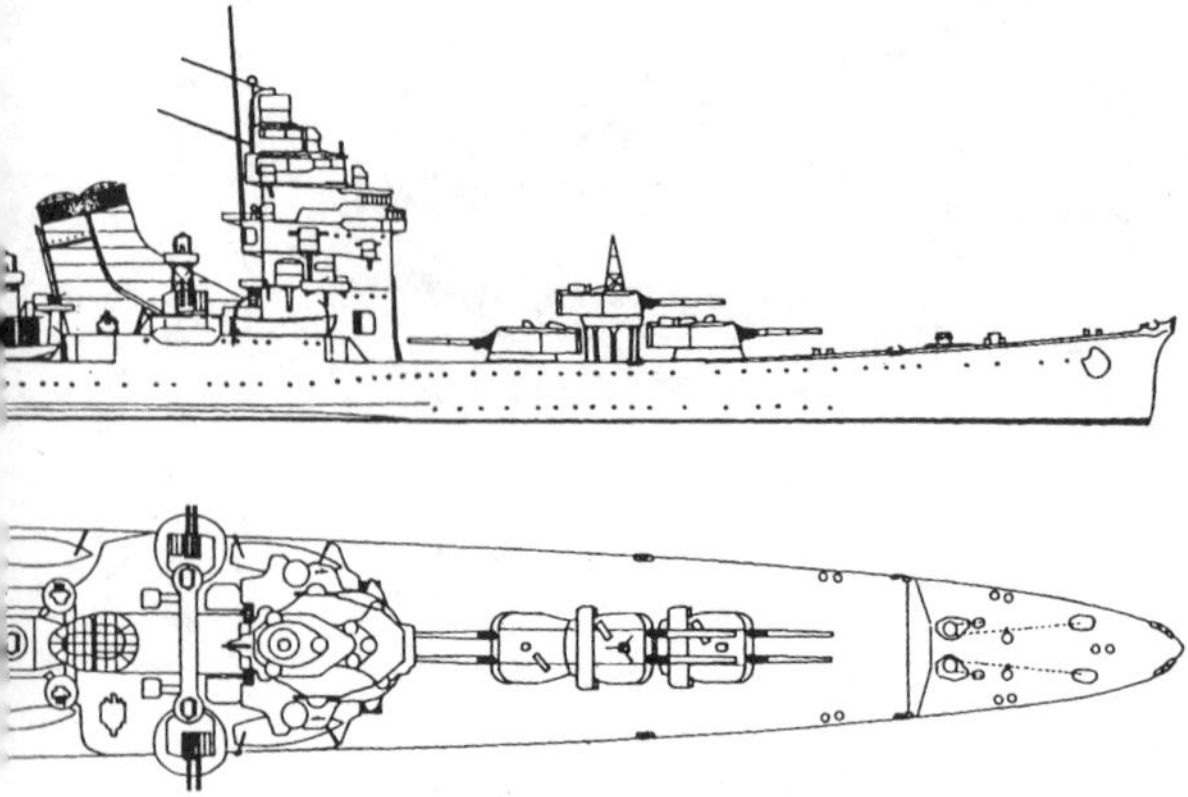

速力35.6kn　備砲20.3cm砲×10, 12.7cm高角砲×8,
発射管×8　航空機4機　射出機2基

や復元性にも問題が出てくることになるのである。

しかし現実には、かつての「古鷹」型がそうであったように、「妙高」型の性能は重量増加で多少の変動はあったものの、きわめてすぐれたものであった。当時、条約型重巡を建造していた米・英・仏・伊・スペインなどの艦と比較して、「妙高」型は圧倒的に強力であり強大であった。

驚異的な高性能の重巡「妙高」型の出現に、もっとも脅威をおぼえたのが米国と英国である。日本の強力な重巡がこのまま無制限

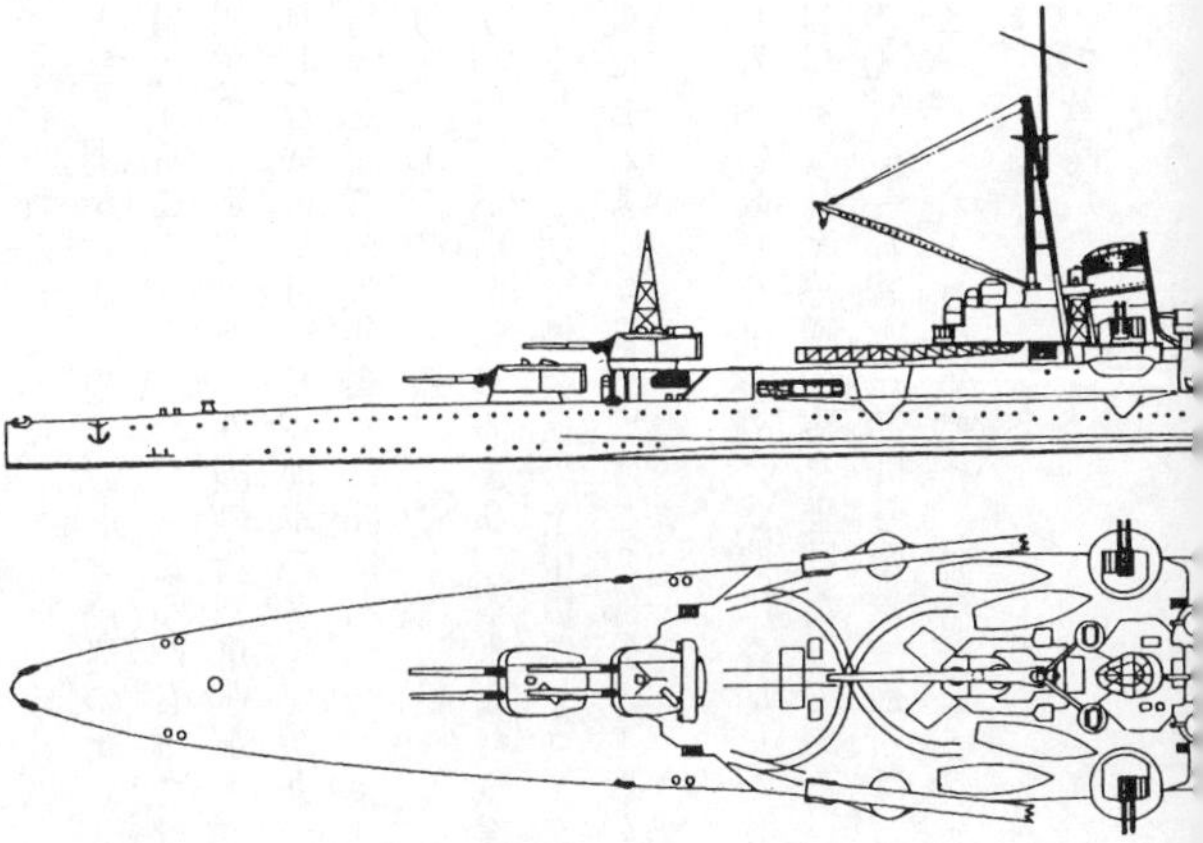

羽黒（昭和11年）　公試排水量1万3963ｔ　全長203.76ｍ
最大幅19.0ｍ　吃水6.23ｍ　馬力13万8692

に生産されては、せっかくワシントン条約で主力艦を規制したことが無意味になる。そこで改めてもう一度、軍縮計画を練りなおすことが提案され、主として補助艦の保有量を制限するための会議がもたれた。これが昭和五年に開かれたロンドン軍縮会議である。ふたたび日本はこの会議で重巡の保有量を対米六割（対英八割）に制限されることになるのである。

ロンドン海軍軍縮条約

「妙高」型重巡が、はじめて内外の衆目の前に姿を現わしたのは、昭和三年十二月四日のことだった。この日は、昭和天皇の御大礼特別観艦式が横浜沖で挙行された日である。

このとき英国から新造の一万トン重巡のケント、サフォーク、バーウィックの三隻が派遣され、参加することになった。ところが日本では、一万トン重巡はまだ建造中で竣工するのは昭和四年の予定だった。外国の新型重巡がくるのに、日本がひそかに誇る「妙高」型が一隻も参加しないのでは、日本海軍のメンツが丸つぶれだ。そこで、比較的工事の進捗している「那智」を、この大観艦式に間にあわせるように急速工事を行ない、昭和三年十一月二十六日に竣工させたのである。

したがって、工事を急ぐあまり、本来なら魚雷発射管を搭載したために犠牲になった兵員室の代償として、前部煙突横の上甲板にシェルター式の兵員室をつくることになっていたがこれが間に合わず、「那智」はこの部分の工事を未了のままにして観艦式にかけつけたのであった。

しかし外国の高官をはじめ、式典に参加した諸外国の海軍関係者たちは、この「那智」の姿を一目見るなり、感嘆の声を上げたのである。式典終了後の翌四年に入ってから、英重巡ケントの士官が「那智」を訪問したが、彼らは、

「これこそ、ほんとうの軍艦だ。那智にくらべると、われわれのケントはぜいたくな客船だ」

といって賛嘆した。

昭和11年4月、青島方面の海上で戦技訓練中の「羽黒」と「那智」搭載機の九五式水上偵察機。揚収作業中のもので、九五式水偵も水上航走中である。

しかし、彼らは賛嘆ばかりしてはいられなかった。「妙高」型四隻が完成すると間もなく、日本海軍は次期の新重巡として、一万トンの基準排水量をもった「妙高」をさらにしのぐ、「高雄」型四隻の設計を開始したのである。「妙高」型でさえ、諸外国では建造しえない強力艦なのに、それを上まわる重巡が計画されていることを知った米国では、日本の補助艦建造を、これ以上野放しにしておくことに強い脅威を感じたのである。

そこでふたたび米国は、補助艦を規制するための軍縮会議を提案した。かつてワシントン会議のときは、米・英・日の主力艦の保有率を五・五・三で押しつけ、さらに日英同盟にも横槍を入れてこれを破棄させることに成功している。もっとも日英同盟の破棄については、米国はその代償として、三国が東経一一〇度以東では、あらたに要塞や海軍根拠地を建設しないこと、という譲歩案を受諾していた。しかしこの場合、日本本土、ハワイ、オーストラリア、ニュージーランド、米国沿岸の島々をのぞくという条件がつけられていた。

この案は日本が提案したものだったが、米国と同時に日本をも束縛するものとなった。中部太平洋のドイツ領だった内南洋諸島が日本の委任統治領になって、太平洋に大きな足がかりをえたにもかかわらず、日本はここに軍事基地すら作ることができなくなった。米国もまた、フィリピンに要塞はつくれないのだが、インドネシア諸島を支配しているオランダはこの条約には入っていない。米国にとって、この代償は痛くもかゆくもなかったのである。

こうした自国に不利なやり口によって煮え湯を飲まされている日本海軍は、昭和五年一月二十一日から、英・米・日・仏・伊の五ヵ国を集めて開かれたロンドン海軍軍縮会議を、はじめから強い疑惑の目でながめていた。

この会議の主要議題は、巡洋艦、駆逐艦、潜水艦など、補助艦艇の制限と、ワシントン条約で決定している主力艦の建造休止期間を延長することにあった。しかし主な目的は、「妙高」型重巡をこれ以上日本につくらせないことにあることは、最初から歴然としていた。

日本の首席全権には若槻礼次郎が任命され、財部彪海軍大臣がこれに加わった。文官が全権に選ばれたのは、軍人だと話がまとまりにくいだろうとの配慮からだった。おなじように米国はスティムソン国務長官、英国はマクドナルド首相が全権となって出席した。

もともと海軍は、ワシントン条約を不満としていたので、こんどこそ巡洋艦については対米七割を維持しなければ、太平洋の防備をまっとうすることはできないとして、もしこれが容れられないときは、会議を決裂させて帰国することを強く要求していた。海軍は必死だったのである。しかし当時日本は、未曾有の大不況下にあり、浜口内閣は国の経済の立てなおしに苦しんでいたときでもあり、多少の譲歩はしても、この会議を成功させて、軍事費をできるだけ縮小させようと考えていた。

ロンドン会議は、はじめから緊迫した空気の中で行なわれた。議題のことごとくがさんざんもめたが、ようやく三月中旬になって妥協案が出てきた。それは日本の補助艦艇の全合計トン数を対米六・九七割とし、大型巡洋艦は六割とする。ただし米国は一九三六年（昭和十一年）まで巡洋艦の建造をおさえて、それまでの期間は日本が対米比七割になるようにするというものであった。

この案によってロンドン条約は、次表のような形で調印されたのだが、ここで見落とすことができないのは、潜水艦が対米英と同率であり、軽巡が比較的わりのよい比率を獲得していることである。しかし時代の趨勢は重巡の保有量に向かっているときであり、日本が建造しうる重巡は、明らかに戦艦にかわる高性能のものである。この重巡が、次に予定している「高雄」型四隻をもって打ち切らねばならないところに、日本海軍の焦燥と苦悩があった。

重巡の対米比七割が実現しなかったことから、海軍の不満は極度に高まり、これが原因で政府に対する不信感があおられ、当時、大問題となった「統帥権の干犯」問題がおこった。これは明治憲法では、統帥権は天皇の大権であり、それは参謀総長（陸軍）、軍令部総長（海軍）の補佐によって行使するたてまえになっていた。したがって浜口首相が、軍令部の同意なしに条約に調印したのは、統帥権の干犯であり、天皇の大権を犯したものだというのである。

さらにこれは各方面にとび火し、昭和五年十一月十日には東京駅頭で浜口首相が右翼テロによる狙撃で重傷を負う事件がおき、さらにこの問題は尾を引いて、昭和七年五月十五日、陸海軍将校が犬養首相を殺傷するという五・一五事件へと発展してゆくのである。

ロンドン条約に対する政府の対策から、さまざまな事件が発生したとはいえ、もとをただせば、世界的な名艦「妙高」型の誕生にその端を発したものであり、その原点はさらに「古鷹」型の大成功にまでさかのぼっていくのである。それはあたかも現代において、原爆の発明が、その後の原子力平和利用にまで重大な影響をおよぼしていることと、いささかもかわ

ロンドン海軍軍縮条約の内容

		日	英	米
主力艦	隻数	9 (3)	15(5)	15(5)
	合計基準排水量	315000t	525000t	525000t
	単艦基準排水量	35000t以下		
	備砲	16インチ以下		
航空母艦	合計基準排水量	81000t(3)	135000t(5)	135000t(5)
	単艦基準排水量	27000t以下		
	備砲	1万トン以下の艦は6.1インチ以内、1万トン以上の艦は8インチ以内		
重巡洋艦	合計基準排水量	108000t(6.02)	146800t(8.1)	180000t(10)
	隻数	12	15	18
	単艦基準排水量	10000t以下		
	備砲	8インチ以下、6.1インチ以上		
軽巡洋艦	合計基準排水量	100450t(7)	192200t(13.4)	143500t(10)
	単艦基準排水量	1万トン以内1850トン以上(ただし1850トン以内でも5.1インチ以上の砲を有するものはこの中に含む)		
	備砲	6.1インチ以下		
駆逐艦	合計基準排水量	105500t(7)	150000t(10)	150000t(10)
	単艦基準排水量	1850トン以下		
	備砲	6.1インチ以下		
潜水艦	合計基準排水量	52700t(10)	52700t(10)	52700t(10)
	単艦基準排水量	2000トン以下(3隻にかぎり2800トンまで)		
	備砲	5.1インチ以下(上の3隻のみ6.1インチ以下)		
その他の艦	2000トン、20ノット、6.1インチ砲4門以内の艦は無制限(ただしこまかい規定あり)			
	600トン以内の艦は無制限			

※(　)内は対米比率を示す

※軽・重巡の合計排水量内で、その25パーセント内は航空母艦に転用することができる

※軽巡と駆逐艦は、各合計排水量の10パーセント以内でたがいに融通することができる

※駆逐艦は1500トン以上のものは合計排水量の16パーセント以内とする

(福井静夫『日本の軍艦』より)

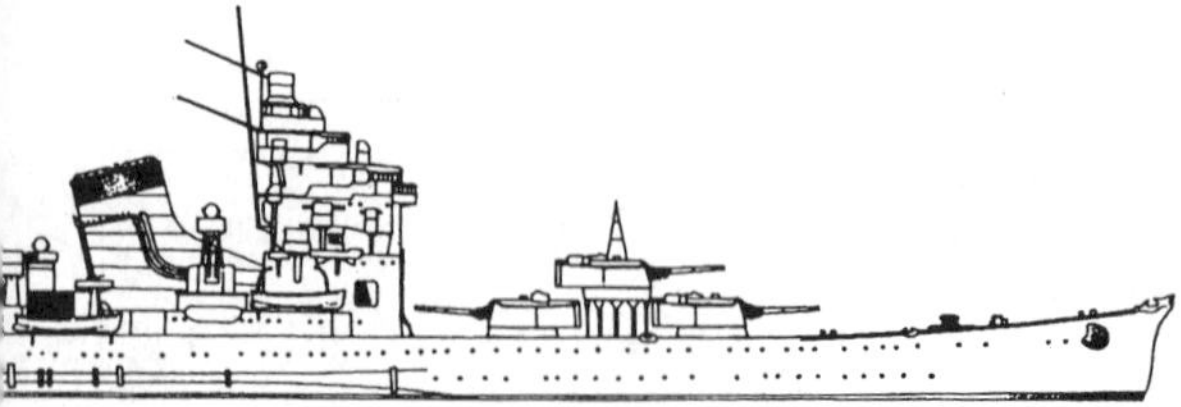

速力35.6kn　備砲20.3cm砲×10，12.7cm高角砲×6，
発射管×8　航空機4機　射出機3基

らないものである。

一人の天才が世に送り出した「妙高」型重巡が、国の内外をさわがせ、重大問題に発展したのだが、このようなことは世界に例はない。

かつてドレッドノートが出現したとき以上の、大きな影響力である。それほどこの「妙高」型は、世界の水準を超越したまれにみる大傑作艦であった。

第一次改装で戦力向上

ロンドン条約によって重巡の保有量が規制され、日本は一二隻しかもつことができなくなったことは、事実上、海上の戦闘は不可能に近いものとなった。これをおぎなうには、一艦一艦のもてる戦力を最大限に向上し、艦の性能をギリギリまでたかめて、個艦優秀の実をあげるしか対抗策がなかった。

それに科学技術は日進月歩である。年とともに新しい機器が生まれてくるにつれて、艦の装備をこれら近代兵器に換装する必要性が出てきた。そこで「妙高」型をさらに高

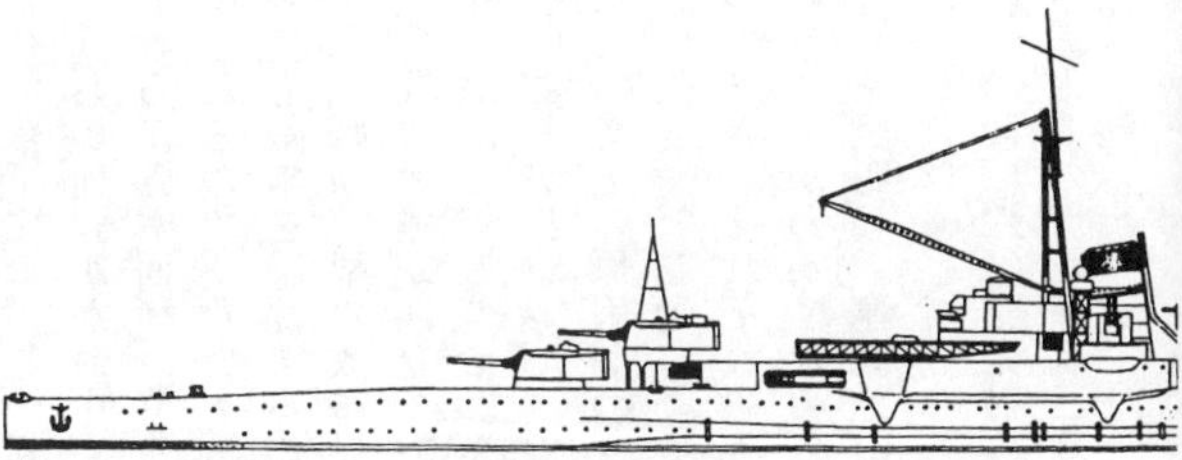

足柄(昭和11年)　基準排水量1万902t　水線長201.625m
最大幅18.999m　吃水6.23m　馬力13万8692

威力の艦に育てあげるべく、昭和八年から順次、さまざまな改装工事をほどこしていった。

この改装は昭和十二年までつづけられており、これは第一次改装と呼ばれている。つづいて昭和十四年から十六年にかけて、さらに第二次改装が行なわれたが、これらの改装の主なものをつぎに列挙してみよう。

〈主砲と弾丸の散布界を縮小〉

従来の二〇センチ砲を正八インチ砲に改めることになり、主砲の内筒を削って口径を二〇・三センチにした。同時に弾火薬庫を改造し、いままでの〝せり上げ式〟だった揚薬筒を〝つるべ式〟にかえている。これは砲塔が被弾したとき、従来のように揚薬筒に装薬を充塡してせり上げていたのでは、引火大爆発をする可能性があるからだ。

この改造の後、「足柄」が昭和十年に第二砲塔で爆発事故をおこしたが、つるべ式に改造してあったので大事故にはいたらなかったという実績が残っている。

また「妙高」型でいちばん問題になったのは、二〇・三センチ砲一〇門を一斉射撃したさい、砲弾の落下散布界が大きいことであった。目標に対して主砲を斉射すると、一〇発の弾丸が同時にある面積内に散布して落下する。この弾着面積が目標の敵艦を夾叉して、投網をかけたようにかぶさり、そのうちの何弾かが命中すればよいという、いわゆる公算射撃である。

ところが弾着面積（散布界）がひろければ、一〇発の斉射でも一弾一弾の落下距離が大きくはなれるので、たとえ敵艦を夾叉しても命中弾がえられなくなる。これではいくら照準が正確でも敵艦を撃沈することは不可能だ。

なぜ「妙高」型の散布界が大きくなるのか、その原因がなかなかつかめなかった。前後部の主砲間の距離が開いているため、発砲時に船体にゆがみが生じ、そのため各砲の発砲方向に狂いが出てくるのではないか、と推定された。しかし、いろいろ調査研究したが、そうではないことがわかった。ではなぜか。この問題はかなりの期間不明で謎とされていたが、後年になってその原因がつきとめられた。

船体強度や、震動によるものではなく、同時に発射された弾丸が空中を一団になって飛んでゆくとき、それぞれの弾丸から発生する空気波が相互に影響しあい、弾丸の飛翔を干渉していることがわかったのである。そこで日本海軍は昭和十二年に、九八式発射遅延装置というものを発明し、連装砲のいずれか一方の砲が約一〇〇分の三秒遅れて発砲するように改良した。これによってさしもの難問も解決し、散布界を縮小させることに成功したのである。

〈一〇〇秒に六〇発発射の高角砲〉

いままでの片舷単装三基ずつの高角砲を撤去すると共に、前部煙突から後部煙突をとおっ

昭和12年5月24日、英観艦式参列を終えた帰途、ドイツのキール軍港を訪問した「足柄」。日本軍艦のキール訪問は明治40年以来30年ぶりであった。

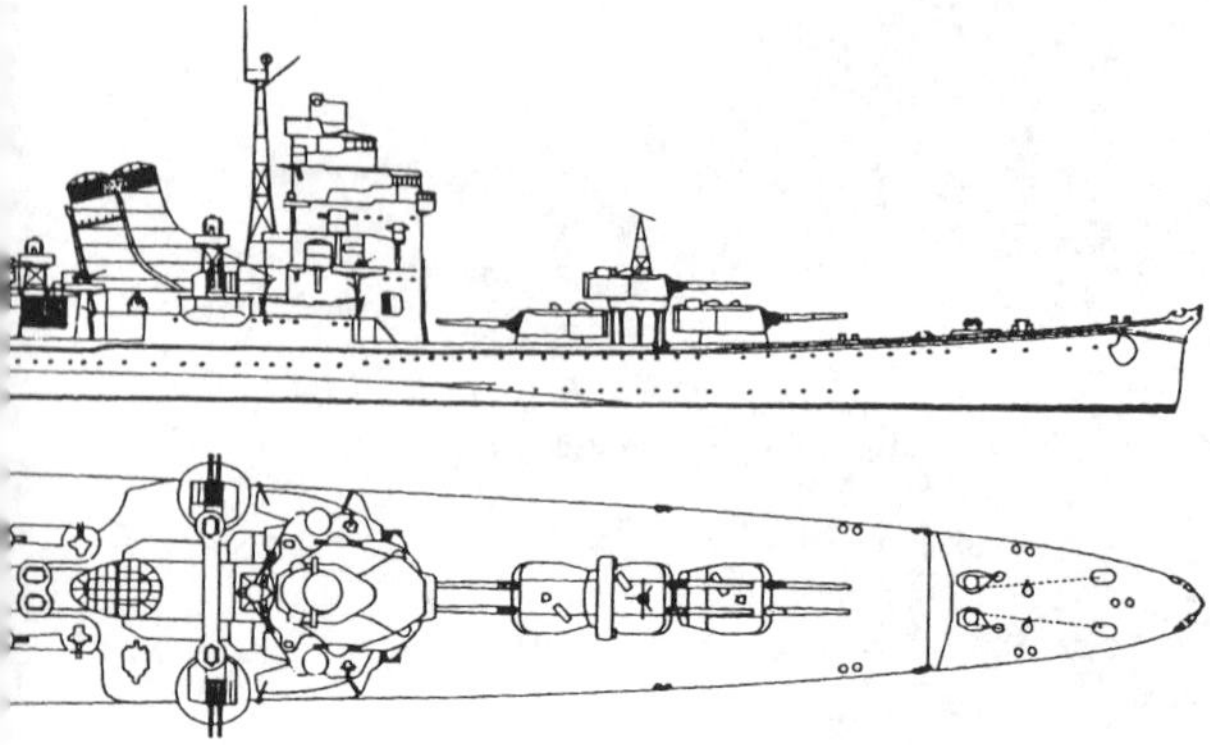

速力34.0kn　備砲20.3cm砲×10, 12.7cm高角砲×8,
発射管×16　航空機3機　射出機2基

て第四砲塔までの艦中央部にシェルター（掩蔽部）甲板を設け、各煙突の両側にスポンソン（張り出し）を構築して、その上に八九式四〇口径一二・七センチ連装高角砲を二基ずつ、合計四基八門を搭載した。

この高角砲は当時、最新式のもので、昭和四年（日本紀元二五八九年）に設計され昭和七年から制式化された半自動砲である。高角砲というのは、自艦に来襲する爆撃機を撃墜するための砲だ。この八九式の性能は、敵機が侵入高度五五〇〇メートル、時速三二〇キ

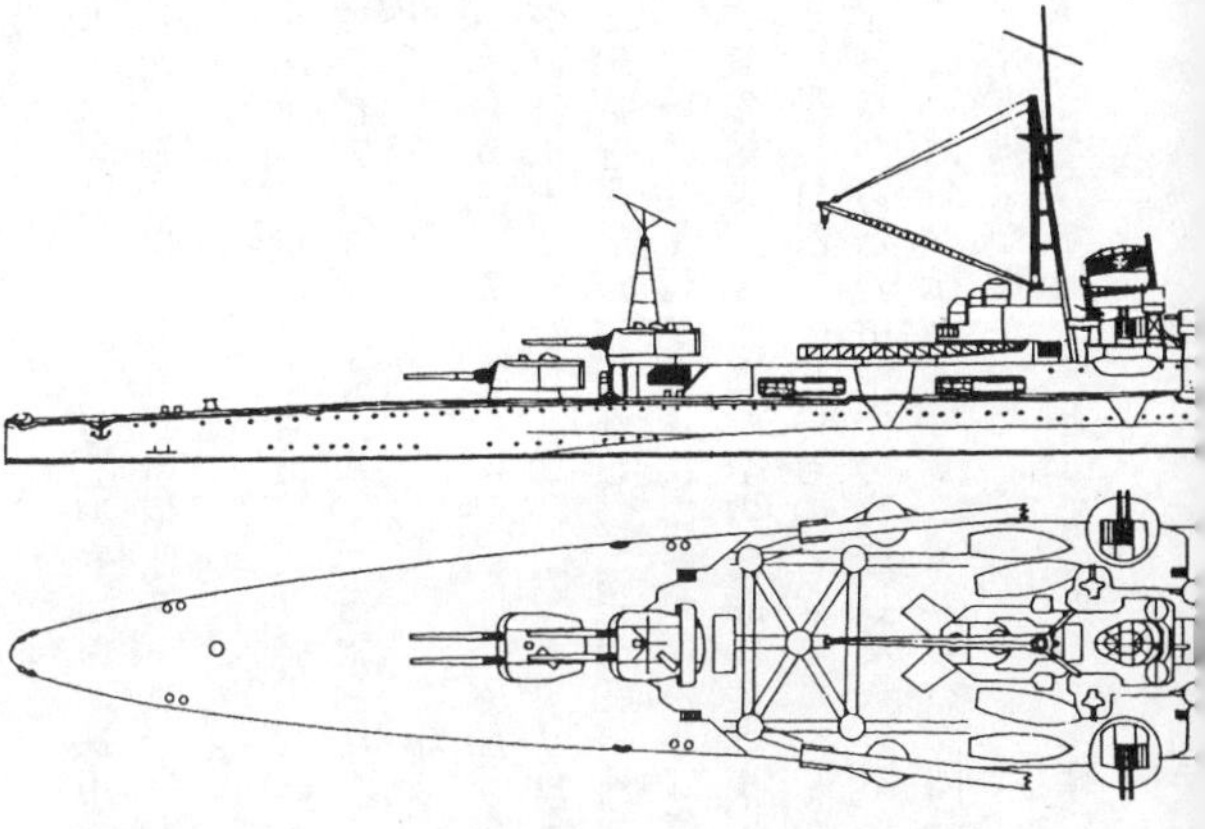

羽黒(昭和16年)　基準排水量1万3080 t　水線長201.50m
最大幅20.73m　吃水6.37m　馬力13万

ロで自艦に直進し、艦の上空で急降下に移るまでの一〇〇秒間に、高角砲一基あたり六〇発の弾丸を発射するというものである。したがって片舷一二〇発を集中し、確実に撃墜しうるものとされていた。しかし現実の太平洋戦争では、飛行機が高速化されたので、なかなか命中弾がえられなかった。

〈魚雷発射管〉

これまで中甲板にあった固定式発射管を全面的に撤去し、新たに設置したシェルター甲板の後方下部に開口部を設け、ここに四連装発射管を一基ずつ両舷に搭載した。

〈航空兵装〉

カタパルトは新式の呉式二号三型射出機が採用され、従来とほぼおなじ位置に、両舷に二基装備された。飛行機は九五式水偵四基、または九四式水偵一機と九五式水偵二機。

〈機銃〉

従来の七・七ミリ機銃とともに、より強力な一三ミリ四連装機銃が採用され、高角砲の中間、前部煙突後方の両側に各一基ずつ搭載された。

〈船体強化〉

第四艦隊事件があったために「妙高」型も船体強度が心配され、補強工事が行なわれた。上甲板や舷側外板上に、新たに二〇〜二五ミリDS鋼板が張られ、さらに艦底部に二〇〜二二ミリDS鋼板を張った。しかし、この程度の補強がどれだけ効果のあるものか、きわめて疑わしい。ないよりましかもしれないが、いわば気やすめ程度であったろう。

第一次改装の結果、「妙高」型の性能はレベル・アップされ、当時竣工したばかりの最新鋭艦「最上」型とほぼひとしいものとなった。しかし欠点は居住区にあった。とくに上甲板に発射管を移したあとの中甲板を改造して兵員室としたのだが、この居住区の真下が機械室で、ものすごい熱気が伝わってくる。もちろん防熱材を床に敷きつめ、通風装置もつけたのだが、ほとんど効果がなかった。

居住区がふえたので艦全体としてはいくぶん楽になったのだが、この部屋の暑さだけはどうにもがまんできないものだったらしい。ここには高角砲員と飛行科兵員が居住していた。

条約廃棄と第二次改装

満州事変を契機として、日本は昭和八年三月に国際連盟を脱退した。これで日本は〝世界の孤児〟となり、日米関係は急速に冷えていった。翌九年十二月、ついに日本はワシントン条約を一方的に破棄した。残るはロンドン条約だけである。これも昭和十一年までが有効期限なので、条約の時間切れは目前に迫っている。英米は、同条約期限後の海軍軍備を束縛する新条約を、なんとか成立させようと日本にはたらきかけてきた。こうした中で昭和十年十二月、再度行なわれたロンドン軍縮会議に、日本は永野修身海軍大将と永井松三大使を全権として送り込んだ。

しかしこのときの日本の主張は、全艦艇を対米英比を同率にするということだった。これはとうぜん、両国に受け入れられるはずがない。そこで日本は翌十一年一月十五日、いともあっさりと、ロンドン会議から脱退することを通告、永野全権らはさっさと帰国してきた。

一国でも脱退すると軍縮会議は成り立たない。彼らの目的は、日本の軍備を制圧することにあったわけだから、肝心の日本が脱退すると、会議そのものが無意味になる。したがって、昭和十一年末をもってロンドン条約も無効となり、十二年からは完全に無条約時代に突入することになった。

無条約時代に突入した日本は、これまで条約でしばられて排水量を増加することができな

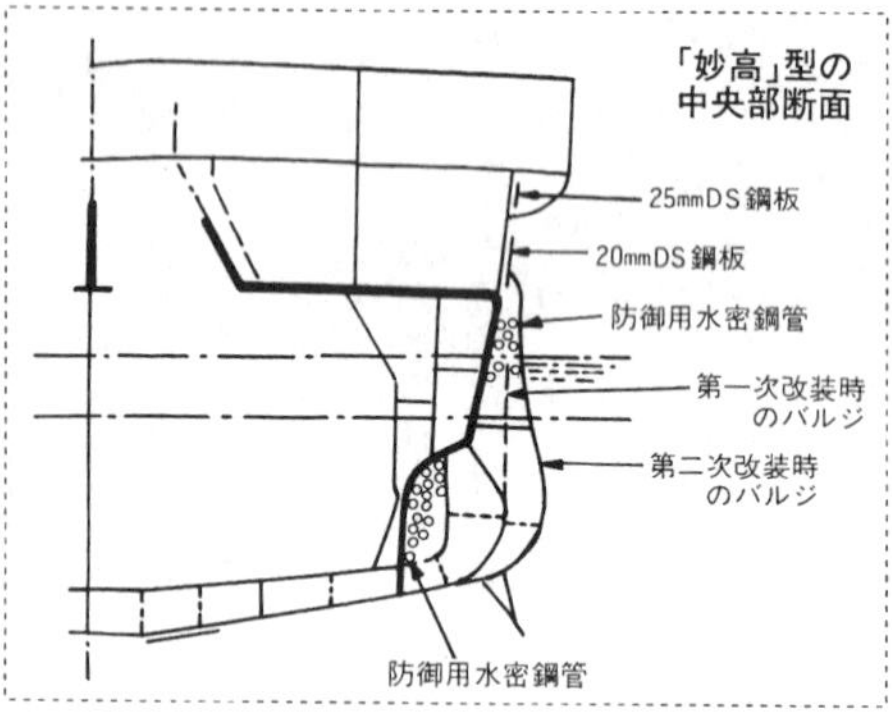

かった艦艇を、強力化と近代化のための大改装をいっせいに行なった。「妙高」型もこれを機に、昭和十四年から十六年にかけて改装工事が行なわれた。いわゆる第二次改装である。その主なものをつぎに列記してみよう。

〈防御〉

改装による重量増加をおぎなうために、第一次改装時に装着した小型バルジを撤去し、大型バルジを装着した。バルジの内部には水密パイプを充填した。これによって新造時には、炸薬量二〇〇キロの魚雷を防御できる程度だったのを二五パーセント増しの二五〇キロ炸薬量の魚雷を防御できるまでに向上した。

なおバルジは両舷ともそれぞれ一五区画に区分されており、そのうちの五区画を重油タンクとして用いた。また応急注排水装置を新たに設け、復元性能をたかめている。

〈魚雷発射管〉

第一次改装のときの四連装発射管を二倍にふやしている。これによって、片舷八射線となり、両舷あわせて一六射線となった。次発装填用の予備魚雷は八本だけとされたので、保有

昭和16年３月上旬、南シナ海を航行中の「羽黒」。第２次改装で艦橋頂部に方位射撃盤が装備され、魚雷発射指揮所、通信設備の強化がはかられた。

各国艦艇用魚雷の性能

	直径(cm)	雷速(ノット)	射程(m)	炸薬(kg)
日本	61(九三式)	50	20000	500
		40	32000	
		36	400000	
	53(九五式)	49	9000	400
		42	15000	
米	53	43	4000	300
		32	8000	
英	53	46	3000	320
		30	10000	
独	53	44	6000	300
		40	8000	
		30	14000	

量は計二四本となった。

搭載された魚雷は九三式六一センチ酸素魚雷で、世界最大の射程距離を誇っていた。次表に示すように、少なくとも二万メートルから四万メートルという、水平線上の敵艦をも攻撃できる大射程の魚雷なので、敵艦を照準するためには高い位置に魚雷戦の指揮所を設けておかねばならない。しかし艦橋構造物にはそのスペースもないので、ポール・マストを撤去して三脚マストを設置し、この上に発射指揮所を設けるという奇抜な改装を行なっている。

〈機銃〉

艦橋の両翼にあった七・七ミリ機銃は撤去され、かわってここに一三ミリ連装機銃が設置された。また従来の一三ミリ四連装機銃は性能がわるいのでこれも撤去して、そのあとに九六式二五ミリ連装機銃が搭載された。さらに後部煙突の両翼に新たに機銃座がつくられ、ここにも二五ミリ連装機銃が搭載され、対空砲火がぐんと強化された。

〈航空兵装〉

搭載機は零式観測機二機、零式水偵一機の合計三機を搭載した。このため後檣後部のスペースに飛行機移動用のレールを設け、スピーディーに飛行機をカタパルト上に次発装填できるようにした。両舷におかれたカタパルトは、最新式の呉式二号五型射出機に換装された。これは大型化されつつある飛行機のために開発されたもので、最大重量四トンまでの飛行機を射出できる能力をもっていた。

〈機関〉

一二基の罐の熱効率をたかめるために、罐全体をかこみ、強い圧力をかけて通風を強化するための強圧通風装置を設けた。つまり送風機だけでは重油の燃焼が弱いので、罐全体に圧力をかける装置である。また罐の噴燃装置なども改善したので熱効率はぐんと上がり、このために燃料の消費量が目だって低下、重油の搭載量がこれまでの二五〇〇トンから、二二一四トンと、約三〇〇トン近くも節約することができた。

これらの主な改装に加えて、艦の内外を問わず、近代化できるところはすべて手がつくされた。改装というものは、かならず重量がふえるものである。「妙高」型は新造時よりも公試状態で約一七〇〇トンも増加した。それにもかかわらず、出力は従来どおりだったので、速力が約一・七ノット低下し、三三・八八ノットになってしまった。これは歓迎できない性能低下ではあるが、それでもなお米国の重巡よりは優速だったのである。

スラバヤ沖海戦の殊勲

太平洋戦争に突入して三ヵ月目を迎えようとする昭和十七年二月二十七日、東部ジャワの沖合いを日の丸をひるがえした四一隻の大輸送船団が南下していた。

昭和17年２月27日、ジャワ海でのスラバヤ沖海戦は、太平洋戦争最初の巡洋艦、駆逐艦同士の砲雷撃戦だった。連合軍側の旗艦、蘭軽巡デ・ロイテル(上)、英重巡エクゼター(下)。

東部ジャワおよびバリ島を攻略するため、スラバヤ軍港の西方、クラガン海岸に敵前上陸をめざす第四十八師団（歩兵九個大隊基幹）の精鋭を満載した船団であった。

船団護衛の水上部隊は、高木武雄少将のひきいる第五戦隊（「那智」「羽黒」の重巡二隻と駆逐艦四隻）と、西村祥治少将のひきいる第四水雷戦隊（軽巡「那珂」と駆逐艦六隻）、それに勇猛をもって知られる田中頼三少将のひきいる第二水雷戦隊（軽巡「神通」と駆逐艦四隻）であった。

この方面には、連合軍の艦隊が行動していることがわかっていた。船団は、厳重な警戒態勢のもとにジャワ島に近づいていった。十六時三十分ころ、敵艦隊に触接してその行動を監視していた「那智」の偵察機から、緊急電が飛びこんできた。

「敵は重巡二、軽巡三、駆逐艦九、針路三一五度、速力二二ノット」

明らかに敵艦隊は、わが輸送船団に向かって進撃している。この報を聞いた護衛艦隊は、

スラバヤ沖海戦の日本軍兵力は重巡２、軽巡２、駆逐艦14。これに対する連合軍兵力は重巡２、軽巡３、駆逐艦９で、ほぼ互格で、巡洋艦兵力は伯仲していた。米重巡ヒューストン(上)、オーストラリア軽巡パース(中)、蘭軽巡ジャバ(下)。

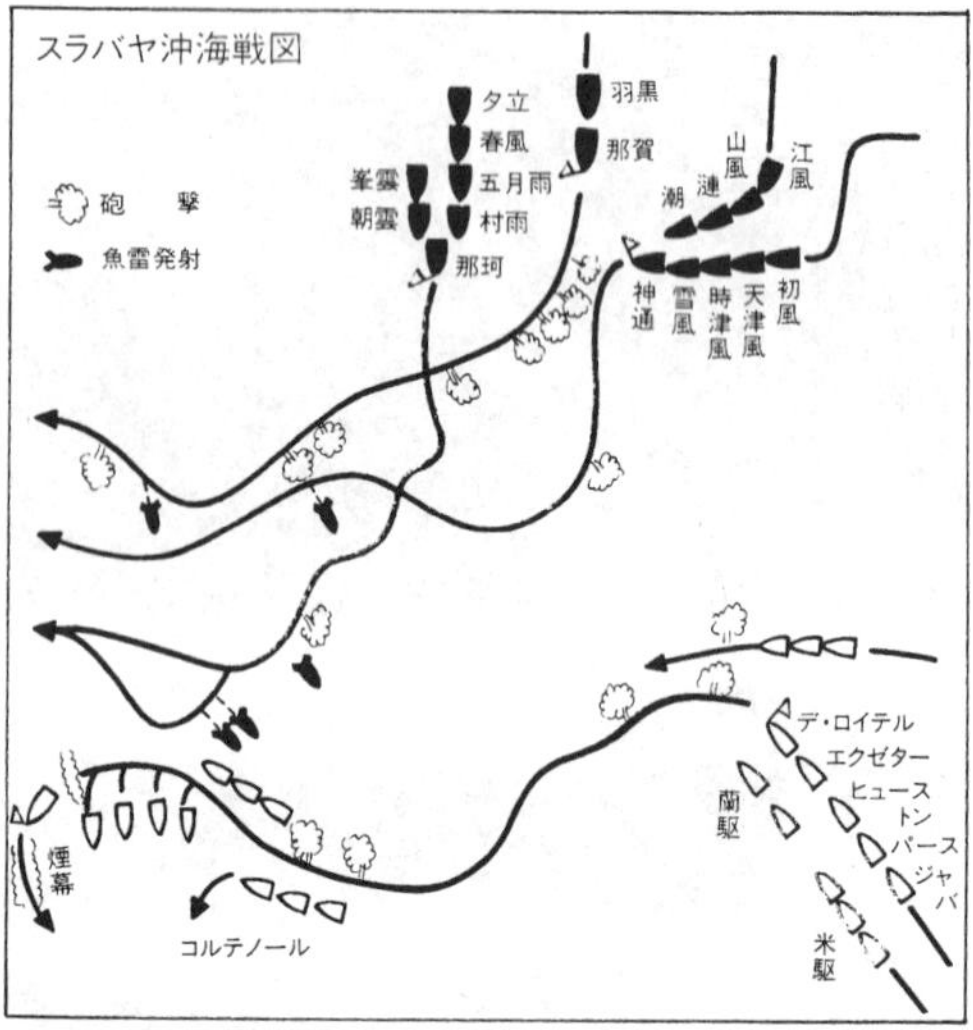

船団に反転を命じ、ただちに増速して戦闘隊形をとった。敵に向かって進むこと約一時間、ついに先頭を行く第二水雷戦隊が敵発見を報じた。

「敵らしきマスト見ゆ。われよりの方位一五〇度、距離二万九〇〇〇」

　このときの連合軍艦隊はオランダのドールマン少将の率いる蘭軽巡デ・ロイテル、英重巡エクゼター、米重巡ヒューストン、豪軽巡パース、蘭軽巡ジャバ、米駆逐艦ジョン・フォード、ポール・ジョーンズ、エドワーズ、アルデン、英駆逐艦エレクトラ、エンカウンター、ジュピター、蘭駆逐艦ヴィテ・デ・ヴィット、コルテノールの一四隻であった。

　時間は急速に流れ、両軍はしだいに近づいていった。十七時四十五分、最初に火蓋を切ったのは第二水雷戦隊旗艦の「神通」であった。距離一万七〇〇〇メートルで、先頭の敵駆逐艦に一四センチ砲弾を浴びせた。反射的に敵も砲戦を開始する。

「那智」「羽黒」の第五戦隊は、距離二万二〇〇〇～二万五〇〇〇メートルで敵重巡に二〇センチ砲弾の雨を降らせた。このあいだに第四水雷戦隊は、三〇ノットの高速で遮二無二突進し、距離一万三〇〇〇メートルで二七本の酸素魚雷を発射した。「神通」も魚雷四本を発射。だが、必殺の魚雷はすべてカラ振りにおわった。敵の砲弾はますます激しく、味方艦隊の前後左右に落下する。

3月1日の戦闘で、英重巡エクゼターに対し「妙高」が砲撃をくわえた瞬間。後部4、5番砲塔からの砲煙が黒く見える。

スラバヤ沖の海上は両軍の駆けめぐる航跡で波立ち、巨大な水柱の林立で海は割れた。激闘じつに一時間、両軍のすさまじいツルベ射ちの応酬にもかかわらず、ともに有効弾は一発もなかった。

しかし重巡では「那智」「羽黒」の二〇センチ砲はそれぞれ一〇門、計二〇門であるのに対して、敵はエクゼターが六門、ヒューストンが九門である。そのうちヒューストンの後部砲塔三連装一基が、数日前、日本機の爆撃によって損傷し、使用不能だった。このため主砲数が二〇対一二で日本軍側がはるかに優勢であった。さらに日本軍に有利なのは、エクゼターの装甲が薄いことである。日本海軍が夢にまで見た、個艦優秀の「妙高」型重巡の威力をためす絶好の機会だった。

ついに均衡の破れるときがきた。十八時三十五分ころ、「羽黒」の砲弾がエクゼターの機械室に命中、轟然たる爆発とともに黒煙と蒸気を吹き出したエクゼターは急速に後落する。

この直前に「羽黒」は敵陣めがけて魚雷を八本発射していた。距離二万メートル以上の大遠距離攻撃である。このうちの一本が、蘭駆コルテノールのどてっ腹に炸裂した。吹き上がる火の玉とともに敵艦は水面に突っ立ち、そのまま引き込まれるように轟沈した。連合軍はあわてた。てっきり潜水艦の攻撃にやられたと考えた敵は、濃密な煙幕を展張しながら、てんでに避退しはじめた。戦列は乱れ、もはや連合軍は統一的な砲戦ができなくなった。勝機逸すべからず。高木司令官は全軍突撃を下令した。

各隊は、いっせいに突撃に移った。戦闘序列は右から四水戦、二水戦、第五戦隊の順。波も砕けよとばかりの猛進。グングン距離をつめて、全艦が魚雷と主砲で追いまくる。

そのとき突然、煙幕帯から敵駆逐艦二隻が躍り出てきた。距離三〇〇〇メートル。目の前だ。四水戦の駆逐艦「朝雲」「峯雲」が、えたりとばかりに集中砲火を浴びせ、たちまち英駆エレクトラを撃沈した。もう一隻の英駆エンカウンターは煙幕のなかに飛びこんで遁走する。この駆逐艦同士の一騎打ちで、敵弾の一発が「朝雲」の機械室に命中し、機械が停止し電源も故障したが、一時的なことで修理可能の被害だった。同艦は応急修理でふたたび戦列に復帰した。

やがて日は沈み、敵艦隊は逃走し、海上に静寂がもどってきた。だが高木司令官は、「各隊すみやかに集結、夜戦準備をなせ」と下令した。夜戦こそ日本海軍の伝統的なお家芸である。各隊は腕を撫して敵艦を追い求めた。「那智」と「羽黒」は洋上に停止して、昼戦に使用した水偵五機の揚収を行なっていた。そのとき、南東方向から敵らしい艦影が近接してくるのを発見した。と思うまもなく、敵はいきなり先制の照明弾射撃を開始してきた。

あきらかな油断である。敵前で艦を停止するのは危険は下策だ。両艦はすかさず急速前進するが、なかなか艦の行き足がつかない。敵にとっては反撃の絶好のチャンスだ。しかし、このときの二水戦の判断は適切だった。敵発砲と同時に急速に敵方へ接近すると、両者の間に割ってはいり、魚雷攻撃をかけて敵艦をおびやかした。この間に第五戦隊はスピードを上げ、砲撃準備を整えることができた。

零時四十分、「那智」「羽黒」は最大戦速三三ノットで真南に向かって敵艦隊の追撃に移った。月明かりの中で一万二〇〇〇メートルの彼方に敵影を認めた両艦は、主砲射撃を行ないながら、狙いをさだめて魚雷を発射した。「那智」八本、「羽黒」四本。一二本の魚雷は音もなく敵艦隊に吸い込まれてゆく。発射後、戦隊は敵と遠ざかる態勢をとり、二八ノットに減速して射撃を中止、魚雷の成果を待つことにした。発射後一三分たったとき、突如、敵艦隊の中から天に冲する大火炎がほとばしり、大爆発がおこった。つづいてもう一隻が大爆発。

被雷したのは旗艦デ・ロイテルとジャバの二隻だった。デ・ロイテルは弾火薬庫が誘爆し

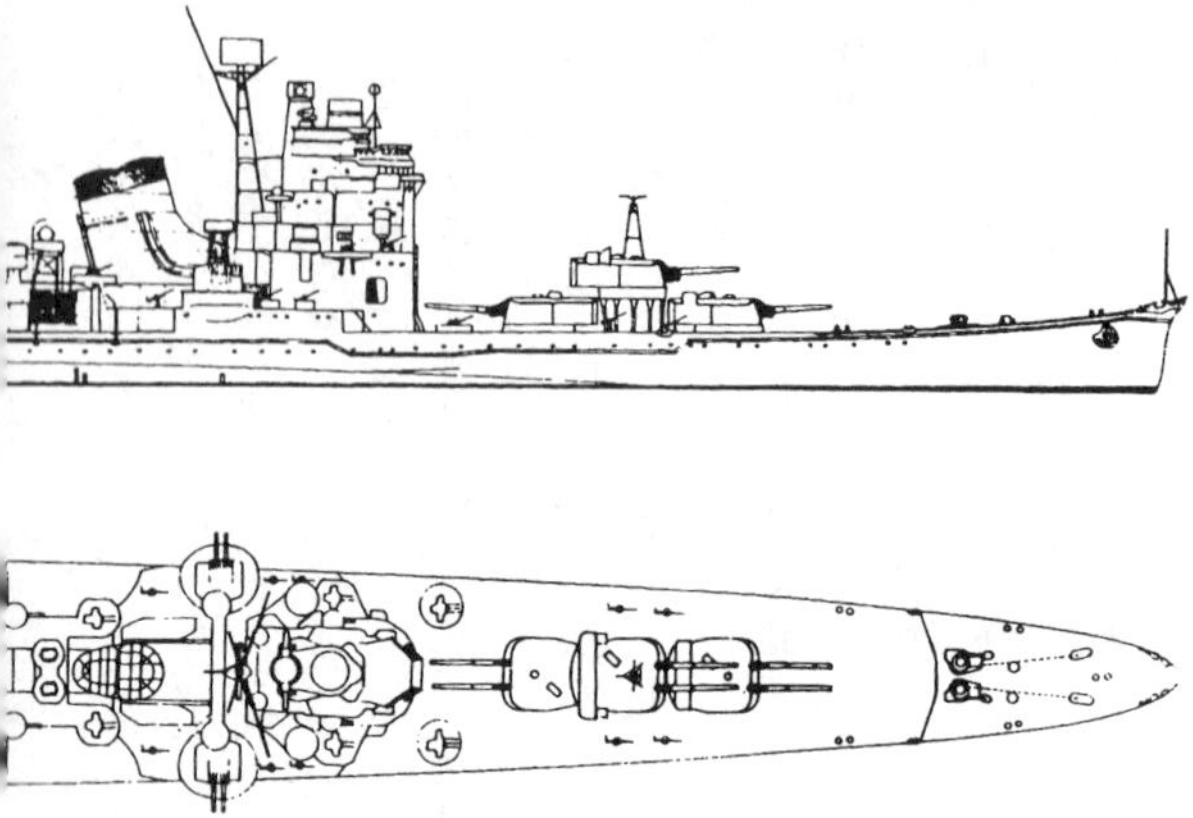

速力33.88kn　備砲20.3cm砲×10, 12.7cm高角砲×8,
発射管×8　航空機3機　射出機2基

て全艦すさまじい火だるまとなった。ジャバは艦尾が吹っ飛んではげしく火を吹きながら、たちまち轟沈した。デ・ロイテルの乗組員たちは、突然の大爆発をみて自分たちの艦に何がおこったのか見当もつかなかった。日本の魚雷が一万メートル以上も走ってくるなどとは、思ってもみなかったからだ。すさまじい大爆発がつづく中で、デ・ロイテルの艦橋に立ったドールマン少将は、沈みゆく旗艦から最後の命令を発した。

「ヒューストンおよびパースに告ぐ。わが生存者にか

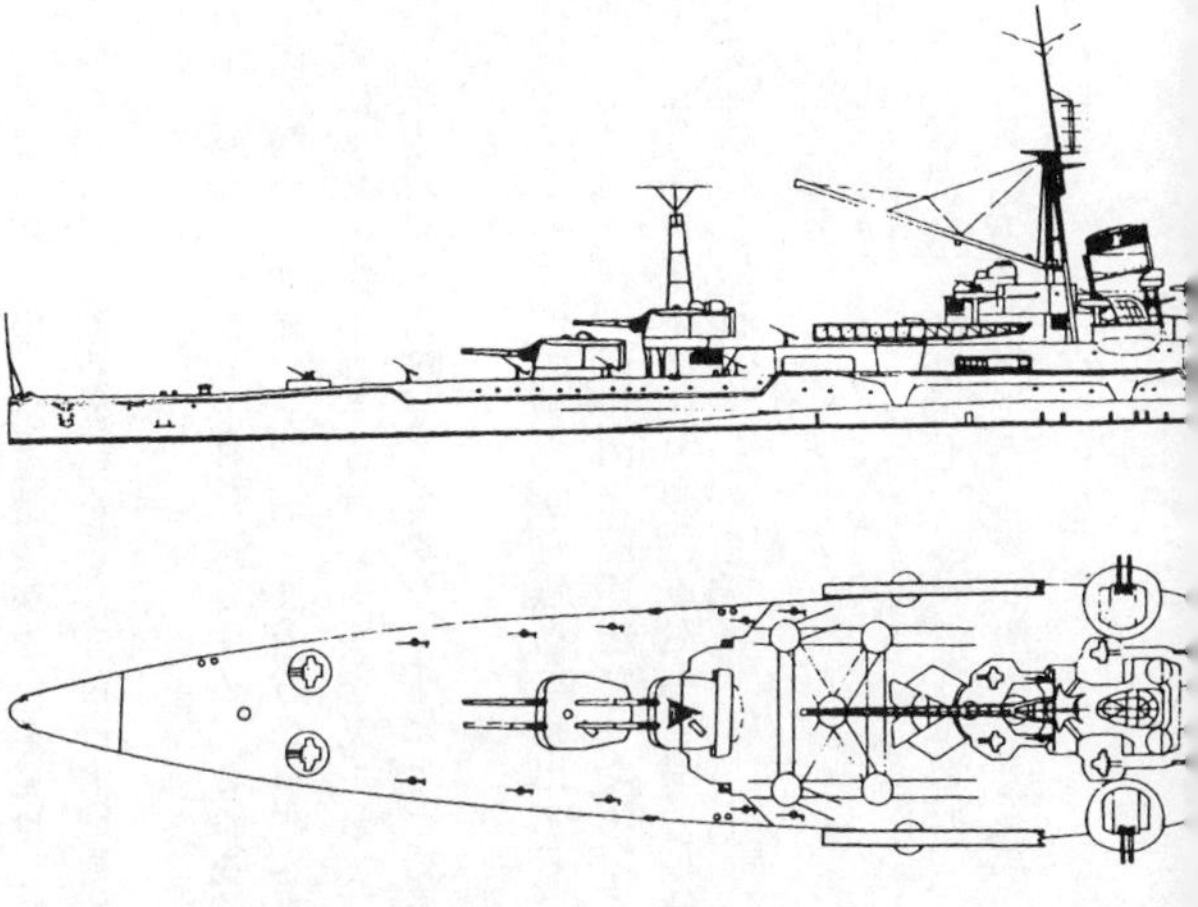

妙高（昭和20年）　基準排水量1万3000 t　水線長201.7m
最大幅20.73m　吃水6.37m　馬力13万2830 t

まわず、バタビアに避退せよ」

通信がおわったときデ・ロイテルは、ドールマン提督以下ほとんどの乗組員を道づれにしてジャワ海深く沈んでいった。その後、日本軍の手で救助された者はデ・ロイテルの一七名、ジャバの二名のみであった。

こうしてスラバヤ沖海戦は、一方的な日本軍の勝利となった。だが、まだ戦果は拡大する。この夜、英駆ジュピターは、オランダ側が敷設していた味方の機雷に触れて轟沈していた。さらに翌々日の三月一日、英重巡エクゼターが、英駆逐艦エンカウンターと蘭駆逐艦ヴィテ・ウィットの二隻をともなってチラチャップへ避退中、第五戦隊がこれを発見した。しかし戦隊には主砲の残弾が底をつきかけていた。そこで緊急連絡をとり、付近海域で作戦中の「妙高」と「足柄」の応援を求めた。

敵は煙幕を展張しながら必死に逃走する。これを追って「那智」「羽黒」は南方にまわりこみ、応援部隊の「妙高」「足柄」は西方から北へまわり、敵を南北から挟撃した。逃げ場を失った敵は多数の命中弾をうけ、火災を発生して速力が低下した。この敵に各隊はいっせいに魚雷の集中攻撃を浴びせ、エクゼターにとどめを刺し、駆逐艦二隻には砲火を集中してこれを撃沈した。

連合軍側でスラバヤ沖の戦場から無事に脱出することができたのは、米重巡ヒューストンと豪軽巡パース、それに四隻の米駆逐艦だったが、このうちヒューストンとパースは、西方へ避退中の三月一日、バタビア沖で重巡「三隈」「最上」を主力とする優勢な日本軍部隊と遭遇し、激闘のすえあえなく沈没していった。結局、日本軍は連合軍の艦隊一四隻のうち、じつに一〇隻を撃沈したのであった。

〈遠距離砲戦の疑問〉

「那智」と「羽黒」が大活躍したスラバヤ沖海戦で、きわめて気になることが一つある。それは、三月一日にエクゼターと二隻の駆逐艦を撃沈して海戦を終了したとき、両艦に残っていた残弾は、つぎのようなものだった。

戦後、シンガポールのセレター軍港における「妙高」。高角砲、機銃などはすでに撤去されているが、大戦中の改装状況が分かる貴重な写真である。

〈主砲〉　　　　　　　　　　〈魚雷〉
那智＝一門につき七発（計七〇）　四本
羽黒＝一門につき一九発（計一九〇）　四本

二〇・三センチ主砲の砲弾は、一門あたり二〇〇発ずつ搭載している。したがって「妙高」型重巡は主砲弾を二〇〇〇発もっているわけだが、この戦闘で「那智」は一九三〇発を使用し、羽黒は一八一〇発も消費したことになる。ところが敵艦に致命傷をあたえて撃沈したのは魚雷の命中によるものだった。つまり主砲の威力が小さかったのである。これは、遠距離砲戦にもちこんだ戦法にあるものと考えられるが、前述した主砲斉射のときの砲弾の散布界が、はたして改善されていたのか、それとも劣悪な射撃技術によるものなのか、という問題がある。

日本海軍の射撃技術は、平素の猛訓練によって命中率はきわめてたかく、おそらく世界一の技量をもっていたといってよいであろう。事実、この海戦で日本側が敵の命中弾をうけたのは皆無に近く、反面、敵にあたえた命中弾は多かった。したがって技量の問題ではないようである。とくに近距離砲戦に移ると、明らかに命中弾が増加している。ということは、「妙高」型の主砲は、遠距離になると命中精度が落ちることを意味しているようだ。この理由は、ついに最後まで明らかにされなかったが、重巡主砲の弱点が、この遠距離砲戦の場合に残されていたように思われるのである。と同時に、「妙高」型に、最初の計画を廃して魚雷発射管を搭載した軍令部の横槍は、ここではかえってケガの功名になっているのは皮肉なことである。

「妙高」型四隻の最終状況

那智＝昭和十九年十一月五日、マニラ湾に在泊中、米空母レキシントンの搭載機の空襲をうけ、爆弾多数と魚雷二本の命中をうけ、後部機械室付近で船体が切断し沈没した。

羽黒＝昭和二十年五月十六日、インド洋のアンダマン諸島に輸送作戦中、午前零時すぎに英駆逐艦五隻と至近距離で遭遇。二本の魚雷が左舷に命中しペナン沖に沈没した。

妙高＝昭和十九年十二月十三日、サイゴンの南西方で米潜水艦の攻撃をうけて大破、それ以後、シンガポールのセレター軍港で行動不能のまま在泊、終戦を迎える。昭和二十一年七月八日、英海軍により海没処分された。

足柄＝昭和二十年六月八日、ジャワ、シンガポール間を兵力輸送中、バンカ海峡で英潜水艦に攻撃され、魚雷四本をうけて転覆、急速に沈没した。

第三章　超重装備の「高雄」型　高雄　鳥海　愛宕　摩耶

改「妙高」型として建造

世界に名だたる名艦「妙高」型をつくった日本海軍は、こんどは、さらにこれを上まわる重巡の建造にとりくんだ。もちろんワシントン条約にしばられているので、基準排水量は一万トンの条約型重巡でなければならない。したがって新重巡は、「妙高」型を基本として、これを改良した、いわば改「妙高」型重巡の建造をめざしたものだった。これが「高雄」型と呼ばれる「高雄」「愛宕」「鳥海」「摩耶」の四隻である。

設計が開始されたのは、大正十二年であった。したがって、設計の基本になる「妙高」型が、まだ竣工していない、はるか以前のことだった。「高雄」型の基本設計は、平賀博士の後任者である藤本喜久雄造船大佐（のち少将）の手によって行なわれた。この設計にあたって軍令部は、「高雄」型が、「妙高」型とは基本的に異なる特徴となった、独特の要求案を出している。

それは、「高雄」型の四隻とも、すべて平時の艦隊旗艦施設を備えよ、ということであった。これは戦時になったときは、四隻とも艦隊の旗艦になりうることを意味していた。これに対して「妙高」型が旗艦施設をもっていたのは、「妙高」と「足柄」の二隻だけだった。

昭和５年11月、配置検討のため、建造中の「高雄」に作られた実物大艦橋模型。近代化に伴い艦橋はしだいに大型化した。

当時は、まだワシントン条約下にあったので、補助艦である重巡建造の隻数は無制限だった。したがって日本海軍は、「妙高」型、または「高雄」型の一万トン重巡を、今後かなり数多く建造してゆくはらであったことがうかがい知れる。つまり、少ない戦艦戦隊にかわって、今後、大量生産した重巡戦隊を艦隊主力にする構想が、この旗艦設備の要求になって現われてきたものである。

昭和７年１月、工事進捗率93パーセントの「高雄」。すでに前後部魚雷発射管室には61センチ連装発射管が積まれている。

艦隊旗艦というのは、戦隊旗艦とちがって艦隊司令長官の乗る艦である。したがって、長官をはじめ副官、参謀長、各科参謀、司令部通信班、その他軍楽隊や部付き要員など約一〇〇名にのぼる艦隊司令部が、ゴッソリ乗り込んでくることになる。このため、付属施設として通信施設や作戦室、司令部員の居住室など、さまざまな設備が必要になる。したがって「高雄」型は、一目でそれとわかる巨大な艦橋構造物を備えているのが特徴だ。

船体は、「妙高」型をそっくりもってきたので、船形はほとんどおなじであり、上部構造物にしても主砲塔の配置、煙突の配置など、まったく同様である。形態的に異なるのは、後部煙突が垂直に立っているることだ。また、前橋が四脚檣になっているところなど、「妙高」型と区別できる視覚的変化であろう。「妙高」型とくらべて見る場合の大きな手がかりになる点である。

これは性能上にかかわることではないが、「高雄」型が起工されたのは、昭和二年四月二十八日で一番艦「高雄」、二番艦「愛宕」が、ともに同日、それぞれ横須賀工廠と呉工廠のドックにキールを据えた。ついで翌三年三月二十六日に三番艦の「鳥海」が三菱長崎造船所で起工され、それから約八ヵ月たった十二月四日に、最後の四番艦「摩耶」が神戸川崎造船所で起工した。

「摩耶」の起工がこんなにおくれたのは、当時、日本を吹き荒れていた経済恐慌が原因だった。とくに川崎造船所は、そのころ破産寸前に追いこまれていた。当時、川崎では「足柄」が船台上にあり、「衣笠」が艤装中だった。ほかに「伊四潜」「伊六潜」「伊二四潜」「呂三一潜」の五隻の潜水艦が建造中であった。

この川崎造船所が倒産すると、すぐれた建艦技術を失うことになる。そればかりか、今後の海軍の建艦計画に重大な影響をおよぼし、ひいては日本の国防態勢を根底からくつがえすことにもなりかねない。そこで海軍は積極的に川崎造船所の経営に介入し、政府を動かし、大蔵省から川崎に対して三〇〇〇万円の緊急特別融資を行なうことに成功した。こうして息を吹き返した川崎に対して海軍は、ただちに重巡「摩耶」を発注したのである。このような経過があったため、「摩耶」の起工は他艦にくらべて大幅に遅れたのであった。

一企業の倒産を防ぐために海軍が梃子入れしたのは、これがはじめてではない。大正十一年に竣工した空母「鳳翔」の場合でも、その船体の発注を当時、倒産寸前に追い込まれていた浅野造船所に発注してこれを救ったことがあった。現代のような会社更生法のない時代なので、海軍の軍艦発注だけが、企業にとっては救いの神であった。

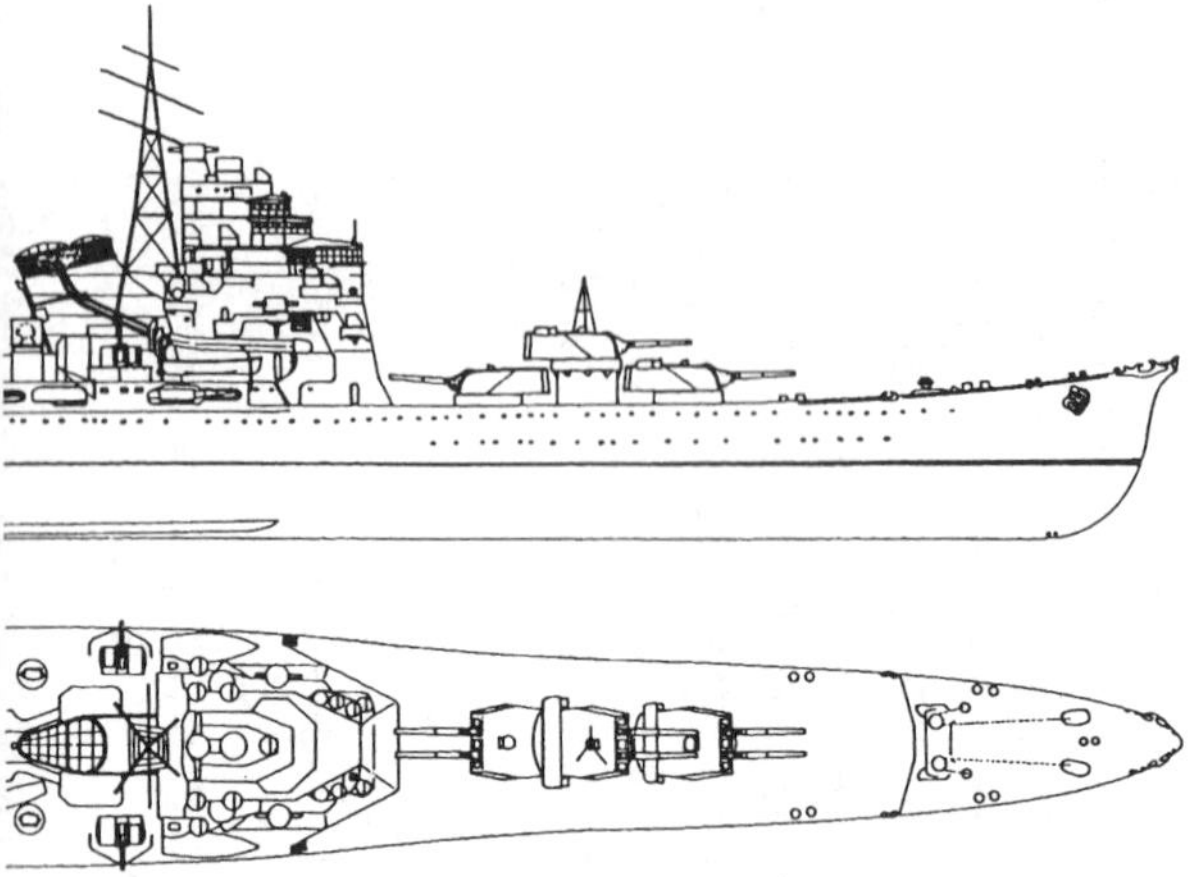

速力34.0kn　備砲20.3cm砲×10, 12cm高角砲×4
発射管×8　航空機2機　射出機2基

「妙高」型と異なる特徴

「高雄」型四隻は、昭和七年三月から六月までの間に、すべて竣工した。この工事中にロンドン条約が締結されたために、日本が保有する条約型重巡は「古鷹」型四隻、「妙高」型四隻、そして最新型の重巡「高雄」型四隻が新たに加わって合計一二隻となり、これで新条約による制限保有量はいっぱいになってしまった。

したがって条約型一万トン重巡は、「高雄」型の建造をもって終止符を打つことになったのである。

最新型とはいえ、「高

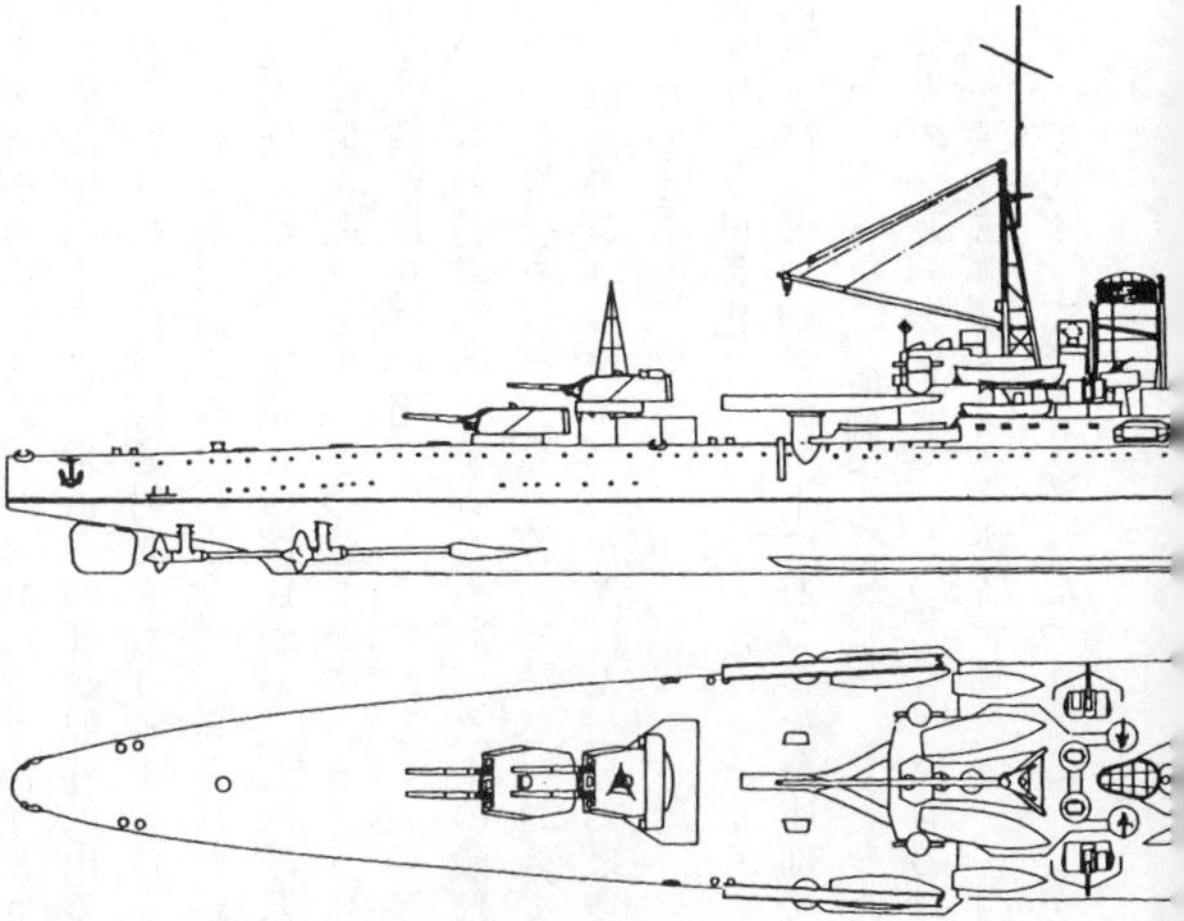

愛宕(新造時)　基準排水量1万1350 t　水線長201.67m
最大幅18.03m　吃水6.11m　馬力13万

雄」型は「妙高」型とほとんどおなじ設計なので、根本的な大きな違いはない。性能にしても多少の違いはあるが、まったくおなじといってもよいほどである。それでも改良された部分は多い。その主なものを、つぎに挙げてみよう。

〈魚雷兵装の大幅改善〉

「妙高」型では軍令部がむりやり発射管を搭載してしまったが、ここでは最初から計画的に装備することになった。「妙高」型のときのように発射管を中甲板におくと、万一被害をうけて誘爆をおこすと船体に致命傷を与えることになる。この危険を避けるために「高雄」型では上甲板装備することにし、その位置を外舷方向にスポンソン状に張り出すようにした。発射管は旋回式のもので、魚雷発射のために旋回すると、魚雷の頭部が舷外に出るようになっていた。

上甲板という高い位置に発射管をおけるようになったのは、魚雷の胴体強度がたかめられ、高位置からの発射に耐えられるように改良されたからである。

ただ発射管の数は、重量との関係から連装四基八門に制限された。しかし次発装填装置を設けて、発射後約三分でつぎの発射ができるようにされた。この次発装填装置は重巡のなかで「高雄」型が最初に採用したものである。次発装填装置内に収容されている魚雷は、被害をうけたときの誘爆を防止するために、魚雷の頭部位置に防弾板を設けて弾片防御とした。さらに万一の場合を考え、発射管室で誘爆がおきても、その爆発エネルギーが外部に抜けるように、舷側のシェルターに窓を開けた。いわば空母のオープン・ハンガー（開放式格納庫）方式としたのである。

〈弾火薬庫の防御強化〉

前部および後部の砲塔群の下にある弾火薬庫部の舷側を、「妙高」型より一インチ厚い五インチ（一二七ミリ）の舷側甲鈑とした。もちろん材質はＮＶＮＣ甲鉄である。この舷側装甲は、世界の一万トン重巡ではもっとも厚いものだった。

弾火薬庫部の舷側以外は、「妙高」型とおなじ四インチ甲鈑だが、「妙高」型でさえ舷側装甲がすべて四インチでギリギリだったのに、なぜ「高雄」型は、一部とはいえ五インチ装

昭和7年3月31日、館山沖で全力公試運転中の「高雄」。船体は「妙高」型とほぼ同一で、曲線の艦首形状が日本重巡独特の美しい形態を見せている。

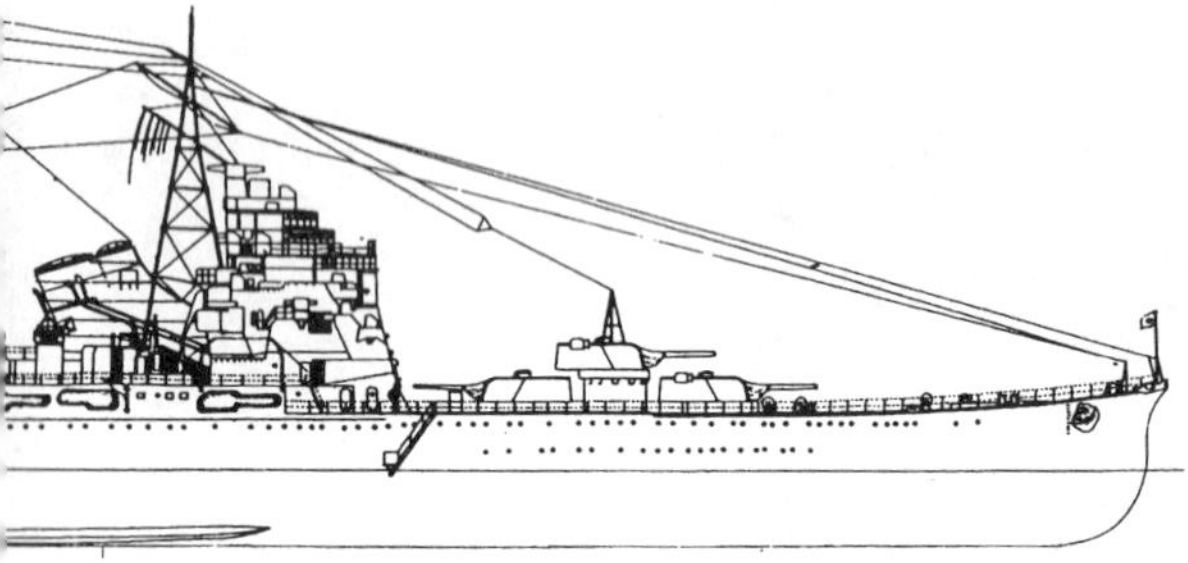

速力35.5kn　備砲20.3cm砲×10，12cm高角砲×4，
発射管×8　航空機3　射出機2基

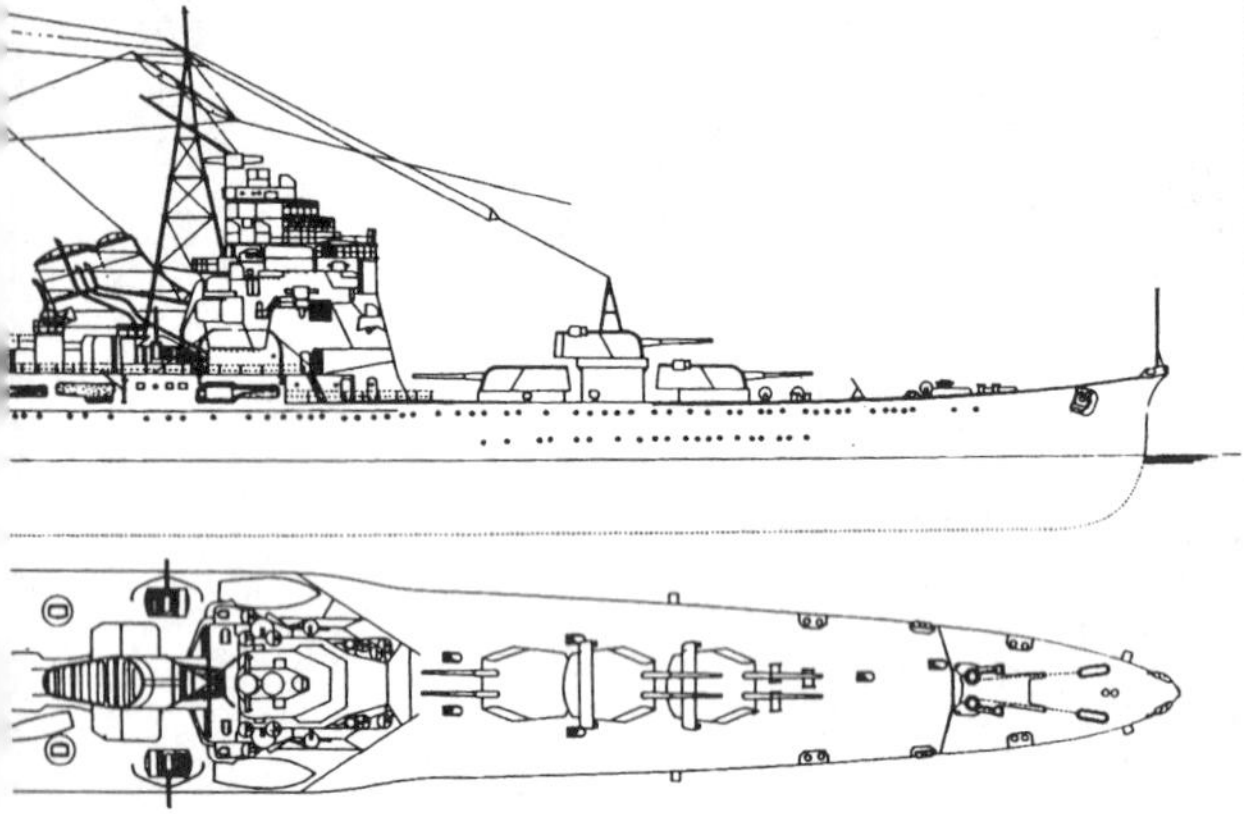

速力35.5kn　備砲20.3cm砲×10，12cm高角砲×4，
発射管×8　航空機3機　射出機2基

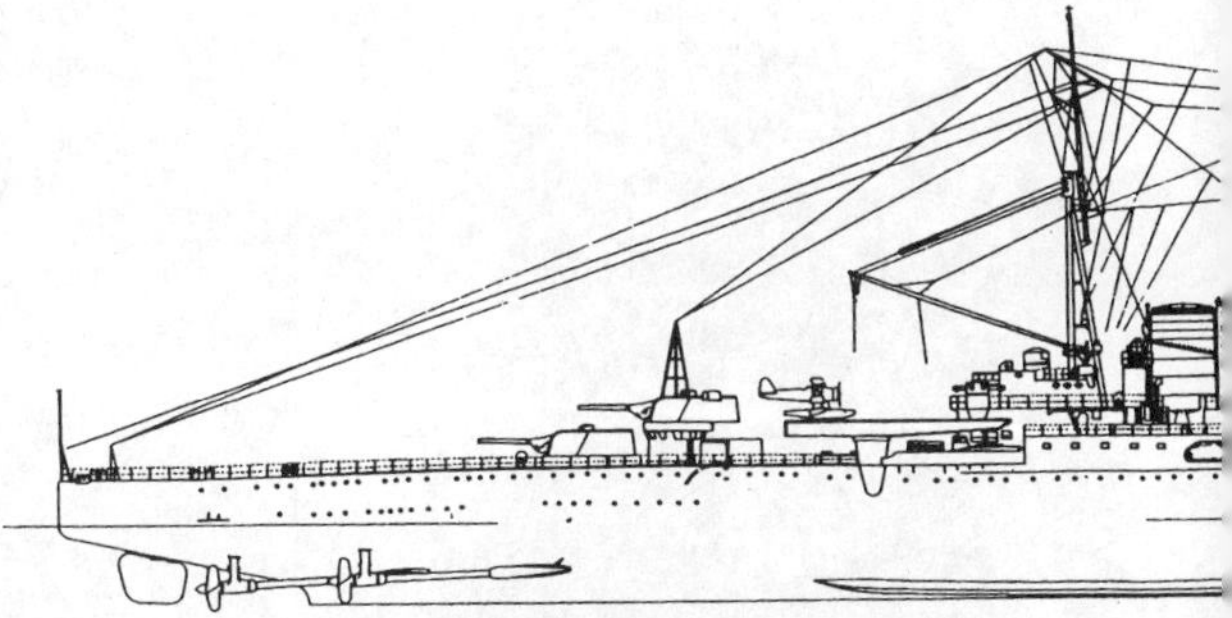

摩耶(新造時)　基準排水量9850 t　全長203.759m
最大幅18.999m　吃水6.114m　馬力13万

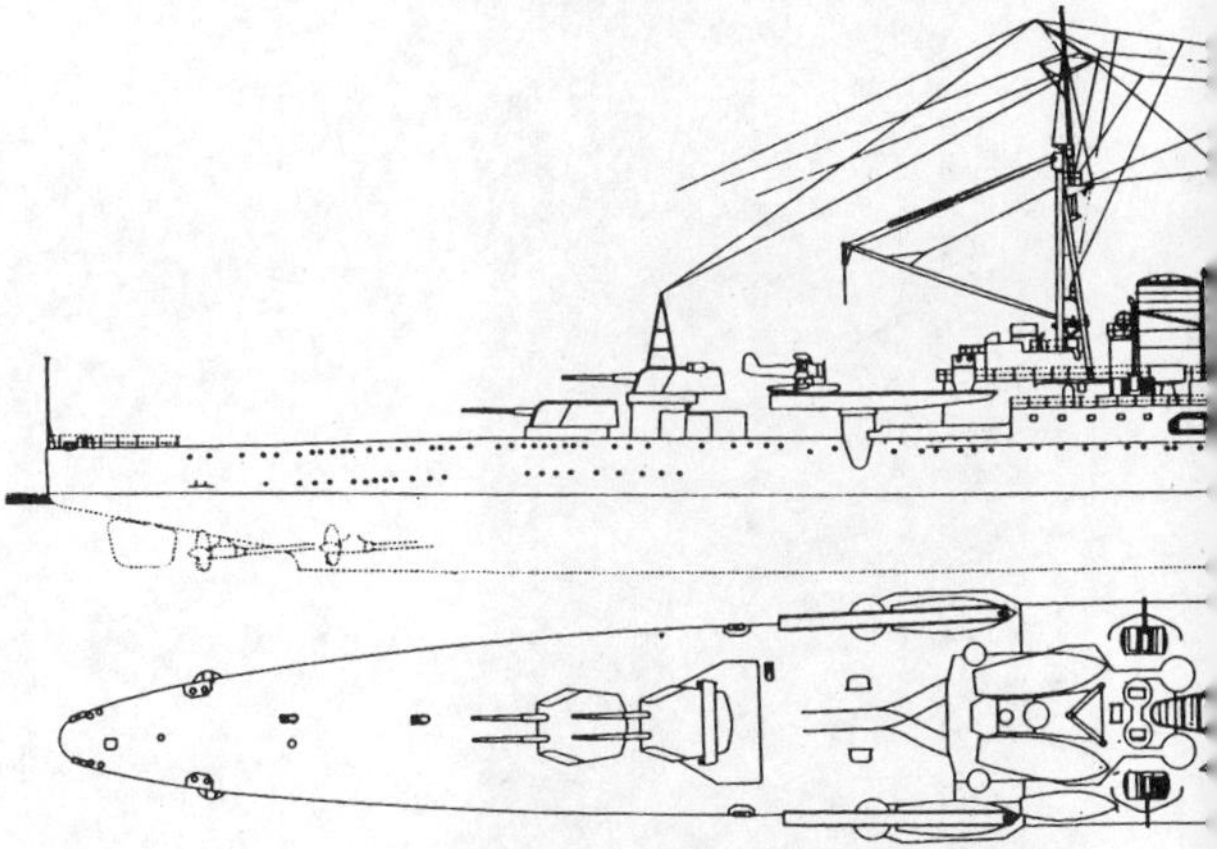

鳥海(新造時)　基準排水量9850 t　全長203.759m
最大幅18.999m　吃水6.114m　馬力13万

昭和9年当時の「摩耶」。「高雄」型の居住性は「妙高」型よりも改善されており、熱帯地方での作戦従事を考慮して、通風能力なども向上されていた。

昭和13年9月30日、有明湾南方における「鳥海」「摩耶」との曳航訓練時の写真で、後甲板が片づけられていて、軍艦旗は後檣上に掲げられている。

甲が可能だったのか。これはどこかで一インチの増加分を相殺しているところがなければ不可能だ。

「高雄」型ではその相殺部分をヴァイタル・パートに求めていた。つまり第一砲塔と第五砲塔の間隔を、「妙高」型より一メートルだけ短縮したのである。これによって浮いた重量分を、重点的に最重要部の防御に投入したのであった。

〈電気熔接の採用〉

このころ電気熔接の技術がかなり進んできたので、船体構造の一部に熔接が採用された。これまでは資材の接合にはすべて鋲が用いられたが、これだと鋲だけでもたいへんな重量になる。したがって熔接は、重量軽減にはきわめて役立つ工法となった。この重量軽減には、艤装、機関、兵装などの各部に軽合金を広範囲に使用し、重量の超過を抑制する努力がはらわれている。

〈主砲仰角の向上〉

すでに英国が建造した一万トン重巡ケント型では、主砲の斉射で遠距離の来襲敵機を撃墜できるように、主砲が仰角七五度をあたえた対水上・対空兼用の両用砲を採用していた。これは口径の小さな高角砲では射程が不充分であるところから改良された砲塔である。「高雄」型でもこの考え方が採用され、砲塔の設計を改めて仰角七〇度とし、対空射撃が可能な「E型砲架」がつくられた。

従来の「古鷹」型や「妙高」型の主砲は、仰角四〇度のC型、D型砲架であった。仰角を向上させたことにより、主砲で対空射撃が可能になったというので、「妙高」型にくらべ一二センチ単装高角砲を二基減らして四基とした。この単装高角砲は大正十一年に採用されたもので、仰角七五度、弾丸重量二〇・四キロで、一分間に一一発程度の発射速度をもっていた。

これに対して「高雄」型に採用された両用砲は、各砲毎分三発の発射速度で高角砲ほどのスピードはないが、射程は大きく、かつ爆発威力は大きい。このE型は「高雄」「愛宕」「鳥海」にそれぞれ搭載されたが、「摩耶」だけは仰角五五度のE1型砲架にされた。というのは、実際に対空射撃を行なってみると、大仰角で敵機にむけて発射する機会はあまりなく、むしろ低い仰角での対空射撃のほうが効果的であることがわかったためである。つまり遠距離にいる敵機に対して主砲が砲撃し(このときの仰角は低い)、ついで近距離にたっしたときは(仰角が高くなる)発射速度の大きい高角砲がこれを迎え撃ち、さらに近接してきたときは機銃が射撃する(このときは主砲は発砲しない)という三段構えの対応策がとられるようになっていった。したがってこれ以後の「最上」型、「利根」型の主砲も、「摩耶」とおなじE1型の砲架になっている。

〈艦橋の巨大化〉

「高雄」型の最大の特徴は、なんといってもこの巨大な艦橋である。外見的にはきわめて現代的な、しゃれた感じのマンション風の形態であるが、そのどっしりとした重量感がいかにも重巡の名にふさわしく、見るものを引き込むような魅力をたたえている。「高雄」型に対

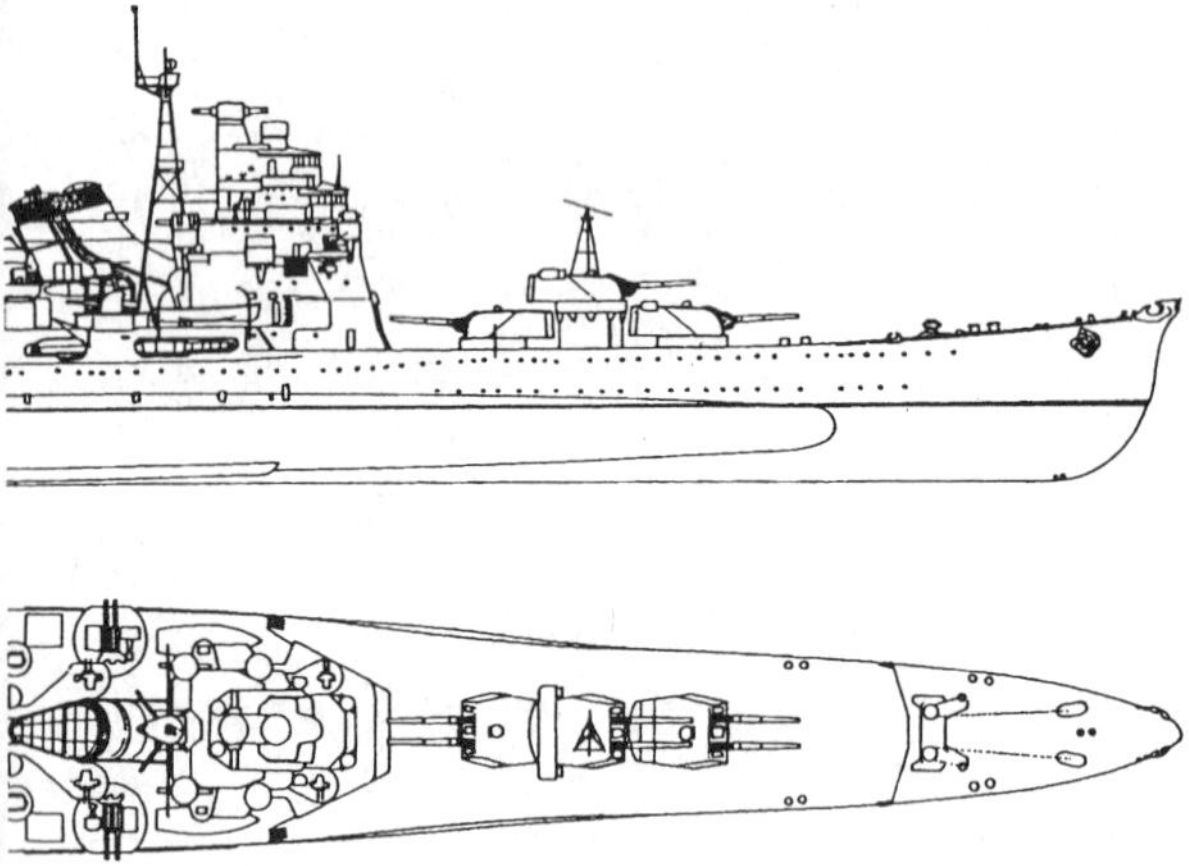

速力34.25kn　備砲20.3cm砲×10, 12.7cm高角砲×8,
発射管×16　航空機3機　射出機2基

するファンが圧倒的に多いのも、この艦橋の形態美に魅了されるからであろう。

前述したように「高雄」型は、艦隊旗艦用として建造された重巡なので、司令部用の施設がたっぷり採用されている。しかしそれだけなら、これほどの大きな艦橋は必要としない。

巨大化された理由は、日進月歩の科学技術の発達とそれにともなう新しい近代兵器の出現にあった。新兵器が出てくると、とうぜんのことながら戦術もかわり複雑化してくる。戦術が近代化されると、それを指揮

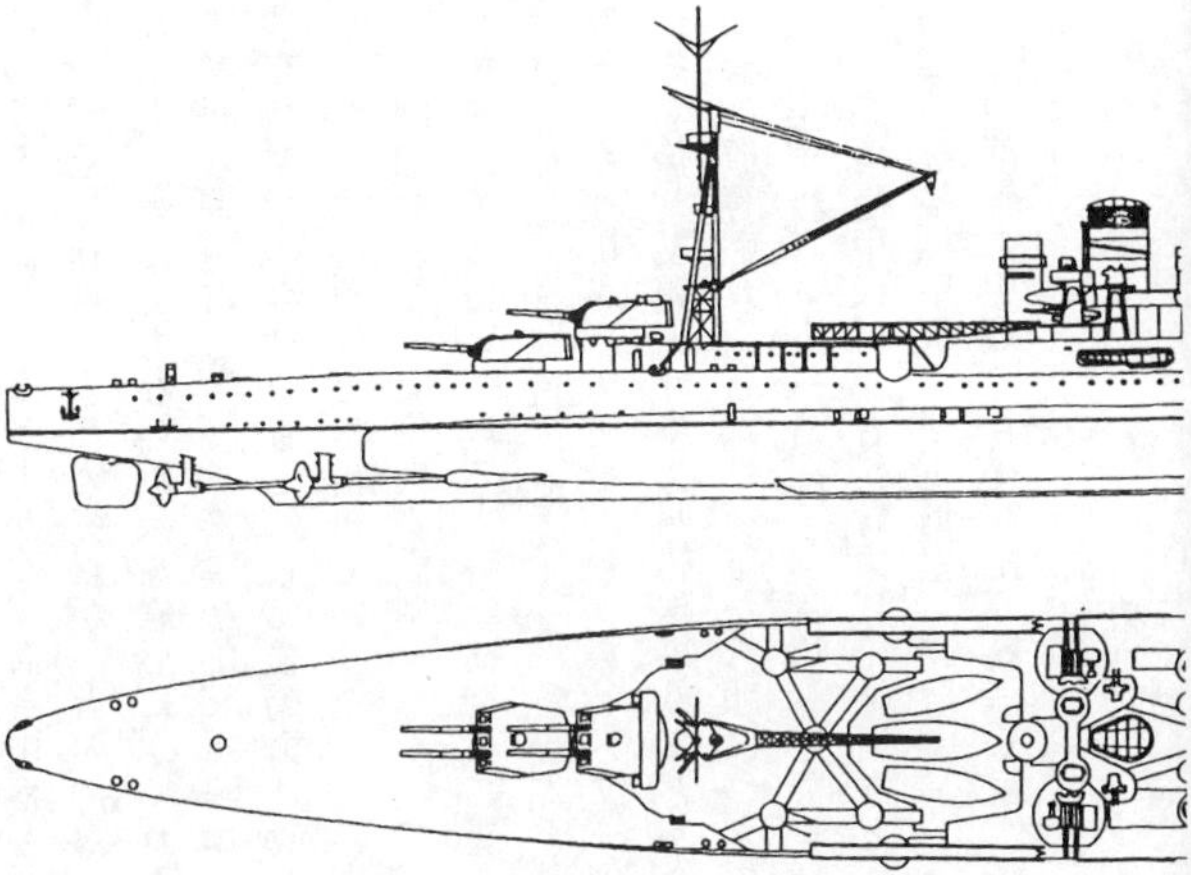

高雄(昭和16年)　基準排水量1万3400 t　水線長201.72m
水線幅19.52m　吃水6.32m　馬力13万3100

するための機能的な指揮所が必要となる。こうした時代の変化が「高雄」型の艦橋構造物をいっそう大きくしていったといってよい。

とくに遠距離砲戦および魚雷戦の革新的な発達により、複雑な指揮・通信機構を艦橋にもり込んでゆかねばならない。これら砲術科や水雷科はもとより光学、航海、電気、無線などの発達もいちじるしく、各科の担当者たちは指揮所を艦橋に設置することを強く要求してきた。

艦の指揮系統が、艦橋に集中するのは理想的なことである。戦闘という極限状態にあって、状況を的格に把握できる位置は艦橋をおいてほかにない。そのうえ指揮の能率が上がり、命令中枢が一個所に集中しているために不必要な混乱がおきない。その利点はきわめてたかいものであるが、といってすべての指揮系統を艦橋に集めてゆくと、とんでもない巨大な艦橋にふくれあがってしまう。

そこで各科の要望にもとづき、軍令部、軍務局、艦政本部、各学校の関係者が研究会を開き、「妙高」型での実績をもとにして艦橋構造物の検討を行なった。この指揮所を艦橋に収容するとしても、現実にどうなるか問題なので、実物大の模型をつくって、現在工事が進行している「高雄」の船体の上に、櫓を組んで置いてみるという研究まで行なった。

こうして完成した艦橋は、ぜんぶで一〇層からなる巨大な艦橋となり、その容積は「妙高」型の三倍もあり、とうぜん、トップ・ヘヴィの悪影響はまぬがれないものとなった。もっとも、その後、友鶴事件や第四艦隊事件などから反省され艦橋は縮小されているが、この巨大な艦橋に収容された各部は、下から順につぎのようになっている。

第一層（上甲板）＝各種倉庫、諸工場、応急指揮所など。
第二層（高角砲甲板）＝各科倉庫、格納所など。
第三層（下部艦橋甲板）＝電信室、諸倉庫。
第四層（中部艦橋甲板）＝操舵室、航海長室、無線室、電話室、通信科および航海科関係の諸倉庫。

昭和14年7月14日、近代化改装を終えて、館山沖で全力航走中の「高雄」。兵装強化などで排水量は増大したが速力は34ノット以上を維持していた。

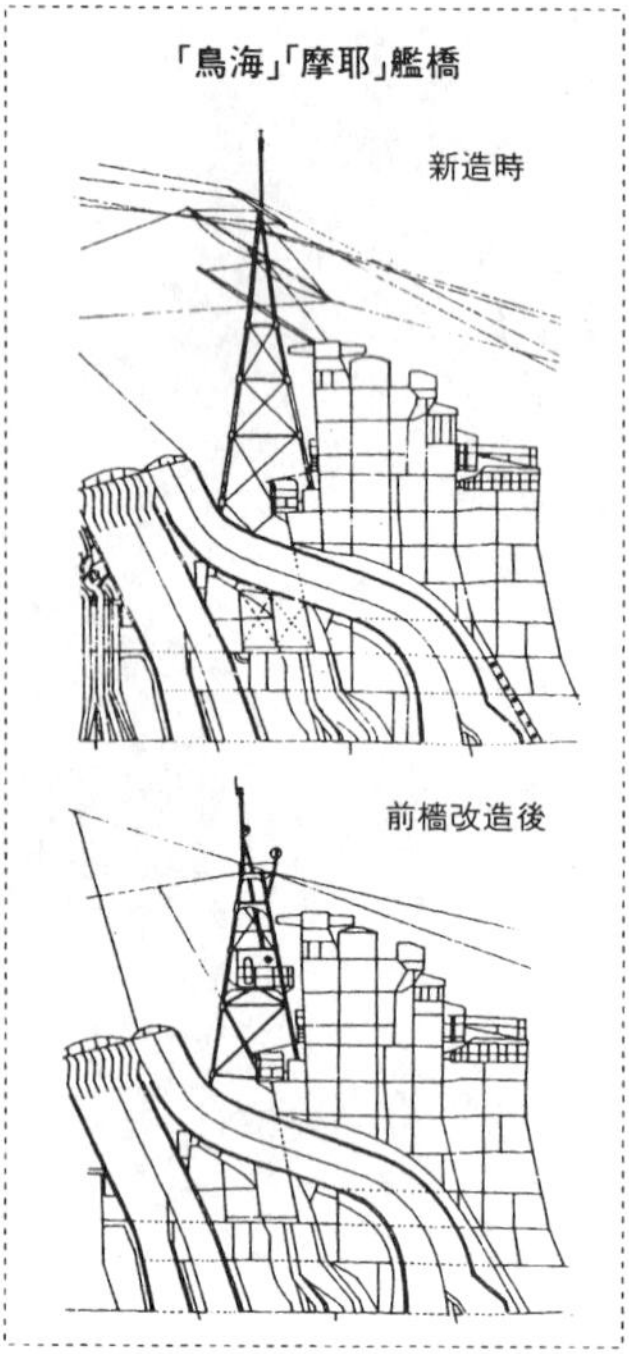

第五層（上部艦橋甲板）＝長官・参謀長・艦長の休憩室、通信指揮室、高角砲指揮通信所など。

第六層（羅針艦橋）＝ブリッジ、応急指揮所、作戦室、海図室。

第七層（発射指揮所）＝発射指揮所、同発令所、司令部・航海・通信科関係諸倉庫。

第八層（測的所）＝測的所、照射指揮所、測的関係諸倉庫。

第九層（主砲指揮所）＝主砲指揮所、主砲指揮通信器具装備所など。

第一〇層（主砲射撃所）＝四・五メートル測距儀、方位盤。

以上が「高雄」型艦橋内部の内わけだが、このほかに休憩所や小倉庫などが多数設けられており、全体に空間的にもゆとりのある構造になっていた。この巨大艦橋には、さすがに諸外国もびっくりしている。実戦では目標が大きくなるので不利だろうとか、用兵者の要求を漫然と受け入れた愚策であるとか、さまざまな批判が集中した。後になってやや小型化され

昭和14年の近代化改装によって変貌をとげた「高雄」の艦橋。改装前(右)と改装後(左)。艦橋頂部前面の観測鏡の設置や13ミリ機銃の装備が分かる。

たとはいえ、この巨大艦橋は太平洋戦争での実戦体験からみても、けっして不利なものではなかった。結局は「妙高」型船体の優秀性を実証することになったといえる。

強化された戦力改装

「友鶴」事件以後、かねて問題視されていたトップ・ヘヴィを改善するため、昭和十年から十二年にかけて「高雄」型四隻の前橋トップが短縮され、やや小型化された。とくに羅針艦橋と測的所甲板の縮小がいちじるしい。また頂部には六メートル測距儀つきの射撃塔が新設された。

無条約後の昭和十三年から翌年にかけて、さらに近代化改装が行なわれ、まず「高雄」と「愛宕」に、「妙高」型の場合とおなじような装備の強化がなされた。

とくに水雷兵装は拡大強化されて、発射

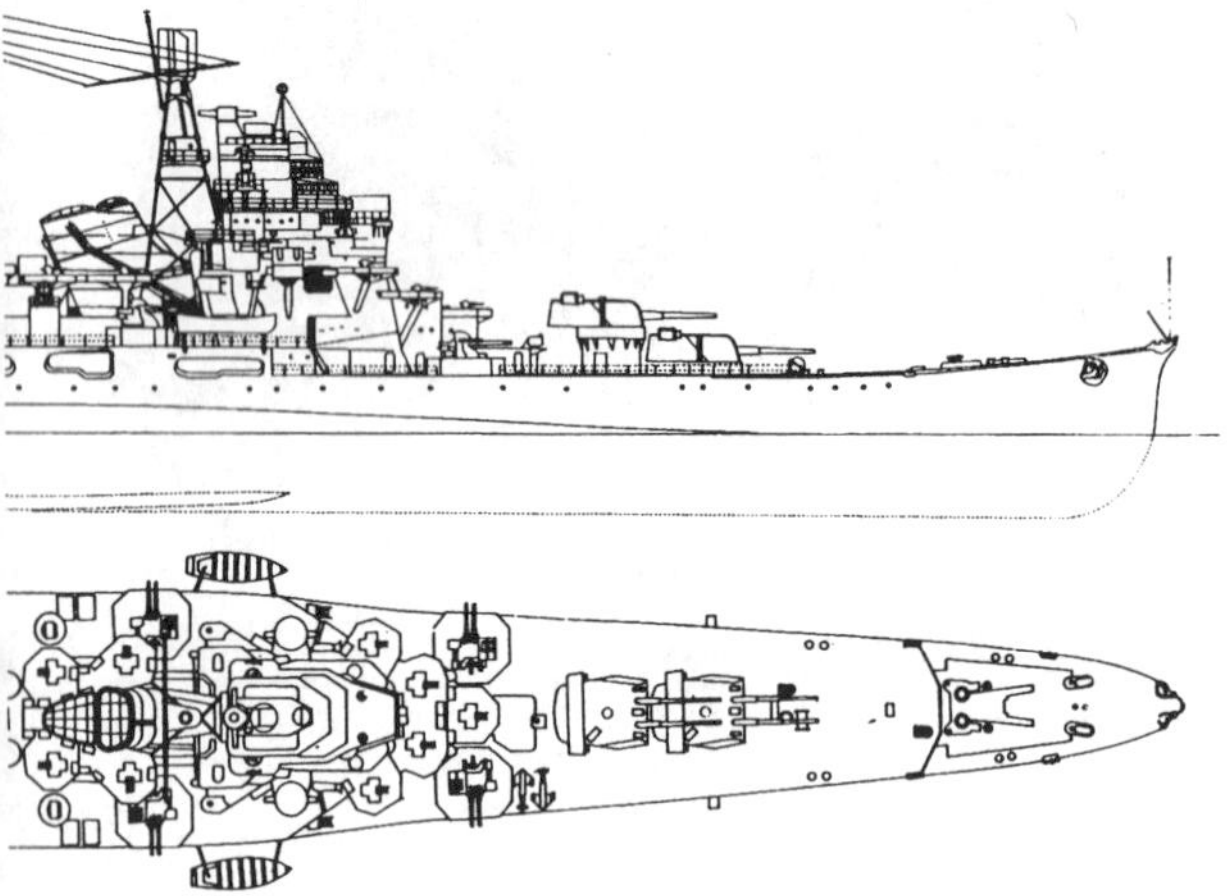

速力34.25kn　備砲20.3cm砲×8，12.7cm高角砲×12，
発射管×16　航空機2機　射出機2基

管は四連装四基一六門と二倍になった。高角砲も一二・七センチ連装砲に換装され、四基八門にふえて威力を向上させた。機銃兵装は二五ミリ連装六基と、同三連装二基の合計一八門とするなど、兵装面の強化改装がいちじるしい。両艦はこのため、基準排水量が一万三二〇〇トンに増加し、速力がやや低下したが、それでも三四・三ノットの高速を維持していた。

これにつづいて「鳥海」と「摩耶」を昭和十六年から改装することになっていたが、工事に着手する前に

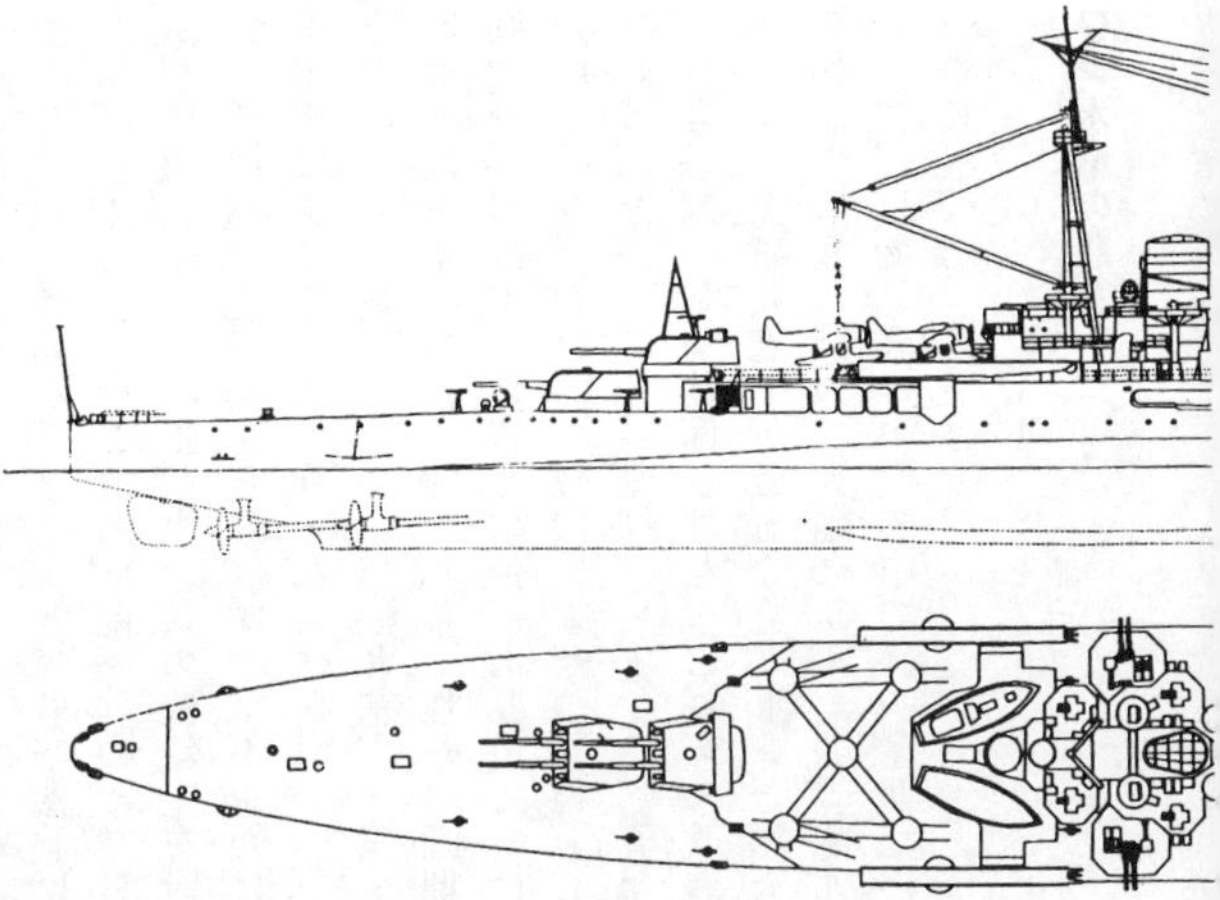

摩耶（昭和19年）　基準排水量１万3350ｔ　全長203.759ｍ
最大幅20.72ｍ　吃水6.44ｍ　馬力13万

開戦となった。このため両艦は高角砲が一二センチ単装四基四門、発射管は連装四基八門のままで戦場におもむくことになった。ただ後部煙突の両舷に設けられていた四〇ミリ単装機銃二基は撤去され、かわりに一三ミリ四連装機銃二基に換装されていた。

開戦後、情勢の激しい変化によって改装する機会がなかった両艦のうち、「摩耶」は昭和十八年十一月、ラバウルで爆撃をうけて左舷機械室を損傷したので横須賀に帰投、修理と共に兵装面も大幅に改装された。

主な改装工事は対空兵装の増強で、このときの「摩耶」の兵装強化はおどろくほど徹底したものだった。水上戦闘が、ほとんど対航空機戦に変貌したこともあって、もはや主砲は戦力効果が半減していた。そこで前部砲塔群のうち三番砲塔を撤去して重量軽減をはかるとともに、撤去跡のスペースに張り出し式の機銃座を設けた。また、これも旧式化してしまった一二センチ単装高角砲四基をとりはずし、あらたに一二・七センチ連装高角砲を六基搭載、両舷の上甲板に三基ずつズラリとならべた。

機銃は二五ミリ三連装一三基、単装九基、一三ミリ単装三六基、合計八四門という重装備で、「摩耶」は日本海軍重巡陣のうち、唯一の画期的な防空巡洋艦になった。これらの対空砲火の強化は、艦政本部の苦心の作であり、ことに艦橋前部に設けられた二五ミリ三連装三基の機銃座は、視界がひろく敵機をよせつけぬ会心の作であった。

このほか檣頭たかく二一号電探（レーダー）が装備され、さらに艦橋の両舷に二二号電探、それに一三号電探一基が装備された。これらの改装によって「摩耶」は、基準排水量が一万三三五〇トン、公試状態で一万五一五九トンと増大した。また乗組員も、機銃をはじめさまざまな新兵器を搭載したので大幅にふえ、開戦時九二一名だったのが改装後は九九六名になっている。こうして「高雄」型の中では「摩耶」のみが、面目を一新した重装備の最強艦になったのである。

パラワン水道の悲劇

昭和19年5月、あ号作戦にそなえてタウイタウイで訓練中の「摩耶」。3番砲塔を撤去し、高角砲と機銃を装備して一種の防空巡洋艦となっていた。

太平洋戦争開戦時、「愛宕」と「高雄」は南方部隊主隊としてマレー上陸作戦を支援し、「鳥海」は南遣艦隊の旗艦としてマレー、スマトラ、ビルマの各攻略作戦を支援した。その間につづいて、ボルネオの攻略作戦を支援した。「摩耶」はフィリピン攻略作戦を支援した。その間に緒戦の昭和十六年十二月十日、「鳥海」は危うく英国の東方艦隊主力、戦艦プリンス・オブ・ウェールズとレパルスに鉢合わせするところだったが、この二艦はサイゴンとツダウムに進出していた基地航空隊が捕捉、撃沈するところとなり、危機を脱することができた。

緒戦時には、各艦ともにマレー、ジャワ、インド洋方面で活躍した。ついで十七年六月のミッドウェー海戦に「愛宕」と「高雄」が参加し、「摩耶」は第五艦隊に派遣されて北洋ベーリング海に出撃、アッツ島沖海戦でオマハ型軽巡リッチモンドを旗艦とする敵艦隊を追いつめるなど大活躍をした。しかし、ついに一隻も撃沈することができず、このときの大遠距離砲戦はその後、問題になった。

十七年八月九日、「鳥海」は第八艦隊の旗艦として第一次ソロモン海戦を戦い、「古鷹」型重巡とともに敵艦隊を完膚なきまでに叩きのめしたのは前述したとおりである。

ついで八月二十六日、第二次ソロモン海戦に「愛宕」「高雄」「摩耶」の三隻が参加したが、日米ともに空母機の戦闘になった。その後十一月十二日、第三次ソロモン海戦がガダルカナルの北端海域で展開した。この戦闘には「愛宕」「高雄」の両艦が参加、米戦艦サウスダコタを撃破したが、日本軍は戦艦「霧島」を失ってしまった。

昭和十九年六月、「高雄」型四隻は久しぶりに合同すると、サイパンに迫った敵機動部隊を叩くべく「あ」号作戦に参加、いわゆるマリアナ沖海戦を展開したが日本軍は敗退。しかし四隻は無事だった。そして世紀の大海戦となった捷一号作戦に参加することになる。

昭和十九年十月二十二日、ボルネオのブルネイ湾を出撃した栗田艦隊は、フィリピンのレイテ湾に集結している米軍を撃破すべく北上した。

レイテ突入にそなえてブルネイに待機中の第4戦隊、右より「鳥海」「高雄」「愛宕」。「高雄」以外は、この作戦で沈没した。

このとき「愛宕」は艦隊旗艦として戦艦「大和」「武蔵」をはじめとする、戦艦五、重巡一〇、軽巡二、駆逐艦一四の合計三一隻を率いていた。

翌二十三日の早朝、艦隊がパラワン水道を通過しているとき、「愛宕」の艦上では六時十五分から総員配置につき、対潜警戒を厳重にしながら、早朝訓練を実施していた。艦橋では艦隊司令長官栗田健男中将、参謀長小柳冨次少将をはじめ、艦長荒木伝大佐、その他幕僚たちが集っていた。艦橋の窓ガラスはぜんぶ開け放たれ、長官と艦長は回転椅子に腰をかけていた。六時三十分になったとき、長官は艦隊速力を、これまでの夜間速力一六ノットから一八ノットにあげ、対潜警戒の之字運動を行なうよう下令した。艦隊はいっせいに増速し、基準針路から針路一〇度に変針した直後、「愛宕」の水中聴音機が異常なエンジン音をキャッチした。

「敵潜、感度はなはだ大なり」

という信号を全艦隊に発したとたん、突然「愛宕」の艦首右舷に魚雷が命中した。

「オモカージ一杯！」

荒木艦長は第一撃を受けると同時に大声で下令した。被雷した舷側方向に回頭して、つづく魚雷を回避しようとしたのである。だが舵がきかないうちに、第二撃、第三撃が右舷中部に、第四撃が後部にたてつづけに命中した。艦はたちまち右舷に八度傾斜して航行不能になってゆく。

「左舷注水区画、左舷後部罐室、機械室に注水せよ！」

号令がとび、復元のための応急注水が行なわれる。だが艦は刻一刻、傾いてゆく。「愛宕」が被雷したとき、「高雄」はその後方八〇〇メートルを続行していた。被雷と同時に「高雄」の艦長小野田捨次郎大佐は、「取り舵一杯」を下令した。このとき、「愛宕」に命中しなかった魚雷二本が「高雄」の艦首前方一〇〇メートルと二〇〇メートルを通過していった。「高雄」の転舵がようやくききはじめ、艦首がしだいに左に向きかけたときである。

突然、グワーンと艦橋下の右舷に第一撃が炸裂した。と、続いて後部右舷に第二撃が命中。「愛宕」が被雷して、わずか一分後のことである。雷撃をうけた瞬間、「高雄」は右舷に約一〇度傾斜した。主機械の回転が急激に低下する。スクリュー四軸のうち二軸が吹っとび、舵をもぎとられていた。だが幸いなことに火災は発生していない。

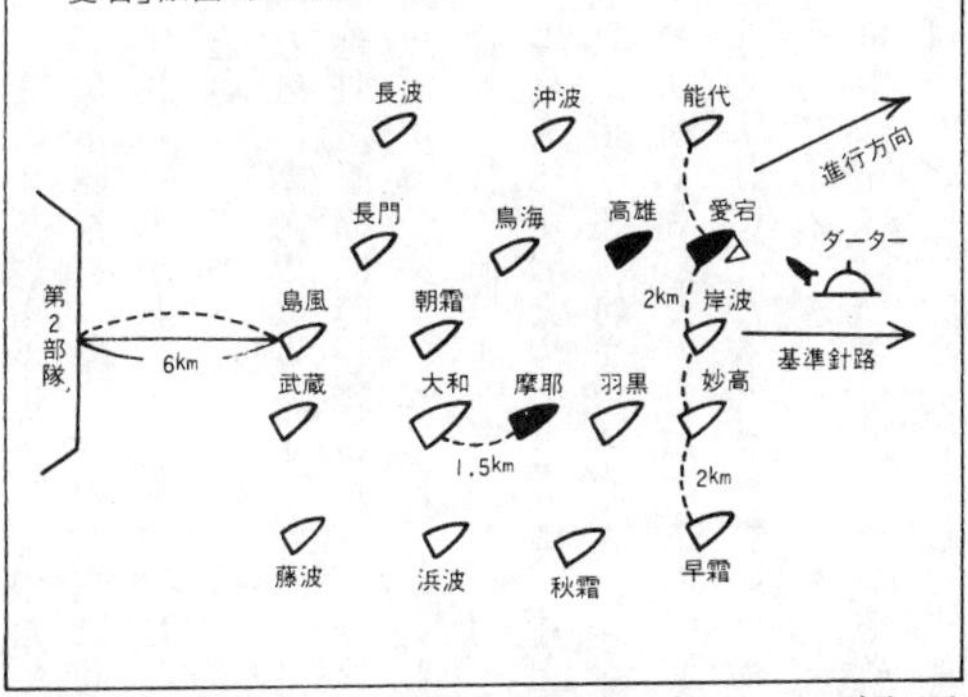

「愛宕」被雷時の隊形

「傾斜復元、急げ！」

左舷に注水が開始され、傾斜は復元した。一方、「愛宕」は傾斜が二三度となり、艦底の赤腹が水面上に現われはじめている。栗田長官は旗艦を「大和」に変更するため、駆逐艦の召致を命じた。「岸波」と「朝霜」が近づいてきたが、傾斜がひどすぎて横づけすることができない。「愛宕」はなおも傾いてゆく。ぐずぐずしてはおれなかった。もはやこれまでと判断した艦長は、ついに「総員退去」を命じた。兵も士官も海に飛びこんだ。栗田長官以下司令部職員も「岸波」に向かって次々と飛びこむ。この間に「愛宕」の傾斜はさらに増加して、五四度にたっした。ほとんど横倒しにちかい状態である。やがて六時五十三分、「愛宕」は被雷してから二〇分後に、ついに沈没した。機関長以下准士官以上一九名、下士官兵三四一名が「愛宕」とともにパラワン水道に没したのであった。

「愛宕」と「高雄」型を襲撃した米潜水艦はダーターであった。さらにもう一隻の米潜デースが、艦隊の右翼方向に網を張って待っていたのである。それとは知らず、四隻の駆逐艦が、ダーターが潜航したと思われる海域を走りまわって爆雷を投下していた。その間にデースは、照準を右翼列の三番艦（摩耶）に定め、魚雷四本を「摩耶」の左舷に向けて発射した。このとき「摩耶」の水測員が、右舷前方に怪しい音源があることを報告した。このため警戒の目は右舷側に向けられていた。と、そのとき、

「左舷に雷跡！　近い！」

絶叫が艦橋に鳴り響いた。ふり返ると、左八〇度、約八〇〇メートルの至近距離を、四本の魚雷が真一文字に疾走してくるところだった。

「面舵一杯、急げ！」

艦長大江覧治大佐の下令に、井上航海長は転舵の方向に誤りがあると判断、

「取り舵一杯、前進一杯！」

と独断下令した。だが、この転舵の効果が現われないうちに、四本の魚雷は獲物に食いつく鱶のように、つぎつぎに艦腹に命中したのであった。「愛宕」が沈没した四分後の六時五十七分である。

魚雷は左舷錨鎖庫付近、一番砲塔の直下、第七艦室、および後部機械室の四個所に命中、艦はアッという間に大傾斜した。ただちに防水処置、応急注排水が行なわれたが、ほとんど手をつくすひまもなく、わずか七分後に「摩耶」はあっけなく海没した。致命傷だったのは一番砲塔下の魚雷命中によって、弾火薬庫が爆発したことだった。すさまじい大火柱をあげながら、「摩耶」は海中ふかく没していった。艦長以下准士官以上一六名、下士官兵三二〇

名が海の藻屑となったのである。

旗艦「愛宕」が被雷、大傾斜したとき、栗田長官は艦隊を指揮することができない状態になっていた。この場合、先任指揮官として「大和」に乗艦していた第一戦隊司令官宇垣纒中将がかわって指揮をとる立場になる。だが、中将は、艦隊を現陣形のまま、一八ノットで予定どおり前進した。

このとき艦隊をただちに増速させ、二四ノットぐらいで危険海面を急速脱出していれば、水中速力のおそいデースは、たちまち艦隊から後落して射点を得られず、したがって「摩耶」は無事だったのではないか、との意見がある。たしかに、これは正しい意見だ。そこに敵がおり、戦闘が開始されているのに、なにも経済スピードでゆっくり走る必要はないはずである。このことにかんして宇垣中将は、その日誌『戦藻録』にこうしたためている。

《敵潜水艦の存在あれば過度に避退するもまた危険を伴う。のみならず、先任指揮官として過度の離隔も視界の関係上できず》

つまり、どこに敵がひそんでいるかわからないのに、やみくもに突っ走ることはかえって危険だし、長官を置き去りにしてどんどん先行してしまうとあとで合流することができなくなる。したがって予定どおりのスピードで進撃するしか方法がない、というわけだ。このとき艦隊は、厳重な無線封止で進撃していたから、中将はこのような処置以外にとる方法がなかったのだ。

一方、被雷停止した「高雄」は、自力で応急修理をほどこした後、ブルネイへ回航するこ

アメリカの巡洋艦

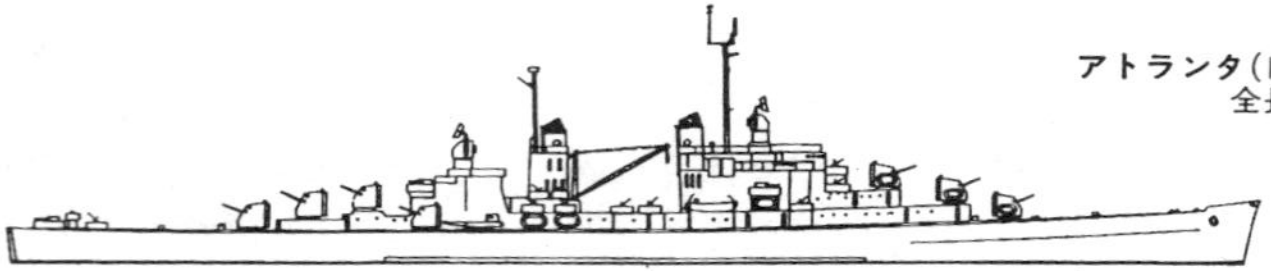

アトランタ(1942年)
全長165m

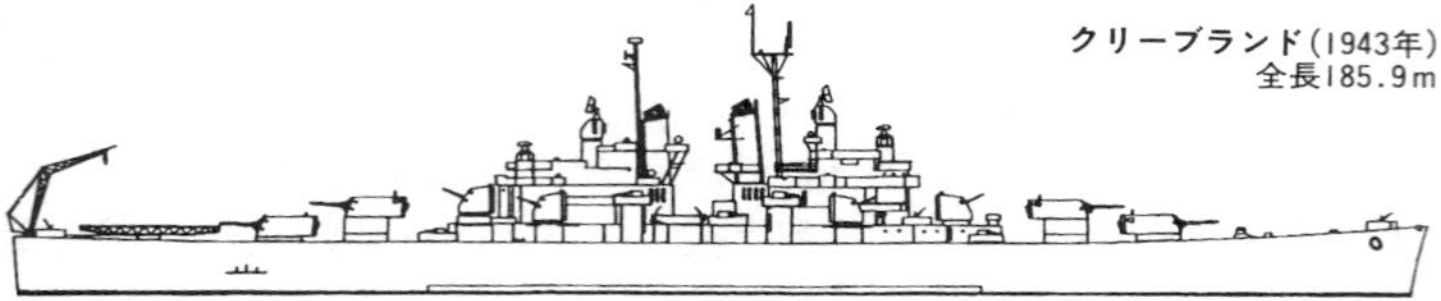

クリーブランド(1943年)
全長185.9m

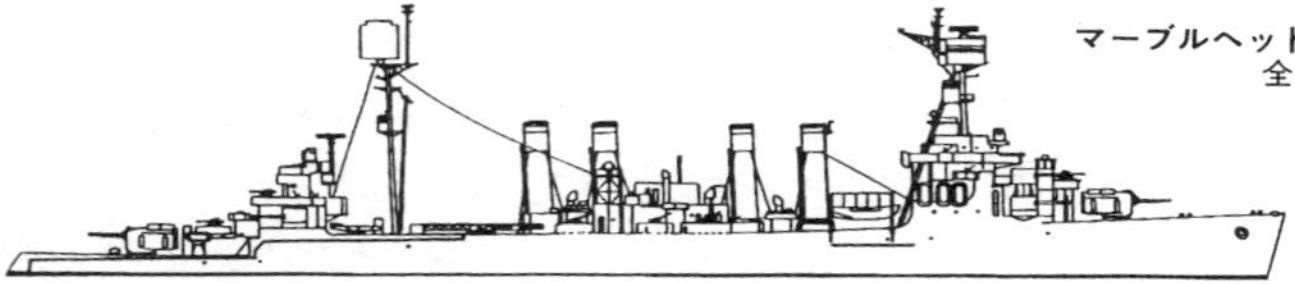

マーブルヘッド(1944年)
全長169.3m

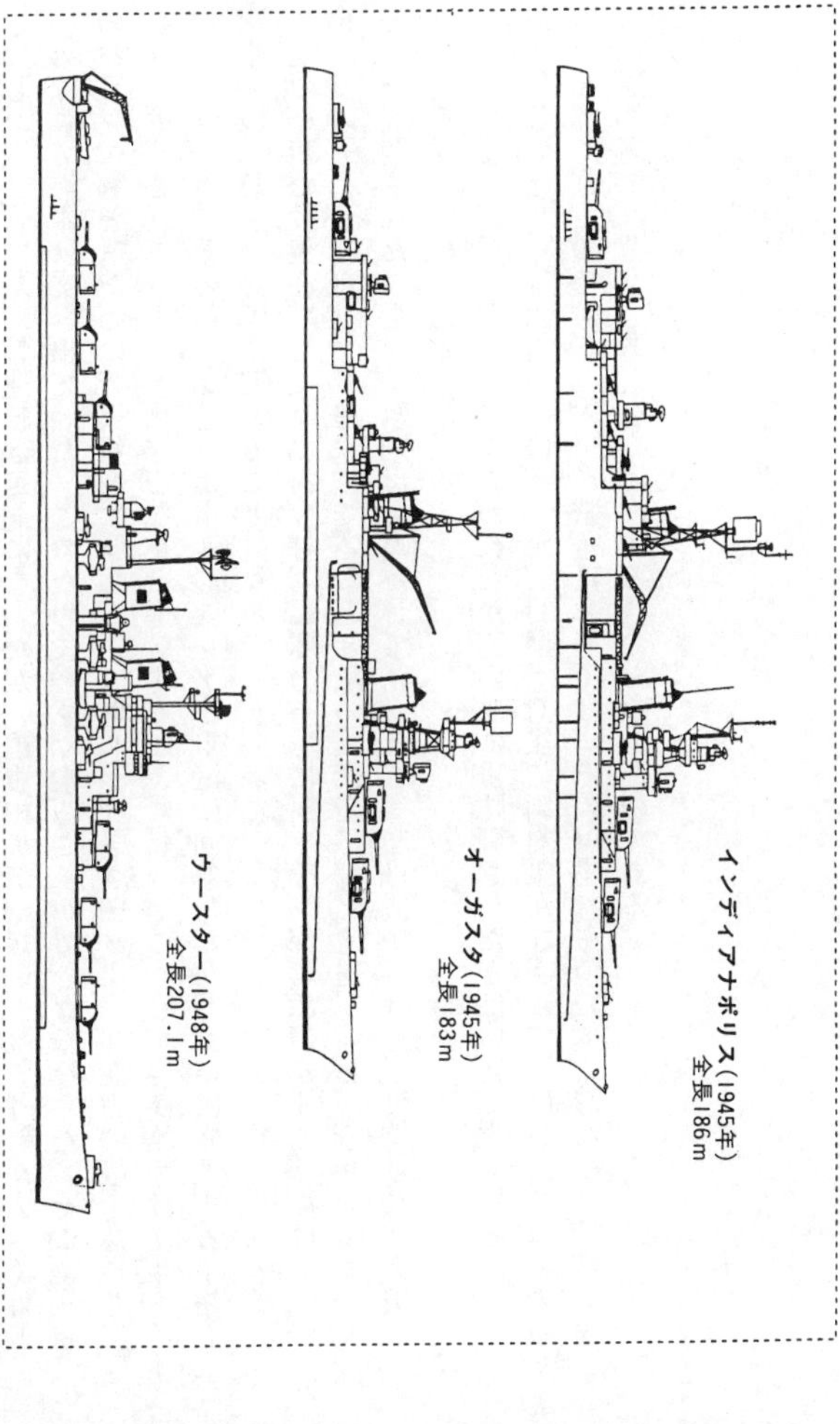
ウースター（1948年）
全長207.1m
オーガスタ（1945年）
全長183m
インディアナポリス（1945年）
全長186m

とにした。どうにか二軸運転は可能になったが、艦腹中央部が爆破され、外鈑が大きく外側にめくれて海中に突き出ていた。このためまっすぐ走ることができなくなった。そこで左右のバランスをとるために、反対舷に厚さ二メートル、大きさ四メートル四方の板を急造してとりつけ、これをロープで操作しながら進航することにした。こうして「高雄」はブルネイにたどりつき、その後、シンガポールのセレター軍港に回航したが、ついに修理する余裕もなく大破したまま終戦を迎えることになる。

ただ一隻だけ健在だった「鳥海」は、艦隊とともにシブヤン海の激闘をくぐりぬけ、二十五日、レイテ湾に向かって進撃しているとき敵の護衛空母群と遭遇、いわゆるサマール島沖海戦が展開された。しかし敵空母を追跡しているとき、空母機から激しく爆撃され、大破、ついに自沈したのである。

こうして「高雄」型はすべて失われたが、いかに重防御されたとはいえ、重巡にとっての最大の泣きどころは魚雷命中にあった。対潜、対空の両対策がなされて、はじめて重巡の威力が発揮されるのである。太平洋戦争においては、そのいずれも望むべくもなく、世界最強の重巡「高雄」型も、あえなく海没する運命となったのである。

第四章　軽量級重巡の「最上」型　最上 鈴谷 三隈 熊野

重巡計画で軽巡をつくる

「高雄」型の建造によって、日本はロンドン条約で規定された一二隻の重巡を予定どおり保有したわけだが、これだけでは米国の保有予定数一八隻に太刀打ちができない。なんらかの対策を立てなければ、将来の国防上、ゆゆしいことになってしまう。

少なくとも米国と対等程度にまで隻数を合わせておかなければ、いざ日米開戦となったとき、その劣勢下に惨敗を喫してしまうであろう。といって秘密裡に重巡をつくったのでは重大な国際問題であり、一挙に日本は信用を失い、全世界から侮辱と制裁をうけることになる。しかし、このまま放置できる問題ではない。

ところが、こういうときには知恵者が出てくるものである。日本には、まだ軽巡を建造する分として三万五六五五トンの手持ちがあった。そこで、基準排水量八五〇〇トンで重巡としての船体をつくり、これに条約で規定されている軽巡用の六・一インチ（一五・五センチ）

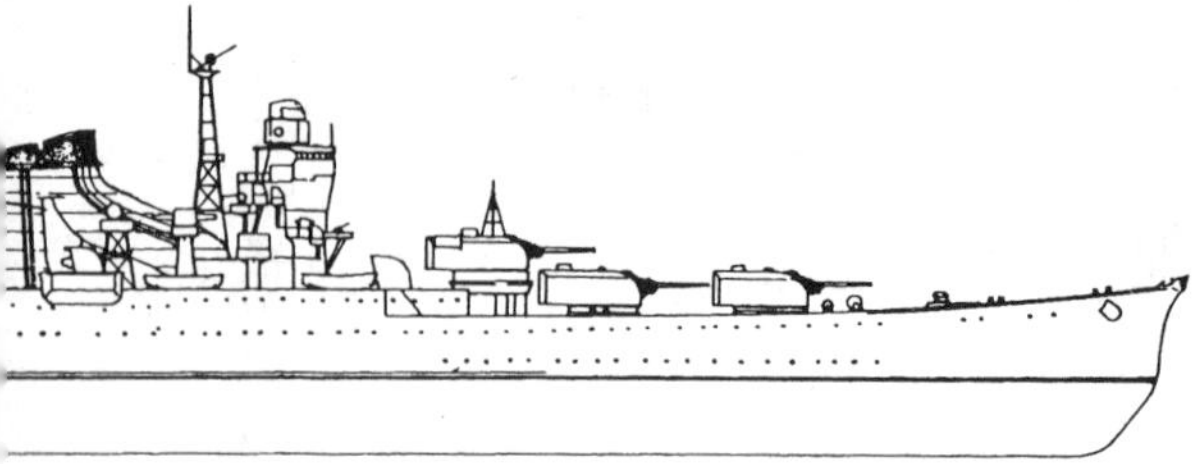

速力36kn　備砲15.5cm砲15, 12.7cm高角砲×8,
発射管×12　航空機3機　射出機2基

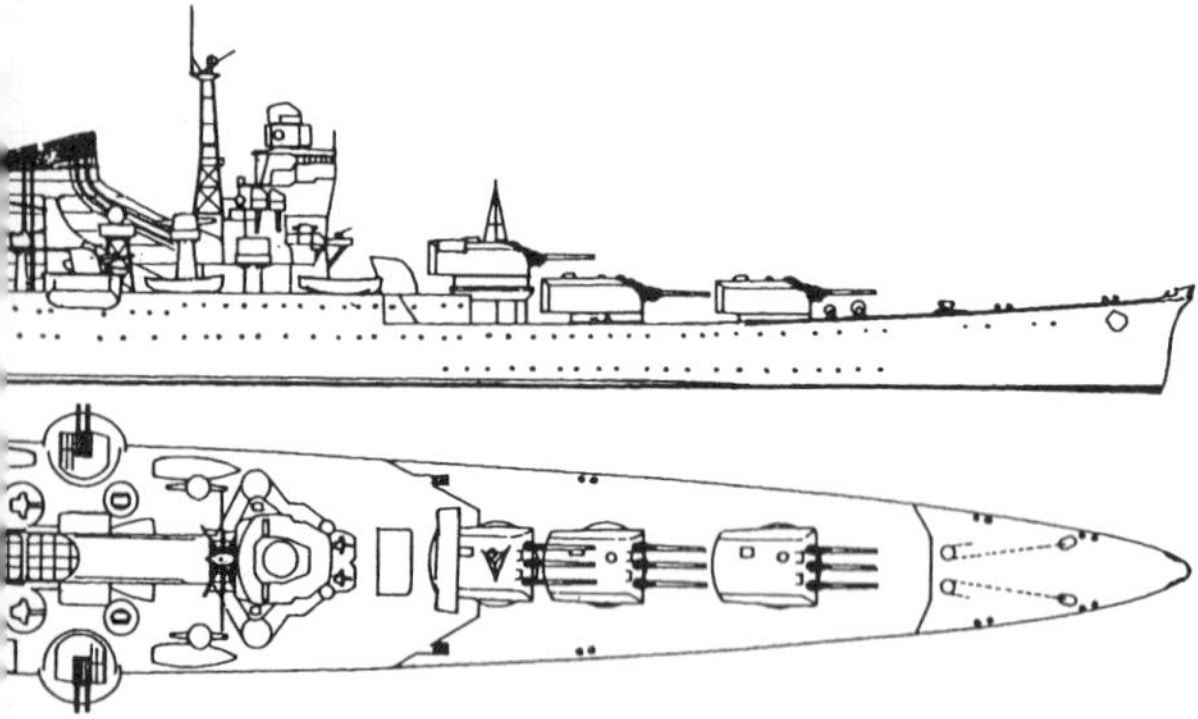

速力34.735kn　備砲15.5cm砲×15, 12.7cm高角砲×8,
発射管×12　航空機3機　射出機2基

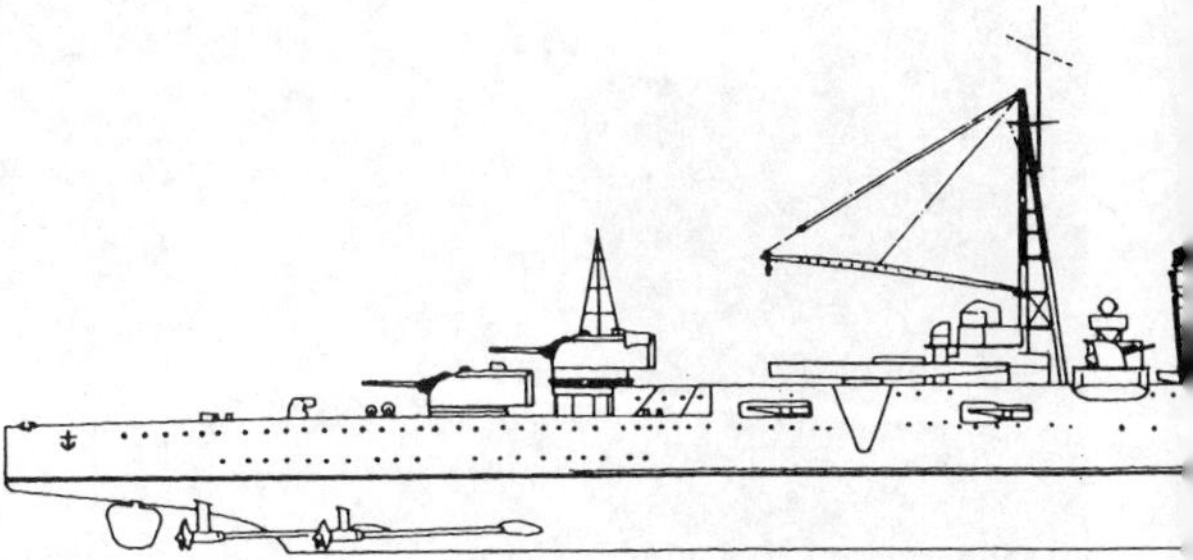

最上（新造時）　基準排水量9500 t　水線長197m
最大幅18m　吃水6.15m　馬力15万2000

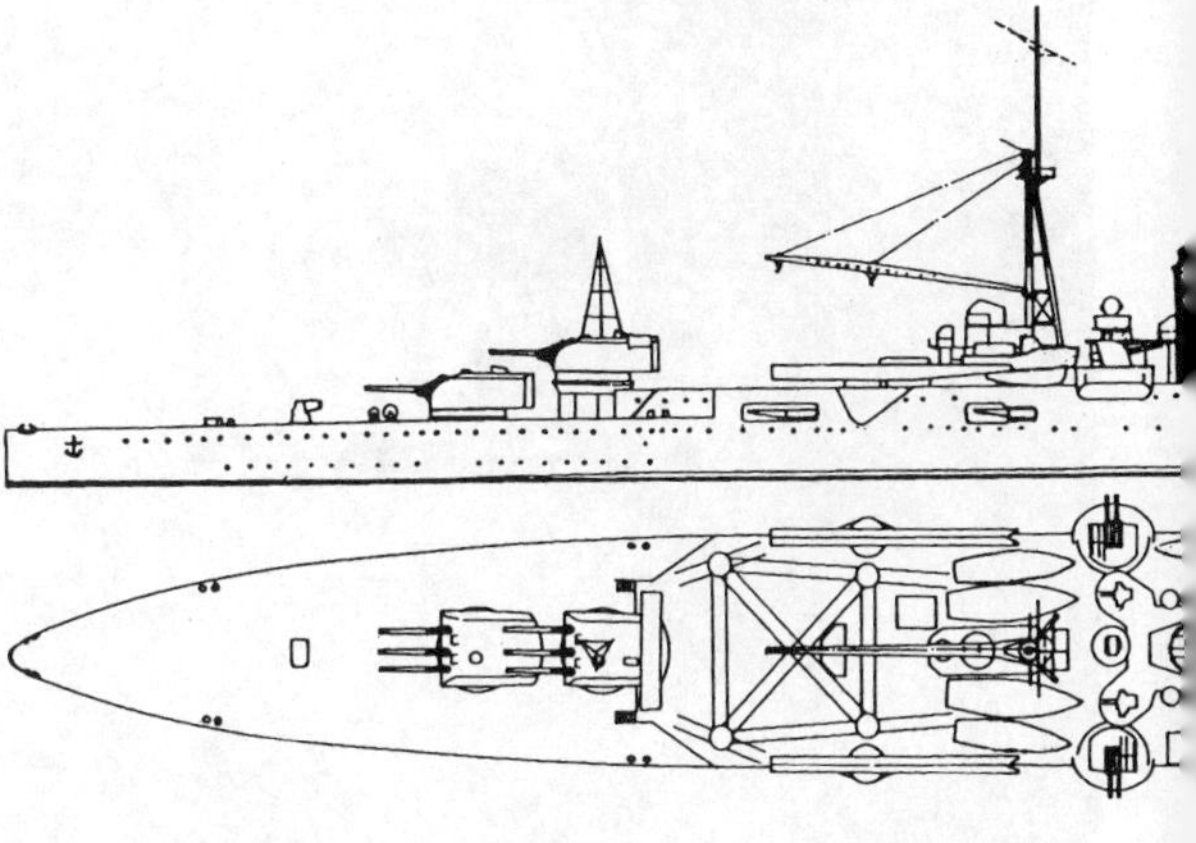

最上（昭和13年）　基準排水量約1万2000 t　水線長197m
水線幅19.15m　吃水6.15m　馬力15万2000

昭和10年8月24日、呉を出港中の「最上」。本艦は条約下に設計された軽巡ではあるが、高速力と重武装を誇り、世界にあたえた衝撃は大きかった。

昭和10年、三菱長崎造船所で最終的な工事を行なう「三隈」。3連装5基15門の15・5センチ砲は「妙高」型などに比べ高い命中率を期待されていた。

砲を搭載しておき、いざというときには二〇・三センチ砲に換装しようというのである。この排水量なら、ちょうど四隻分ができるし、すでに「古鷹」型の例もある。さらに「妙高」「高雄」の各タイプで経験した技術を駆使すれば、「高雄」型に匹敵する〝超軽巡〟ができるはずだ、というのである。

対策に苦慮していた海軍当局は、ただちにこの案にとびついた。一五・五センチ砲を搭載するのだから、これは立派な軽巡である。どこからも文句をいわれる筋合いはない。しかも制限トン数の中でつくるのだから、条約違反にはならない。ただ将来、非常事態になったとき重巡に変身させるということだけを、厳重に秘密にしておけばよいことだ。

とはいえ、おざなりに六・一インチの主砲を搭載するというわけではない。あくまで重巡に対抗できるものとして考えてゆこう、ということから、軍令部は、重巡の不足をおぎなうことを前提として、一五・五センチ連装五基一五門、六一センチ魚雷発射管三連装四基一二門、防御は、二〇・三センチ砲弾に耐えるものとし、速力は三七ノットという要求を出したのであった。

この要求をうけて、「高雄」型を設計した藤本喜久雄造船大佐（当時）が昭和五年に基本設計にとりかかった。

当時は世界的な金融恐慌がおこったときでもあり、財政緊縮時代であったから、新造艦の排水量圧縮はそれだけ経費が低下するので歓迎されたものだった。ところが、艦政本部でこの新造艦計画に関する会議が行なわれるたびごとに、用兵者側から過大な性能要求が増加する一方だった。そのくせ排水量はいっこうに増やそうとはしない。

基準排水量の八五〇〇トンは大義名分だから、これにはだれも口出しせず、もっぱら兵装強化、性能向上を求めてくる。用兵者の要求をそのままもりこむと、船はトップ・ヘヴィをとおりこして、浮かぶことすらできないものになる。そこは設計者が工夫して何とかしろ、というのである。

原計画の段階で、基準排水量八五〇〇トンでまとめることは、すでにムリな状態になっていた。しかし、これに対して設計者は、異常な熱意をもって重量軽減にとりくんでいったのである。このために「高雄」型で採用された特殊高張力鋼のDS鋼（デュコール・スチール）を大幅に使用し、板厚をできるだけ減少し、甲板を支える横梁（ビーム）にも軽目孔を徹底的にあけるなど、一グラムでも軽くしようとする努力がつづけられた。

おりから発達してきた電気熔接も船体構造に大幅にとり入れ、船殻、艤装はもちろん、機関、兵装関係にいたるまで、軽くできるものならなんでも採用していった。

艦橋は「高雄」型ほどではないが、はじめのうちはかなり大きなものが要求されていた。ところが建造中に友鶴事件がおきたので根本的に設計が変更され、きわめて小型なコンパクトなものに改められた。これも重量軽減にはおおいに役立った。

また計画速力が三七ノットという、巡洋艦としては最高の速力を要求されているため、船体はかなり長くなった。その重量を軽減するため、機関重量が減少され、一〇基の罐のうち二基は小型化されている。

「最上」型艦橋

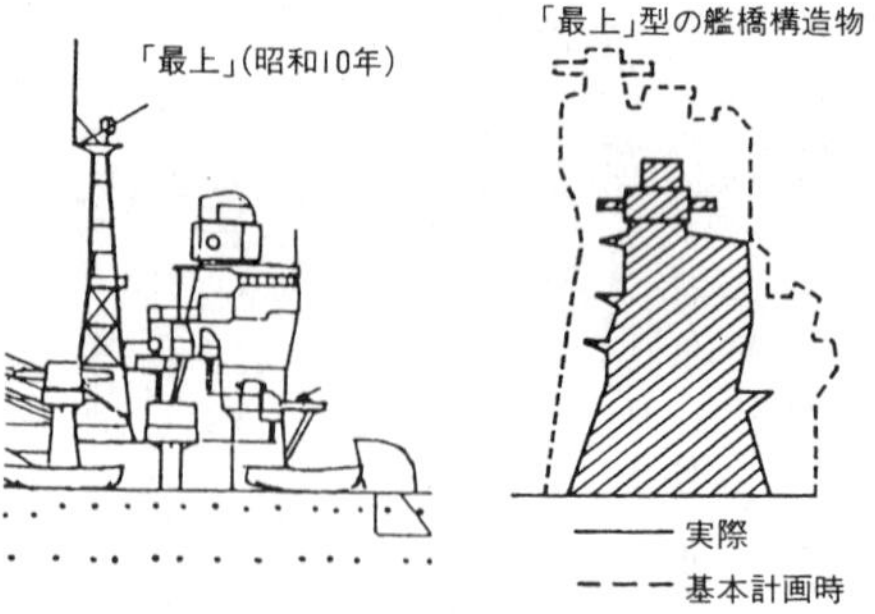

こうして、あらゆる方法で重量の軽減化がはかられたが、計画時よりも兵装重量がなおいっそう増大し、重心は高くなる一方だった。その主な原因は、艦内の容積が小さく、兵員の居住区がたりないので、艦中央部の上甲板にさらに最上甲板をもうけて居住区としたことと、同時に中央部の乾舷にスポンソンをつくり、やや高所ではあるがここに高角砲を搭載したこと。また、将来主砲が二〇・三センチ砲に換装されることを見こして、それにふさわしいように防御が強化されたことなどが、重心を押し上げる結果になっていた。

結局、制限された排水量のなかに、おびただしい重兵装をもりこむことに専念したあまり、復元性能が犠牲にされたまま建造計画がどしどし進められた。この傾向は日本海軍の伝統的なもので、友鶴事件がおこるまでつづいていったのである。

「最上」型は、その傾向のなかでもとくにいちじるしい例であるが、とにかく昭和六年十月二十七日、一番艦の「最上」が呉工廠で起工された。つづいて二番艦の「三隈」が二ヵ月後の十二月二十四日、三菱長崎造船所で起工された。

三、四番艦の「鈴谷」と「熊野」は、起工されたのが昭和八年十二月と、同九年四月だったので、一、二番艦よりもさらに改正され、重心を下げた状態で建造されたので、いくらか異なったものになった。

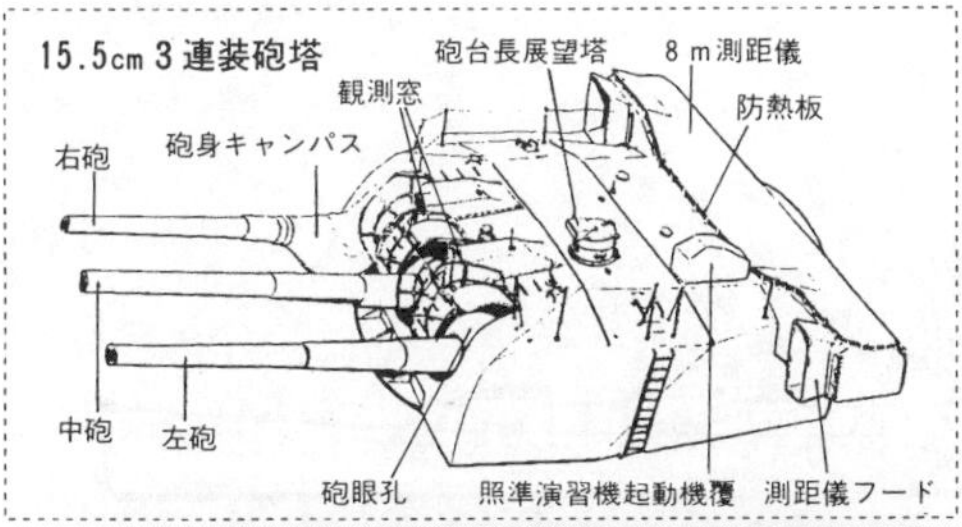

「熊野」艦橋より見た艦首部。1、2番砲塔を同高とした配置は、前方各30度の射界を強化させ、後方射界も改善させた。

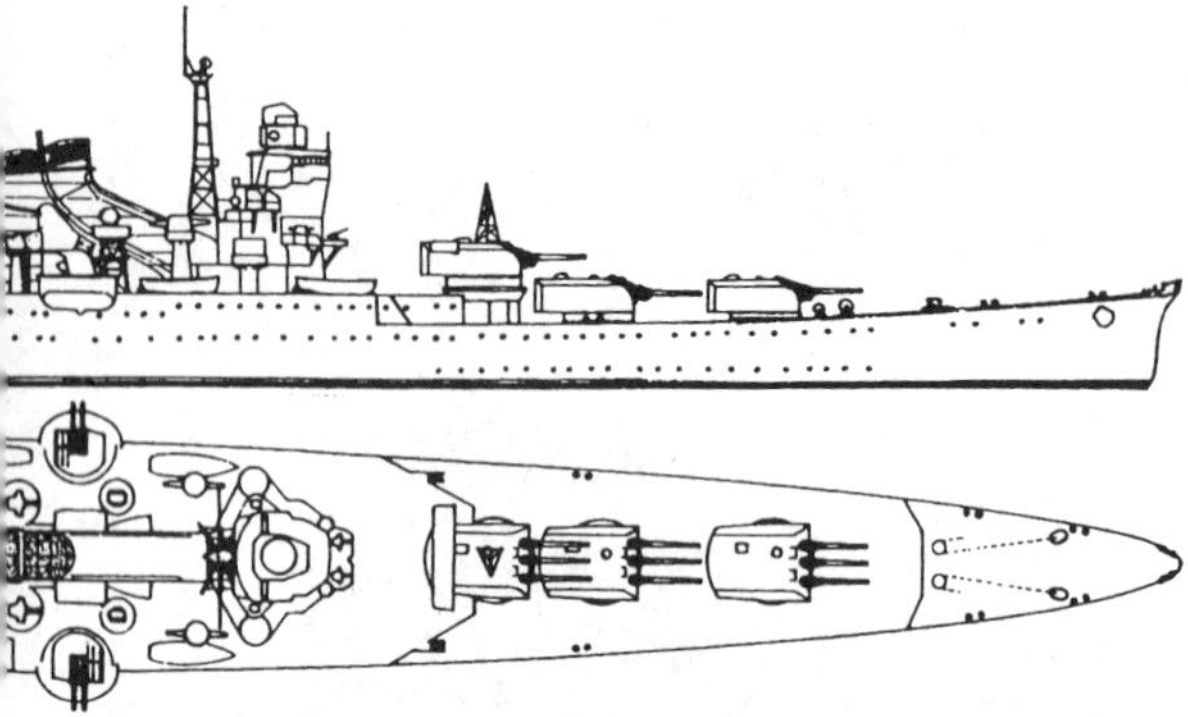

速力35kn　備砲20.3cm砲×15，12.7cm高角砲×8，
発射管×12　航空機11機　射出機2基

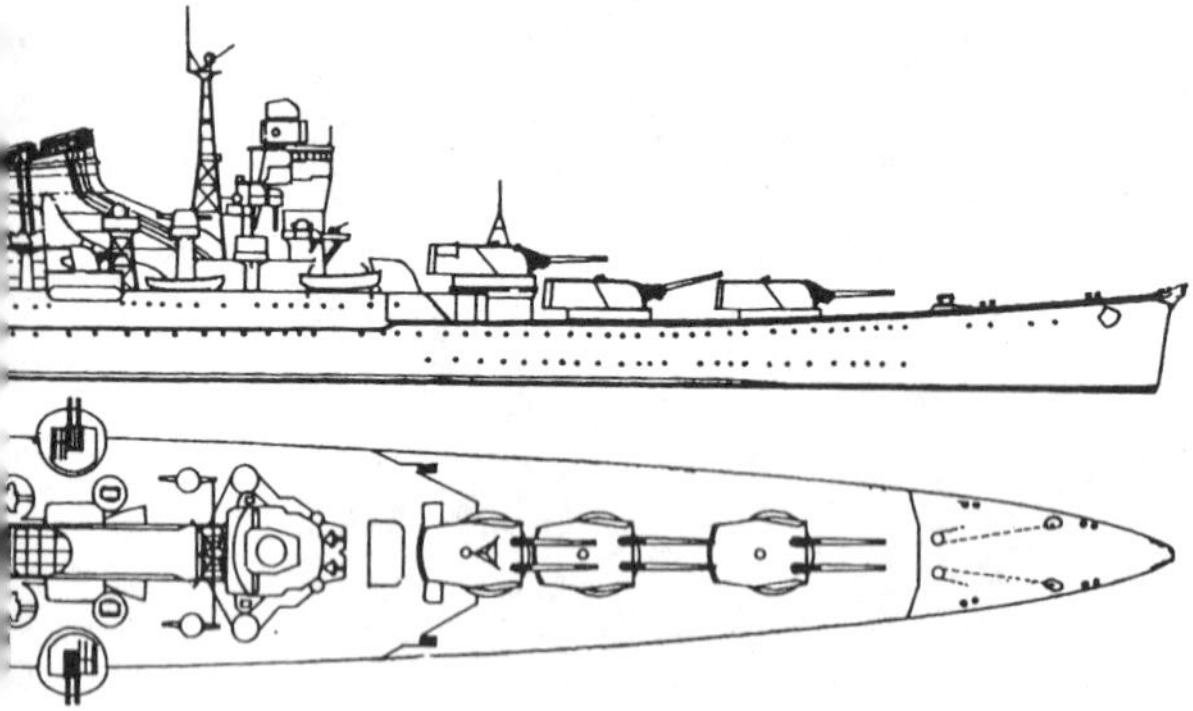

速力37kn　備砲20.3cm砲×10，12.7cm高角砲×8，
発射管×12　航空機4機　射出機2基

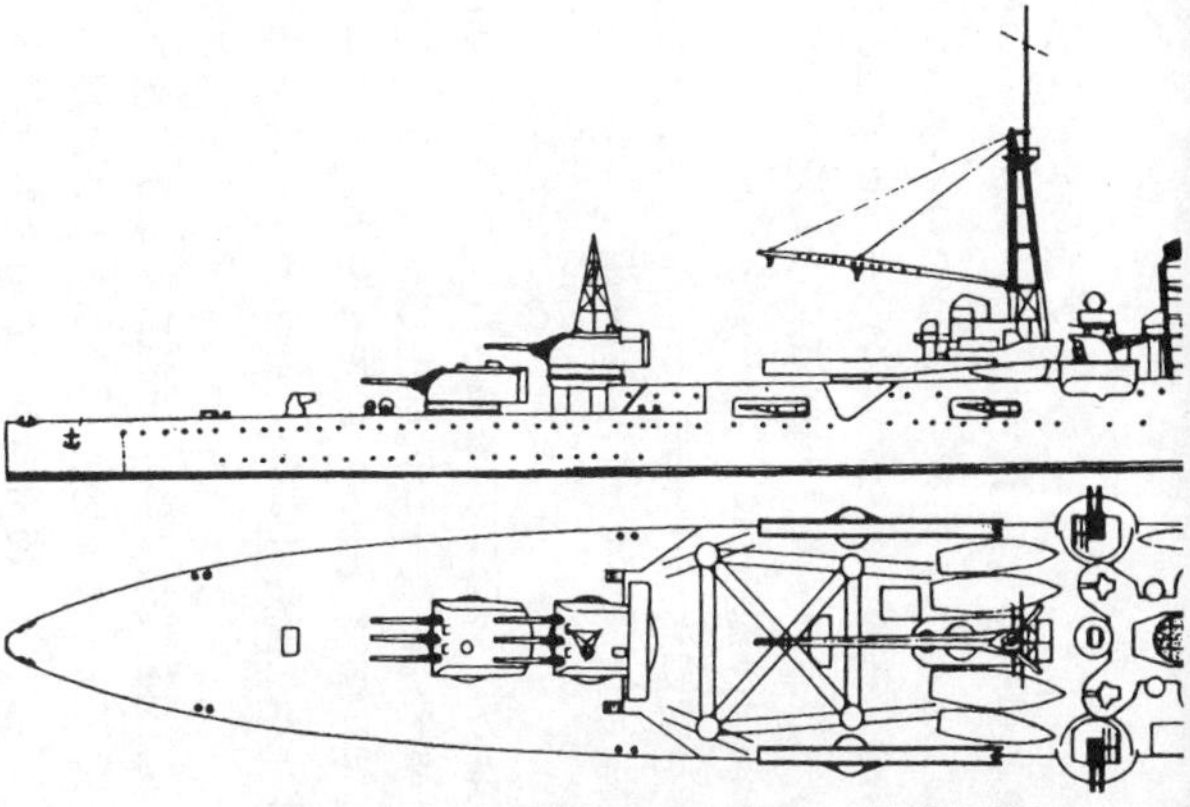

熊野（新造時）　基準排水量１万2000ｔ　水線長198.06ｍ
最大幅19.2ｍ　吃水5.5ｍ　馬力15万2000

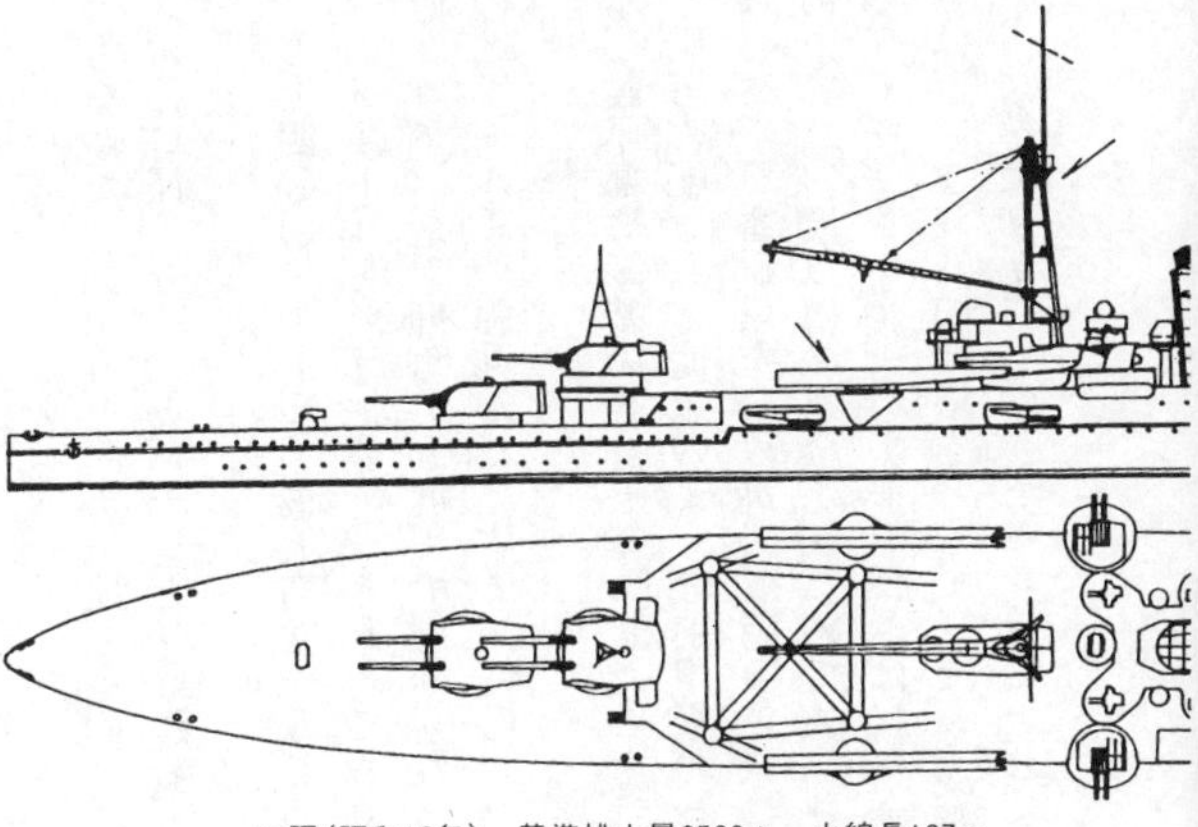

三隈（昭和16年）　基準排水量9500ｔ　水線長197ｍ
最大幅18ｍ　吃水5.5ｍ　馬力15万2000

性能がよかった三連装主砲

建造当時の「最上」型のトレード・マークともなった一五・五センチ三連装主砲は、本艦のためにあらたに採用された新型砲で、三年式六〇口径一五・五センチ砲と呼ばれるものである。

最大仰角は五五度、俯角一〇度、最大射程二万七四〇〇メートル、最大高度一万二〇〇〇メートル、発射速度毎分五発、初速は秒速九二〇メートルという性能で、きわめてすぐれた火砲である。この砲は設計上、対空射撃も考慮されて、最大仰角七五度まで上げられるようになっていた。この場合には高度一万八〇〇〇メートルまで弾丸がたっする。六〇口径という長砲身の威力である。

この砲を三連装砲塔におさめて艦首部に三基、艦尾部に二基の合計五基にしたことは、世界の軽巡のなかでも「最上」型が最初である。砲塔の配置も、従来のような前甲板のピラミッド配置をやめて、一、二番砲塔を前向きにならべ、三番砲塔を一段高めて背負い式にするという新配置を採用している。これによって前方各三〇度以内の射角がきわめて強化され、後方射界も向上した。しかし「高雄」型にくらべてヴァイタル・パートの長さは艦の全長に比して長くならざるをえなかった。ということは、いずれこの砲塔を二〇・三センチ砲と換装することになっていたため、砲塔基部のスペースを最初から二〇・三センチ用として設計していたからである。

しかし一五・五センチ砲は、実際に射撃してみるとなかなかの好成績で、命中率もたかく、きわめて優秀な砲であった。のちに二〇・三センチ砲に換装するとき、砲術者たちから惜しまれたほどであった。このころ、「高雄」型の二〇・三センチ砲の散布界がまだ解決されていなかったので、命中率は問題にならない高率をマークしていたからである。

それにもう一つ、決定的な有利性がある。それは二〇・三センチ砲の発射速度は毎分三発で、一発の弾丸重量は一二五キロである。つまり連装五基一〇門の一分間の発射弾数は三〇発で、その総重量は三七五〇キロだ。一方、一五・五センチ砲は毎分五発の発射速度で弾重量は五五キロ。したがって一分間に七五発の射撃ができ、総重量は四一二五キロになる。両者をくらべると一五・五センチ砲のほうが弾数において二・五倍、重量において一〇パーセント増しとなり、しかも射程にしても、二〇・三センチ砲の二万九七〇〇メートルより、わずかに二三〇〇メートル短いだけである。

砲戦になったとき、最大射程ギリギリで発砲しあうということはまずないから、この程度の差はけっしてマイナス要因にはならない。ただ命中したときの一発あたりの貫徹力、および炸裂力は二〇・三センチ砲弾のほうがまさっているが、それとて発射速度と弾量にものをいわせれば、充分に互角の勝負を演ずることができる。軍令部が当初に要求したとおり、重巡の不足を立派におぎなうことができたうえに、実質的にも重巡に対抗しうる砲力を備えていたのである。

やがて無条約時代になり、自由に装備が強化できるようになると、「最上」型は予定どお

昭和13年1月、竣工まもない「熊野」。「最上」型の最終艦として誕生した本艦には、建造中に前期艦の性能改善対策をつぎこむことが可能となった。

昭和14年3月の戦技訓練における「熊野」。うねりのある洋上を高速で航走する「熊野」の艦尾から白波が渦を巻いている。後続の艦は「三隈」である。

り主砲を強化することになった。性能のよかった一五・五センチ砲は撤去され、昭和十四年一月、まず「鈴谷」から二〇・三センチ連装砲五基に換装され、つづいて残る三艦も同十五年四月までに、すべて換装工事を終了した。こうして軽巡「最上」型は、たちまち重巡に変身したのである。

ミッドウェーで露見した主砲

軽巡時代の「最上」型は、艦型や装備が公表されていたので世界中に知られていたが、これが重巡に変貌したということは秘密にされていた。

したがって米海軍では、この事実をまったく知らなかった。これが露見したのは、太平洋戦争に突入してからである。日本の防諜が、この一事を見てもきわめて厳重であったことがうかがわれる。

昭和十七年六月のミッドウェー作戦のとき、「最上」型四隻は第七戦隊を編成し、サイパンから進撃する攻略部隊の一員として出撃した。ついで、その高速を買われた第七戦隊は、攻略部隊よりも一足先に先行し、南方からミッドウェー島に近接して飛行場を砲撃する任務があたえられた。

第七戦隊が単独で進撃し、そろそろミッドウェーに近づいてきたとき、南雲機動部隊の空母四隻が北方海域で全滅し、第七戦隊に砲撃中止命令が下った。やむなく艦首をめぐらして帰途につき、戦隊は各艦八〇〇メートルの間隔をおいた単縦陣で航行していた。

二十三時ちょっと過ぎ、突然、第七戦隊の前方海上に、急速潜航しつつある敵潜水艦を発見した。ただちに緊急回頭が全艦に令された。ところがこのとき、回頭角度の誤認により、三、四番艦の「三隈」と「最上」が衝突してしまったのである。「最上」の艦首が「三隈」の左舷艦橋下に突っ込んでしまったのだ。

この衝突で「最上」は、艦首を一番砲塔付近まで大きく圧壊されたが、かろうじて沈没はまぬがれた。「三隈」のほうの損害は意外に軽微で、航行にはまったくさしつかえなかった。

しかし衝突地点はミッドウェーの約一〇〇浬（カイリ）西方で、夜があけると敵機の攻撃にさらされるおそれがあった。健在な「鈴谷」と「熊野」は、全速で危険海域から避退することとし、「三隈」は、ようやく一二ノットで走っている「最上」を護衛して西航していた。

翌七日の午前四時半ごろ、明るくなってきたと同時に、予期していたとおり敵機一〇機が上空に姿をあらわした。ついで五時ころ、敵機はいっせいに水平爆撃を行なう。しかし幸い命中弾はなかった。ホッとする間もなく、約三〇分後にふたたびB17八機が上空にあらわれて高々度爆撃を行なった。この爆撃でも一発も被弾しなかった。

この間に「最上」は懸命の修理のかいあって、速力一四ノットを出せるようになった。だが、またもや六時三十分ころ、約三〇機にのぼる敵艦上機が、傷ついた両艦にハイエナのごとくむらがってくる。しかし、果敢な対空砲火でこの敵は撃退した。

つづいて九時三十分、またもや敵艦爆約三〇機が殺到してきた。こんどの敵機は練度もたかく、勇敢だった。かれらはなぜか、高速で疾走する「三隈」に狙いをつけ、攻撃をくりか

ミッドウェー海戦で「三隈」と衝突して艦首部を損傷した「最上」。写真は、給油艦日栄丸から洋上給油中の光景。

えした。主砲はうなり、高角砲は間断なく発砲する。だがなかなか敵機は落ちない。対空機銃の火箭が、狂ったように縦横に網の目をつくる。その中を、

「敵、突っ込んできまーす！」

見張員の脳天を割るような絶叫がくりかえされる。糸を引くように落下する爆弾。それが真一文字に「三隈」の第三砲塔を直撃した。これをきっかけに、二弾、三弾、五弾、六弾、「三隈」は連続して被爆した。

たちまち速力が落ち、ほとんど停止状態になるとさらに敵弾の命中は数を増してゆく。砲塔はひしゃげ、艦上の構造物はスクラップと化した。左舷後部機械室が爆破され、ここから火災が発生し、全艦にひろがってゆく。

「最上」は命中弾五発を受けたが、いずれも致命傷にはならなかった。このころ攻略部隊から救援に派遣された駆逐艦「荒潮」「朝潮」が戦場に到着した。二隻の駆逐艦は「最上」の両翼について警戒する。そして五たび、敵機はまたも約三〇機で襲ってきた。このとき「荒潮」の後部砲塔に爆弾が命中した。「最上」は低速にもかかわらず、命中弾は少なかった。おそらく、衝突で艦首がひしゃげたために、低速のわりに艦首波が大きく、上空から見ると三〇ノット以上の最大速力で走っているものと誤認し、投弾のタイミングが狂ってしまったのだろう。

「最上」型の要目の推移

	原計画	公試状態
基準排水量	9500トン	11200トン
公試排水量	――――	12669トン
全　　長	200.6メートル	200.6メートル
水線長	197メートル	198.3メートル
最大幅	18メートル	18.45メートル
平均吃水	5.5メートル	6.15メートル
深　　さ	10.75メートル	10.768メートル
機関出力	152000馬力	154266馬力
速　　力	37.0ノット	35.96ノット
航続距離	14ノットで8000浬	
燃　　料	2280トン	
主　　罐	ロ号専焼式大型８基、小型２基	
主　　機	艦本式高中低型タービン４基	
主　　砲	60口径15.5センチ砲３連装５基	
高角砲	40口径12.7センチ砲連装４基	
機　　銃	25ミリ連装４基、13ミリ連装２基	
発射管	61センチ３連装４基	
カタパルト	２基	
飛行機	水偵４機	
乗　　員	930名（士官70、下士官兵860）	

航行不能になった「三隈」は「最上」からはるか後落した海上で、死の直前の漂泊をつづけていた。この「三隈」を米軍機は海面スレスレまで降下して写真にとった。数多くの「三隈」の航空写真を検討していた米海軍は「最上」型が二〇・三センチ砲に換装しているのを知って愕然とした。日本のなみはずれた造艦技術にあらためて舌を巻くとともに、米海軍の

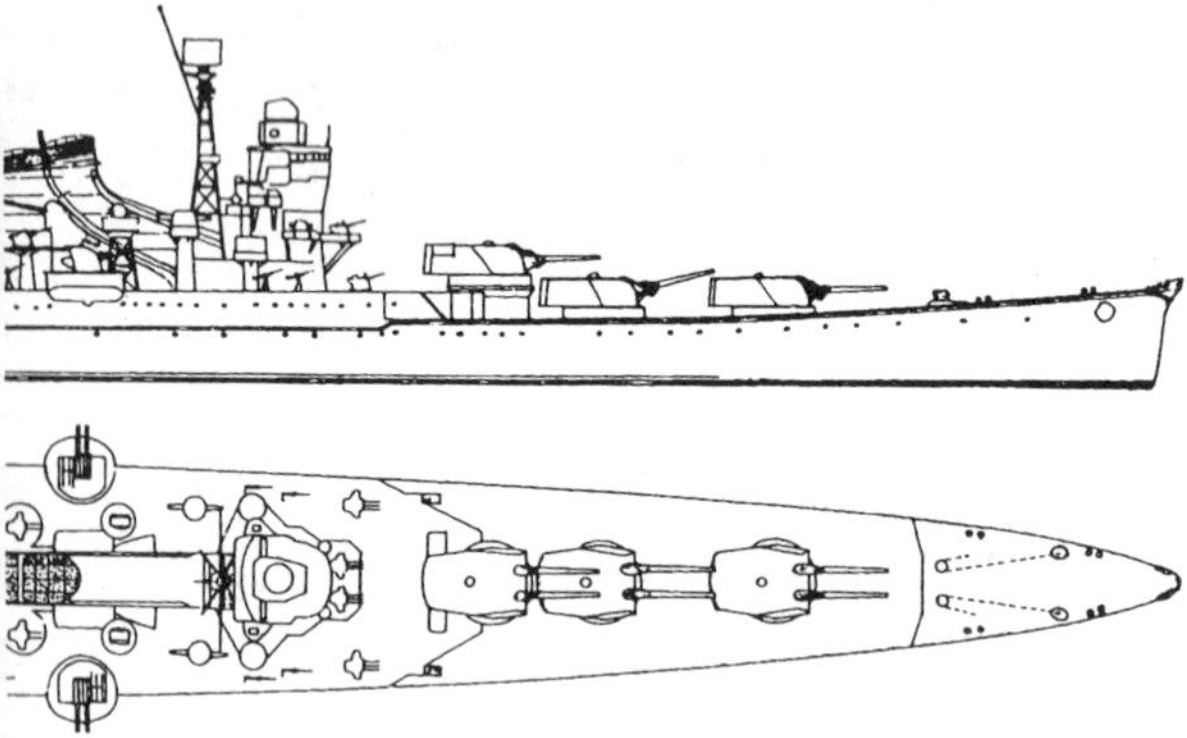

速力35kn　備砲20.3cm砲×10，12.7cm高角砲×８，
発射管×12　航空機11機　射出機２基

軽巡、重巡にとって重大な強敵が現われたことに脅威を覚えたのである。

ところで、換装のために撤去された一五・五センチ三連装砲塔は、その優秀性がたかく評価されて、戦艦「大和」「武蔵」の副砲にそっくりそのまま搭載された。また、昭和十八年二月に完成した軽巡「大淀」の主砲として採用され、無類の威力を発揮することになる。

攻撃と防御の日米比較

竣工時の「最上」型の三連装主砲は、その後の二〇

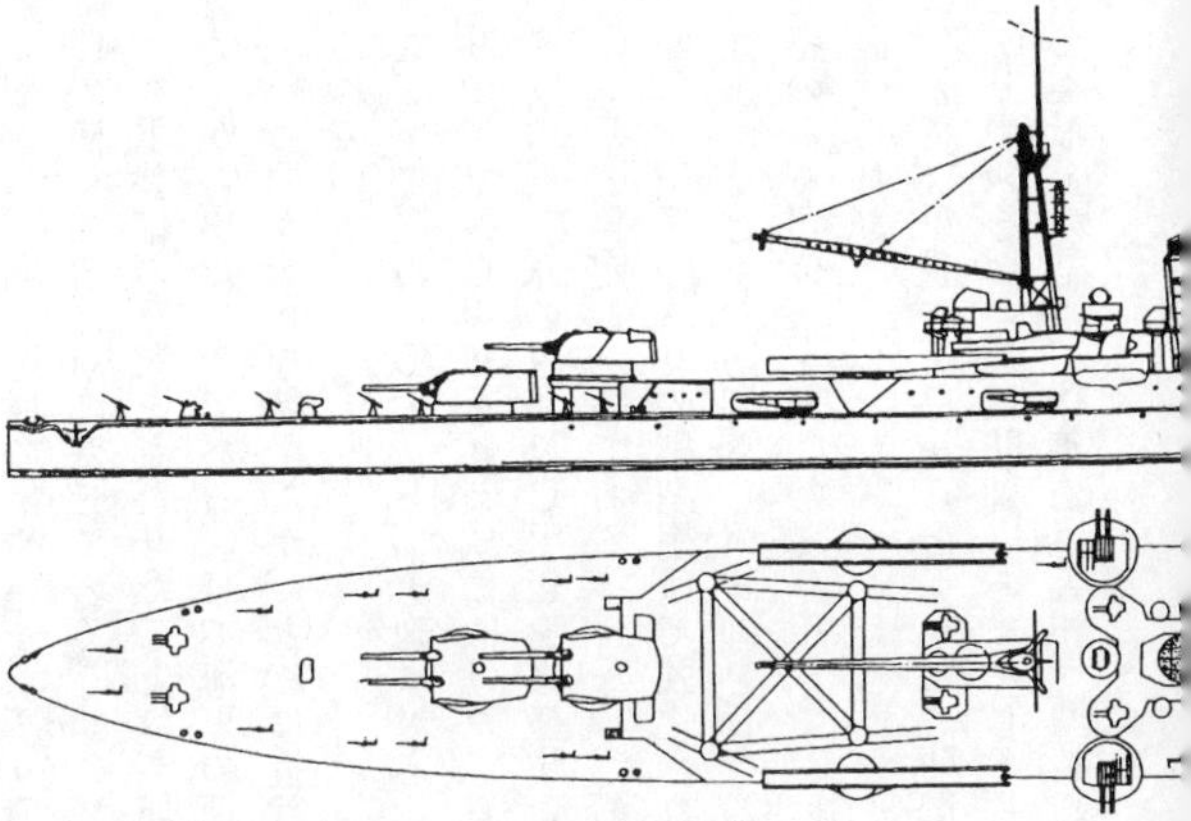

鈴谷（昭和19年）　基準排水量1万2000 t　水線長198.06m
水線幅20.2m　吃水5.9m　馬力15万2000

・三センチ連装砲の場合と重量、威力はだいたい等しく、その他の兵装は全て竣工時の一万トン重巡よりも強力なものになっていた。

魚雷発射管は三連装四機一二門と「高雄」型より大幅に強化されており、装備位置も、誘爆した場合の被害を考えて後部上甲板に配置された。各発射管とも次発装塡装置を常備しており、魚雷は合計二四本を搭載していた。

高角砲も、新式の四〇口径八九式一二・七センチ連装砲四基を両舷に分散配置し、機銃は「高雄」型が発射速度のおそいヴィッカース式四〇ミリ単装二基に対して、二五ミリ連装機銃を二基ずつ煙突の両舷に配置し、発射速度のはやい一三ミリ連装機銃二基を艦橋の前面に配置し、艦橋に対する敵機の機銃掃射に対応させている。

このような重装備の兵装をもたせたことは、明らかに敵に向かって突入してゆく攻撃を主とした考え方から出たものである。日本海軍の補助艦は、防御よりも攻撃型の思想をふまえて建造しているのが大きな特徴だが、とくに近代化された補助艦にはその傾向がいっそう色濃くあらわれている。

防御方式は、重巡の二〇・三センチ砲に対応した防御を要求されているので、舷側甲鈑は一〇〇ミリのNVNC甲鈑を傾斜式に設けた。日本海軍が採用した二〇・四センチ九一式徹甲弾は、厚さ六五ミリのNVNC甲鈑を貫徹する威力があるが、この実験結果から、防御甲鈑を一〇〇ミリと算定したのである。しかし、最大の重要部である弾火薬庫の舷側だけは、とくに一四〇〜一三〇ミリの楔(くさび)型甲鈑で強化された。

また、従来はほとんど防御らしい防御を行なわなかった艦橋にも防御がほどこされた。とくに操舵室のある司令塔を一〇〇ミリ甲鈑でおおい、そのほかの主要部にも機銃掃射を防ぐ防御板が設けられた。

砲塔については重量の関係からどうしても防御することができず、「古鷹」型以来そのまま、二五ミリ甲鈑を用いた軽防御にあまんじるしか方法がなかった。

こうして「最上」型は、後年の「大和」型戦艦とおなじ一五万二〇〇〇馬力という強大な出力を艦腹におさめ、予定より約一ノット低下したとはいえ、ほぼ三六ノットという高速を発揮したのであった。軍艦にとって、速力がはやいことは、大口径の主砲をもつのとおなじような有力な戦力である。

この「最上」型の出現におどろいた米海軍は、日本の「最上」型を照準において、これに対抗する高性能の軽巡の建造に着手した。それが一九三七年（昭和十二年）から二年後の一九三九年の間に、ぞくぞくと完成させていった。ブルックリン型である。

このクラスは、きわめてすぐれた性能をもっているが、速力において劣り、雷装が全廃されて攻撃力も低い。また主砲や高角砲は同数だが、口径長が小さい（砲身が短い）ので「最上」型ほどの射程をもっていない。これらの兵装からみるかぎりブルックリン型の攻撃力は「最上」型の半分である。

ところが、「最上」型をしのぐすぐれた性能が、この艦の中にかくされているのである。それは防御力と航続力である。

防御は砲塔が三～五インチ（七六～一二七ミリ）、中甲板が二・五～三インチ（六三～七六ミリ）、舷側が一・五～四インチ（三八～一〇〇ミリ）、司令塔が六・五インチ（一六五ミリ）と、かなり厚い。「最上」型に比較して、砲塔、中甲板、司令塔の防御がはるかに強力で、舷側装甲はおなじである。この防御法からみてブルックリン型は攻撃力を犠牲にして防御型につくられていることがわかる。

しかし本来、戦艦艦としてはこの程度の防御対策は常識なのであって、日本の場合は個艦

1938年に竣工した米軽巡ブルックリン(上)、「最上」型の対抗艦として計画、完成させた。「最上」型とブルックリンに影響をうけた英国が1937年に建造した重巡サウザンプトン(下)。

の戦力を向上させることを重視した結果、防御力が手薄になってしまったとみるほうが正当であろう。

もう一つ、このクラスの航続力が一四ノットで一万四五〇〇浬にもなっていることは、あきらかに対日渡洋を計画していたことを物語っている。米海軍もまた、日米決戦の戦場を、日本本土の近海に指向していたものとみてよいだろう。

一方、英国もまた「最上」型に刺激されて対抗上六インチ（一五・二センチ）三連装四基一二門を搭載したサウザンプトン型八隻を一九三三年から建造した。このクラスは基準排水量九一〇〇トンと、やや小ぶりで性能、兵装ともに、日米のものに劣っているとはいえ、きわめて堅実な軽巡になっている。米英ともに、兵装よりは防御面に重点をおいたところが共通しており、この性格が、太平洋戦争の激闘の中でも、比較的喪失数がすくなかった大きな原因になっている。

昭和11年３月20日、横須賀工廠で性能改善工事中の「鈴谷」。「最上」などと同じく船体強度の強化を主として行なわれた。

暴露された設計の弱点

一番艦「最上」が、昭和十年七月二十八日に完成したとき、重心点が異常に高く、復元性能に欠けていること、それに極度の重量軽減のために、船体の強度がきわめて疑問であることなど、さまざまな心配があった。

これらの性能調査のために、公試運転が行なわれるわけだが、この運転中に推進器付近の外板やビーム、後部重油タンクの周囲などに、振動によって亀裂が生じ、艦首の外板はデコボコになり、さらに船体の歪みのために三番砲塔が旋回不能になるという事故がおこった。明らかに強度不足である。それに、重量軽減のために大規模に採用した電気熔接構造の設計が不完全であり、それに加えて、熔接施工技術も不適当なところが多分にあった。

そこで、さっそく改善策がたてられ、船体の補強が実施されるとともに、復元性能の改良が加えられた。従来装着されていた小型のバルジの外側に、もう一層、大型のバルジが設けられた。これによって水線付近の船体幅が増加して復元性はグンと向上した。しかし、この大規模な改装工事によって基準排水量は増大し、結果的に速力の低下をみることになってしまった。

これらの工事は、「最上」より一ヵ月おくれの十年八月二十九日に完成した「三隈」にも同様に行なわれ、両艦はただちに第四艦隊に編入されたのである。

就役早々の両艦は、その足で第四艦隊の大演習に参加し、問題の九月二十六日、三陸沖で大型台風に遭遇、いわゆる「第四艦隊事件」となるのである。

このとき「最上」は、嵐の中を航行中に、艦首部がはげしく振動し、前部砲塔付近にきしむような異常音を立てた。あとで調べてみると、艦首の外板に大きなしわが発生しているのを発見した。このしわは、公試のときよりも大きく、ふたたび船体強度の再検討をせまられることになった。

またもや徹底的な補強対策が行なわれ、電気熔接にかえて鋲構造で万全を期することになった。やはり熔接技術は、この当時ではまだムリなところがあったのだ。こうして何度も改装がつづけられ、ようやく不安のない状態になったが、そのときはすでにロンドン条約は破棄され、無条約時代になっていた。

しかしこれらの改装技術は、おくれて起工された「鈴谷」(昭和八年十二月十一日・横須賀工廠)と、「熊野」(昭和九年四月五日・神戸川崎)の建造に充分生かされ、きわめて順調に工事が進捗していった。

あとからの二艦は、ほとんど「最上」と性能や要目はおなじだが、罐を八基にしたところが異なっている。両艦が竣工したのは、ともに昭和十二年十月三十一日で、そろって海軍に引き渡された。条約という手かせ、足かせに苦労し、難行苦行の結果たどりついたときは、昭和十一年の条約あけを迎えるときだったという、皮肉な結果になったのであった。

航空巡洋艦になった「最上」

ミッドウェー沖で「三隈」に衝突し、艦首を圧壊した「最上」は、五発の爆弾命中により戦死者一五〇名を出したが、無事に離脱することに成功し帰還することができた。

日本海軍は、緒戦のハワイ作戦、こんどのミッドウェー作戦などで、巡洋艦の水偵が意外な活躍をしたことを重視し、空母部隊の索敵に用いる偵察機は、空母機よりもむしろ随伴している巡洋艦の搭載水偵を活用したほうが有利であると考え、水偵を多数搭載している「利根」型重巡の増強を強く望んだ。

そこへたまたま、修理入渠するために帰ってきた「最上」を全面的に大改装し、航空巡洋艦に生まれかわらせることにしたのである。

そこでただちに改装のための設計が行なわれ、後部の四、五番砲塔を撤去し、最上甲板を

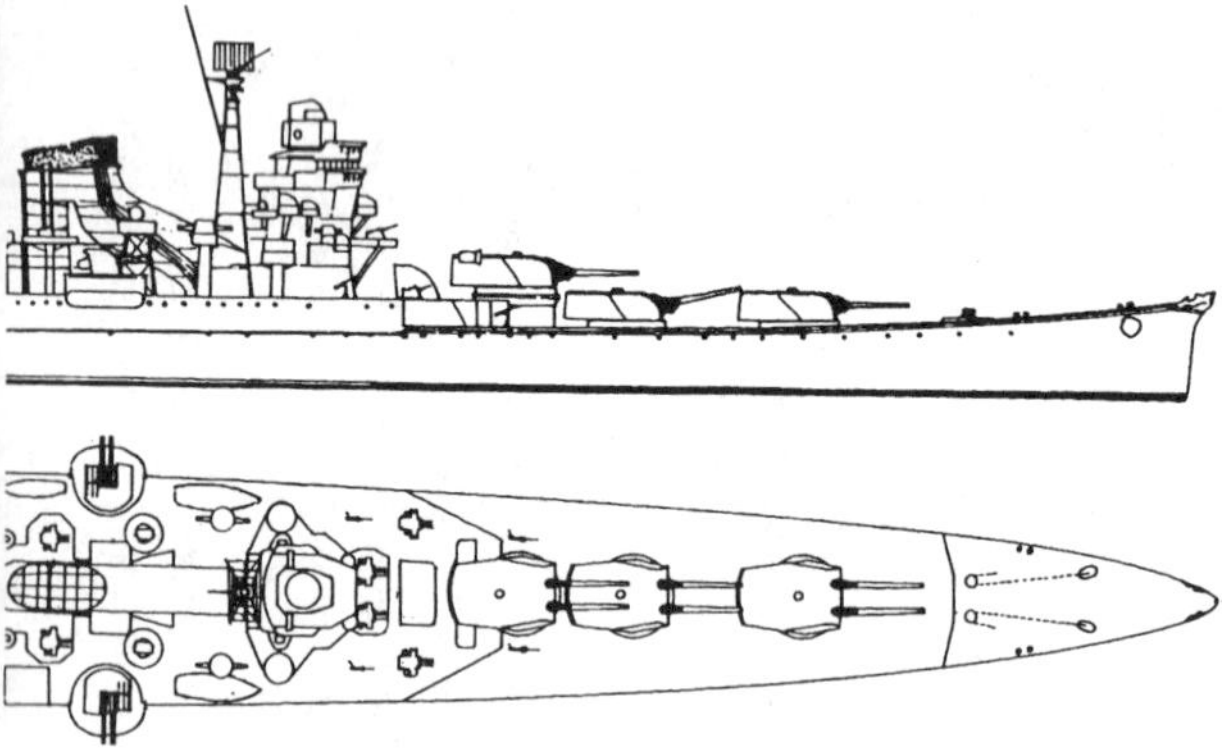

速力35kn　備砲20.3cm×6，12.7cm高角砲×8，
発射管×12　航空機11機　射出機2基

そのままの高さで艦尾まで延長して、これを飛行甲板とし、ここに水偵一一機を露天搭載することにした。この飛行甲板上には、飛行機運搬用のレールと、ターン・テーブルが設けられ、スピーディーに飛行機を両舷に設置してあるカタパルト上に移動搭載できるようにされた。

カタパルトの発射能力はややおそいのが難点だったが、それでも一一機全機を発進させるのに三〇分以内ですますことができた。搭載機が帰還したときは「最上」の航跡上に着水し、そ

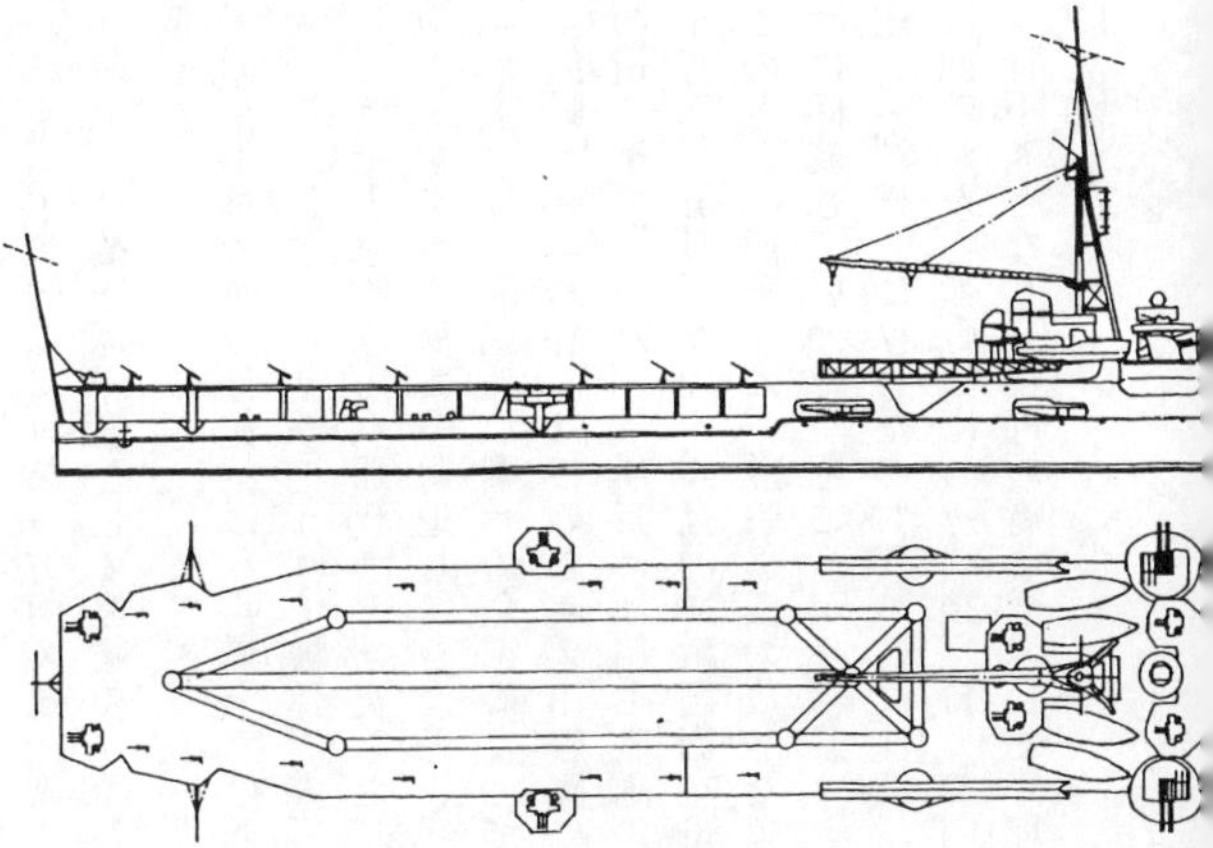

最上(昭和19年)　基準排水量1万2206 t　水線長197m
最大幅20.2m　吃水6.15m　馬力15万2000

れから徐々に舷側によってきた機を、後檣に設置してある揚収起重機(デリック)で引き上げるようになっていた。

さらに航空巡洋艦になった「最上」は、対空兵装を大幅に強化した。従来の二五ミリ三連装機銃と一三ミリ連装機銃はすべて撤去し、かわりに二五ミリ三連装機銃一四基四二門、単装一八基、合計六〇門を、両舷側にそって整然と設置した。

搭載機は零式二座水観と三座の零式水偵の二種を搭載していたが、最後まで定数の一一機には達しなかったといわれている。

航空巡洋艦として完成したのは昭和十八年四月であった。この年は大きな水上戦闘はほとんど行なわれず、主戦闘はソロモン方面の航空戦になっていた。翌十九年六月のマリアナ沖海戦に、「最上」は航空巡洋艦として僚艦の「鈴谷」「熊野」とともに出撃したが、三艦とも無事帰還した。

つづいて同年十月の捷一号作戦に、「最上」は西村艦隊に参加してスリガオ海峡よりレイテ湾に突入。しかし激しい砲撃をうけて被弾、火災を発生しながら後退しているとき、あとから進撃してきた志摩艦隊の「那智」と衝突した。よくよく衝突に縁のある不運な艦であった。その後、ミンダナオ海まで避退してきたとき、敵機の追撃をうけ、大破した。航行不能になった「最上」は、駆逐艦「曙」の魚雷によって処分されたのである。

一方、「熊野」と「鈴谷」はこのとき栗田艦隊に編成され、フィリピン中央部を突破してレイテへの道を進んでいた。「熊野」は第七戦隊の旗艦として僚艦「鈴谷」と行動をともにしながら十月二十五日、サマール島沖で敵護衛空母群を攻撃した。

しかしこのとき「熊野」に、敵駆逐艦の放った魚雷が命中したので、旗艦を「鈴谷」に移してマニラに回航していった。ところが「鈴谷」もまた護衛空母機の攻撃をうけて大火災となり、旗艦を「利根」に移したのち、ついに沈没した。

マニラに回航した「熊野」は、その後、自力で内地にむかったが、その途中で敵潜の雷撃をうけて航行不能となり、付近の湾に避退して修理中、十一月二十五日、艦上機の攻撃をうけてついに沈没した。

昭和18年8月、トラック方面における「最上」の飛行甲板。艦橋付近から右舷後方を見た光景で、カタパルト後方の飛行甲板には零式水偵が翼をつらねている。

こうして「最上」型四隻は、すべて昭和十九年までに全艦、海没したのであった。世界でも例のない航空巡洋艦となった「最上」も、大改装のかいもなく、まったくその威力を発揮できないまま姿を消した。惜しまれるところである。

第五章　重巡の極致・名艦「利根」型　利根 筑摩

「最上」型から新型艦へ

「利根」「筑摩」は日本海軍がつくった最後の重巡だが、この艦こそ、長いあいだ追い求めてきた重巡の理想像であった。高速で、しかも多数の搭載機による強力な索敵能力と、いったん敵とあい対したときに発揮する有力な主砲群を、これほど合理的に保有している重巡はほかにはない。

その外観にしてもユニークで、四基の二〇・三センチ連装砲塔を、すべて艦首部にズラリとならべた異色ぶりは、世界の軍艦史のなかでも見あたらない。日本海軍独特の重巡だが、この「利根」型が名鑑といわれ、重巡の極致とされる理由も、世界にさきがけた画期的な主砲塔の配置にその秘密がある。

「利根」型の二隻が計画されたのは、昭和八年に成立した第二次補充計画によって「最上」型の五、六番艦として建造されることになったのがはじまりである。したがって「利根」と

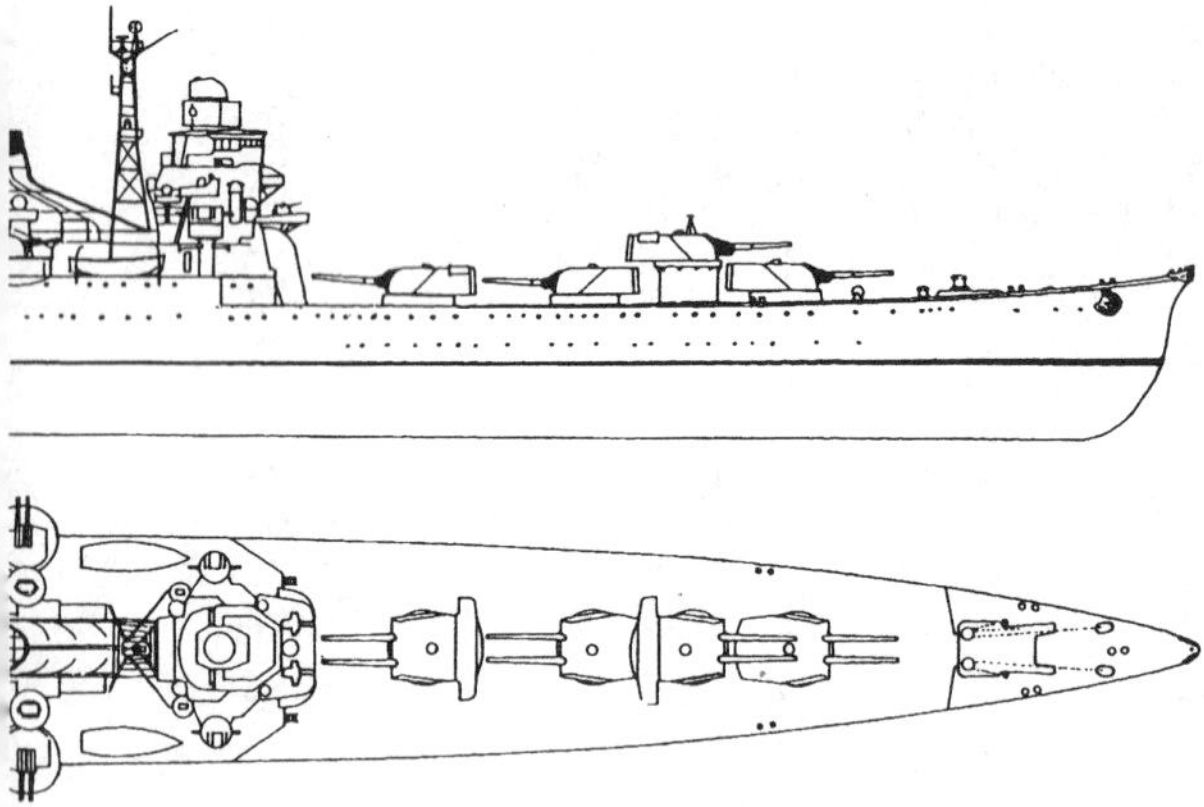

速力35kn　備砲20cm砲８，12.7cm高角砲×８，
発射管×12　航空機６機　射出機２基

「筑摩」は、計画当時の仮称艦名を第五、第六中型洋館艦と呼ばれていた。

軍令部が最初に要求していた性能も基準排水量八五〇〇トン、速力三六ノット、航続力は一八ノットで一方浬、その他は「最上」型とおなじというものだった。したがってもともと一五・五センチ三連装置砲塔を五基搭載した軽巡を予定していたのである。このままいけば、航続力の面からいって、もっとも足の長い「最上」型になるところだ。

しかし両艦はこの要求案にそって「利根」は昭和九

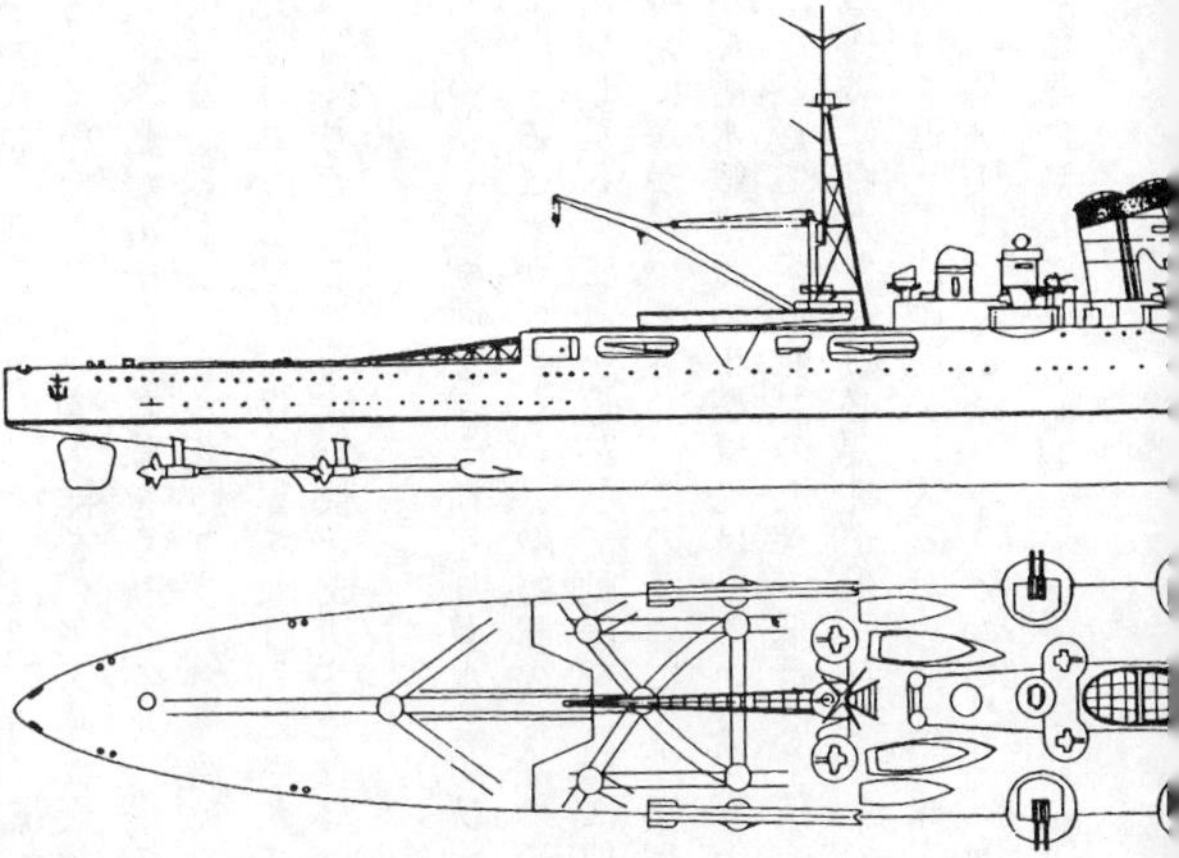

利根（新造時）　基準排水量8450 t　水線長198m
最大幅19.4m　吃水6.23m　馬力15万2000

年十二月一日、「筑摩」は翌十年十月一日に、ともに三菱長崎造船所で起工されたのである。ところが建造中に友鶴事件や第四艦隊事件がおこり、日米をめぐる国際情勢は険悪になり、ロンドン条約の継続もあやしくなってきた。こうした背景が大きく両艦に影響したことは、いうまでもない。

とくに日米関係の悪化は近い将来、戦争に発展することが予測されていた。開戦となると、戦闘の舞台は太平洋である。そこで、日本海軍が立てていた作戦方針や軍備などの関係からみて、偵察能力の大きい巡洋艦がどうしても必要だった。

日本海軍では、戦闘状態に入ったとき、主力艦の劣勢をおぎなうために潜水艦による漸減作戦を考えていた。ひろい太平洋を、アメリカ大陸から進撃してくる米軍を、日本近海にくるまでに潜水艦が海中から攻撃をくりかえし、敵の勢力をできるだけそいで、水上決戦のときは互角に戦えるようにもっていこうという秘策である。ところが、ロンドン条約で潜水艦の対米比率はおなじでも、保有量を頭うちにされているので数がたりなかった。そこで、少ない潜水艦兵力で、この漸減作戦を成功させるためには飛行機の協力がとくに必要になってきた。

米国西岸の多くの港湾を、それぞれ潜水艦がひそんで監視していたのでは、集中的に攻撃作戦を展開することができない。敵艦隊の在泊の確認は、飛行機によって行ない、ついで敵艦隊が出撃したら、これを追跡して動静をつねに偵察し、潜水艦の襲撃機会をとらえてゆくという戦術にかかわってきた。このために潜水艦搭載の飛行機が開発されていったのだが、残念ながら潜水艦搭載の小型機ではひろい太平洋上では能力が不足である。

これにたいして、索敵能力の大きい飛行機を積んだ巡洋艦を遠く太平洋に進出させ、潜水艦の漸減作戦に協力させる必要性が生まれてきたのである。さらに重要なことは、進撃してくる敵艦隊を迎えて決戦態勢に入るためには、味方が発見されるよりも早く敵艦隊の情勢をつかんでいなければならない。このためにも、多数の水偵を使用できる巡洋艦を前面に挺身させ、敵艦隊に触接させる必要がある。この発想が新巡洋艦の要求となり、「利根」「筑摩」を改良する原因となった。

昭和十一年になって軍令部は、最初の要求案を撤回して、あらたな改正案を出してきた。「利根」が進水する一年前である。これによると、航続力を八〇〇〇浬（カイリ）に縮小し、砲塔を一基へらして四基とし、そのかわり飛行機を六機搭載することを要求していた。

この要求をみたすためには、明らかに艦形を大幅に変更しなければならない。「最上」型のタイプでは飛行機を六機搭載することは不可能である。それに砲塔四基をどのような配置にするかも問題だ。これに対して造船設計者は、根本的に設計のやりなおしにかかった。船体は従来どおりの八五〇〇トン型で不変である。問題は、四基の主砲塔を、どこへもってゆくかだ。軍令部と設計者との間で、この問題が徹底的に論議された。その結果、四基の主砲塔をすべて艦首部にあつめ、後檣からうしろは飛行甲板にするというアイディアが生まれてきたのである。

後部の飛行甲板はともかくとして、砲塔を艦首部に集中するという方式は、すでに英国で一九二七年（昭和二年）に竣工した戦艦ネルソン型（排水量三万三九五〇トン）がある。これは四〇センチ三連装砲塔三基を艦の前部に集めたもので、その特異な形態が評判になった。また、フランスでは一九三七年に完成した戦艦ダンケルク（排水量二万六五〇〇トン）に三三センチ四連装砲塔を前部に集中して搭載した。外国のこれらの例は、いずれも戦艦で、「利根」型とはちょっと目的が異なるが、設計上の参考になったことはたしかである。

艦首部に主砲塔を集中するというのは、いろいろな面で利点がある。まず、弾火薬庫が一

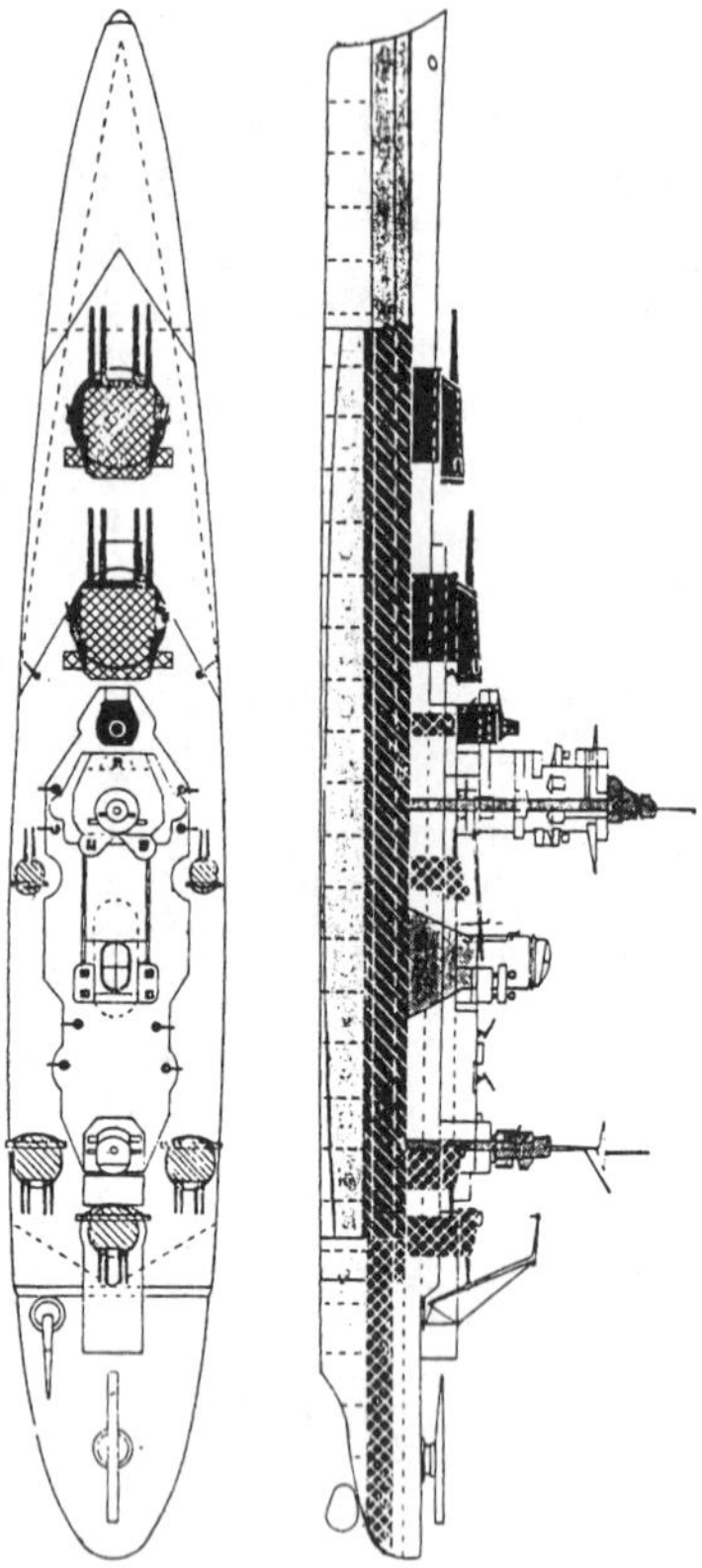

ダンケルク（1942年） 基準排水量２万6500ｔ 水線長209ｍ 幅31ｍ
吃水8.53ｍ 馬力10万 速力29.5kn 備砲13in砲×8，5.1in砲×16

個所に集中するために防御がほどこしやすくなるのと、分散している場合にくらべて防御重量が大幅に節約できる。また砲の指揮操作が便利なうえ、弾丸の散布界がせまくなり、したがって命中率がたかくなる。さらに発砲しても艦尾に爆風が伝わらないため、搭載機が破壊されないですむ、という利点があげられた。

しかし欠点がないわけではない。ネルソンの場合、砲を後方に向けて発砲したら、爆風のために艦橋の窓ガラスがぜんぶ破壊してしまったという失敗談がある。このため後方射撃のときは、三番砲塔は発砲しないことにしたという。これでは戦力が三分の一に減るばかりか、後方の射界が

40センチ3連装砲塔3基を艦首部に配置し、特異な艦形で知られる英戦艦ロドネイ(上)。戦艦ネルソンは同型艦である。33センチ4連装2基を前部に集めた仏戦艦ダンケルク(下)。

制限されるという弱みがある。

それよりももっと重大な問題は、もっとも重い砲塔が前部に集中するため、艦のバランスがとりにくくなることだ。通常の配置と異なるため、設計者はこの点を徹底的に計算し、重量配分を適切に行なわなければならない。きわめてむずかしい問題であった。

こうした利点と欠点を充分に検討したうえ、ネルソンやダンケルクの前例をフルにもりこんで、日本海軍独特の「利根」型が設計されていった。

砲塔をすべて前部に集中すると、とかくグロテスクな感じになりやすいものだが、その点、「利根」型は、かえって均整のとれた美しい艦容になっている。艦形からいっても、きわめて成功した艦であり、日本の造船技術が、こうしたことから世界のトップを行くすぐれたものであることがわかる。

合理化された防御と兵装

「利根」と「筑摩」がまだ船台上で建造しているうちに、友鶴事件と第四艦隊事件がおこったことは両艦にとって幸運だった。復元性能や船体強度は、工事中に手が打たれ、このためにきわめてスムーズに工事が進行したのであった。

また両艦が進水する前に、日本はロンドン条約を破棄していたので、条約による制限が排除され、思いきった建造工事をすすめることができたのも、この艦を名艦に育てた大きな要因である。

したがって、はじめの予定をこの時点で変更し、一五・五センチ三連装四基を撤回し、二〇・三センチ連装四基に改め、名実ともに重巡としての工事がすすめられた。軽巡をあとから重巡に手なおしするのとはちがって、はじめから重巡をつくるのだから、これほど順調なことはない。

主砲の一斉射撃を行なった「利根」型巡洋艦。前部に集中配置された8門の20.3センチ砲の威力は大きな期待が持たれた。

こうして「利根」は昭和十三年十一月二十日に竣工し、「筑摩」は翌年の十四年五月二十日に竣工した。完成当時の性能は、最初に予定していたものより大幅に後退してしまった。これは、軽巡として設計していたのを、途中で重巡に切りかえて工事をすすめたからにほかならない。

速力の低下は、重量の増加やバルジの装着など、艦の近代化のための必要性から生じたことで、やむをえないものだった。それでも三五ノットを維持したことは大成功といってよい。

舷側装甲は、「最上」型とおなじで一〇〇ミリのNVNC甲鈑を、対弾効果を上げるために二〇度の傾斜をつけて装着した。もちろんこの舷側甲鈑は、船体の縦強度材として兼用していることは

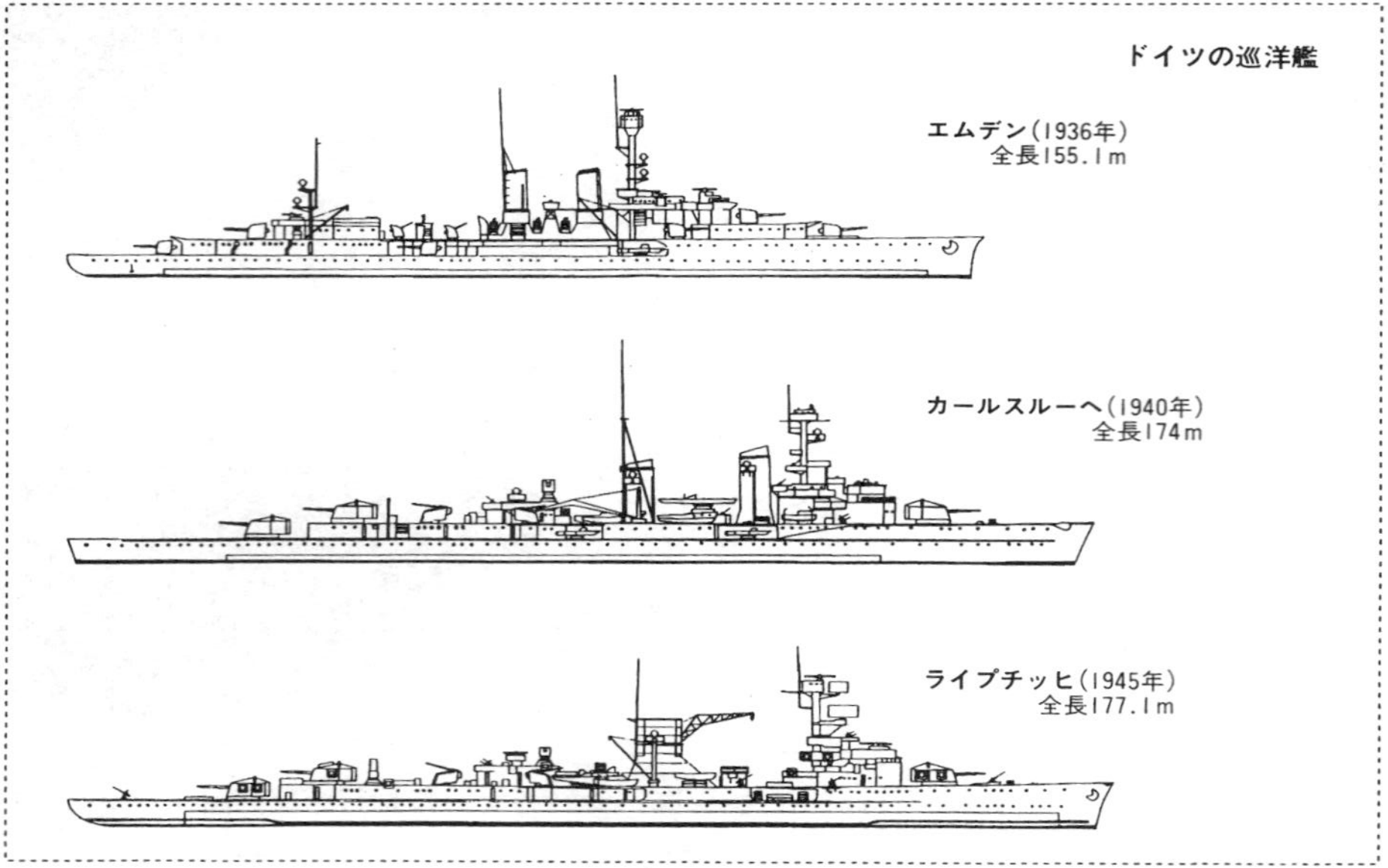
ドイツの巡洋艦
エムデン(1936年)
全長155.1m
カールスルーヘ(1940年)
全長174m
ライプチッヒ(1945年)
全長177.1m

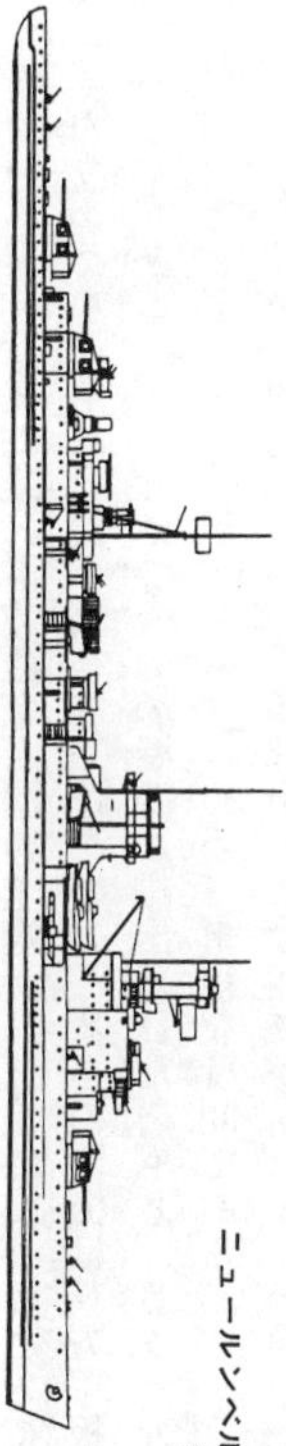

ニュールンベルグ（1945年）
全長181.3m

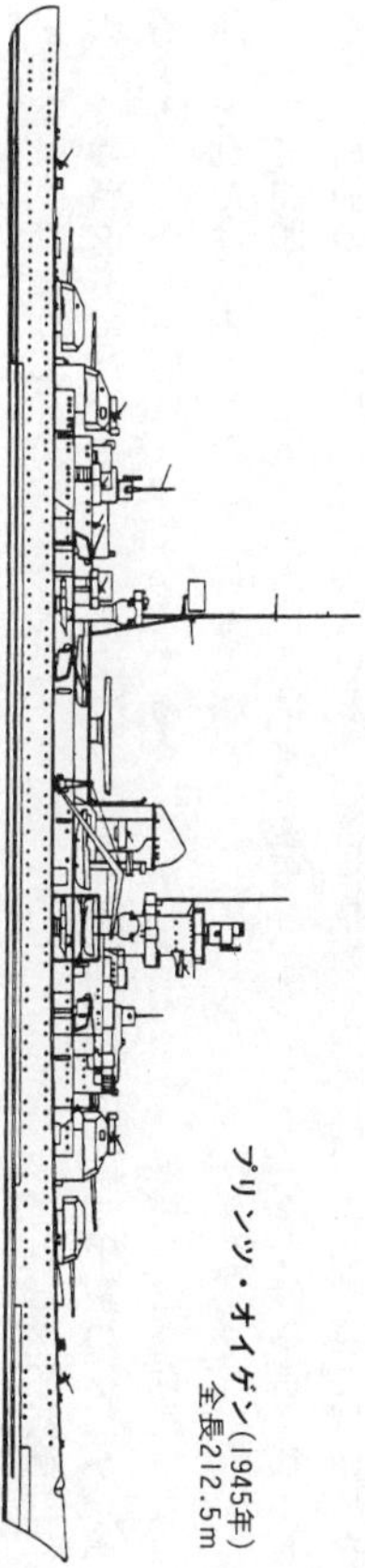

プリンツ・オイゲン（1945年）
全長212.5m

いうまでもない。

「最上」型は異なるのは、艦腹に装着したバルジの形である。思いきった大きなバルジは艦底から外側に張り出し、舷側装甲鈑をそっくりバルジの内部にくるみこむ形にした。したがって装甲鈑は、いわゆるインターナル・アーマーとなったことだ。これは装甲鈑に二〇度という大きな傾斜をもたせたため、「最上」型や「高雄」型のように、甲鈑の下部からバルジを装着することが不可能になったからである。しかしこのために舷側は二重防御となり、対弾性能とそれだけ向上させたことになる。

「最上」型で問題になった電気溶接構造は全て変更し、もっとも安全な鋲構造を採用した。これも重量増加の一つの原因になっているが、溶接技術の進歩は、この時点では望めなかったのでやむをえないことであろう。

兵装について大きな変更は、搭載機を六機の予定から五機に減じたことである。予定では両舷二基のカタパルト上に一機ずつ合計二機をのせ、あとの四機は後方甲板上にのせるという案であった。ところが、ここで一つの疑問が提出された。もし、カタパルト上の飛行機が故障になったときどうするのか、というきわめて単純な疑問である。

ところが、これが大問題になった。後部甲板には四機が所せましと翼をかさねて待機している。故障した飛行機をカタパルトからおろして甲板上におくなどというスペースはない。そうなると、故障機を正常機と交換することができなくなる。カタパルトはいつまでたっても故障機が占領してくることになり、カタパルト一基は射出不能になる。これは大変だということになり、一機分のスペースの余裕をのこして五機搭載ということになったのである。もっともこれは平時の考え方であって戦闘のとき、もしこういうことがあれば、故障機は海中に投棄してしまえば問題はなかったのである。

兵器は天皇からいただいたもの、という大時代的な軍隊精神と、工業力の劣勢な日本にとって、ものを大切にする思想とがからみあっての珍現象といえよう。

魚雷発射管は、被害時の誘爆を考慮して艦の中央部からできるだけ後方にはなし、ちょうどカタパルトの下にあたる上甲板に配置した。艦にとって、魚雷の誘爆ほどおそろしいものはない。ミッドウェーで沈没した「三隈」も、爆弾が発射管室に命中し、猛烈な魚雷の誘爆が命とりになったものといわれている。この対策は、重量配分からいっても適切なものであった。

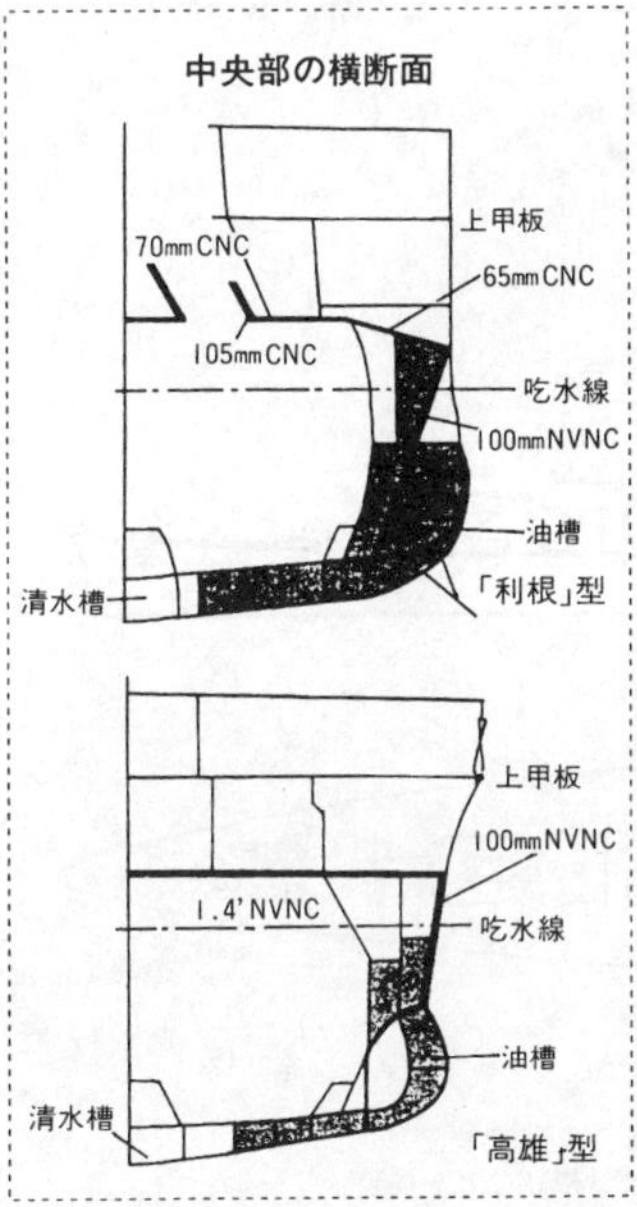

理想的な主砲塔の配置

主砲塔四基を艦首部に集中して搭載したのは、前述したとおり後部を飛行甲板にするためだったが、問題は、砲甲板をどれ

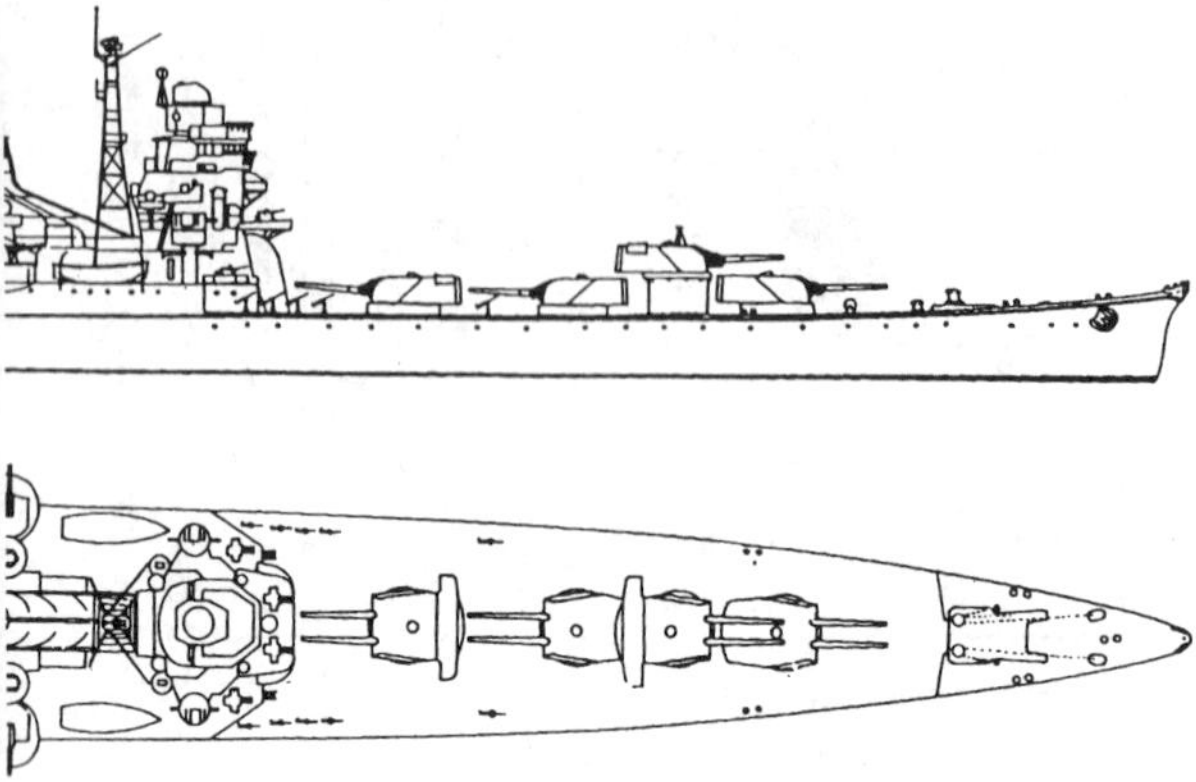

備砲20cm砲×8，12.7cm高角砲×8，発射管×12
航空機6機　射出機2基　新造時より機銃などを換装

だけの長さにするか、ということである。

艦全体の重量バランスを考慮し、各種兵器の搭載、上部構造物の配置など複雑多岐にわたる計算の結果、砲甲板としてとりうるスペースは、艦の全長の四〇パーセントと算定された。ここに四基の砲塔を中心線上に配置したのである。

四基の砲塔のうち二番砲塔は、一番砲塔の後方で一段たかくして背負い式とした。したがって一、二番は前方に砲身を向けている。ところがおもしろいのは、三、四番砲塔である。この

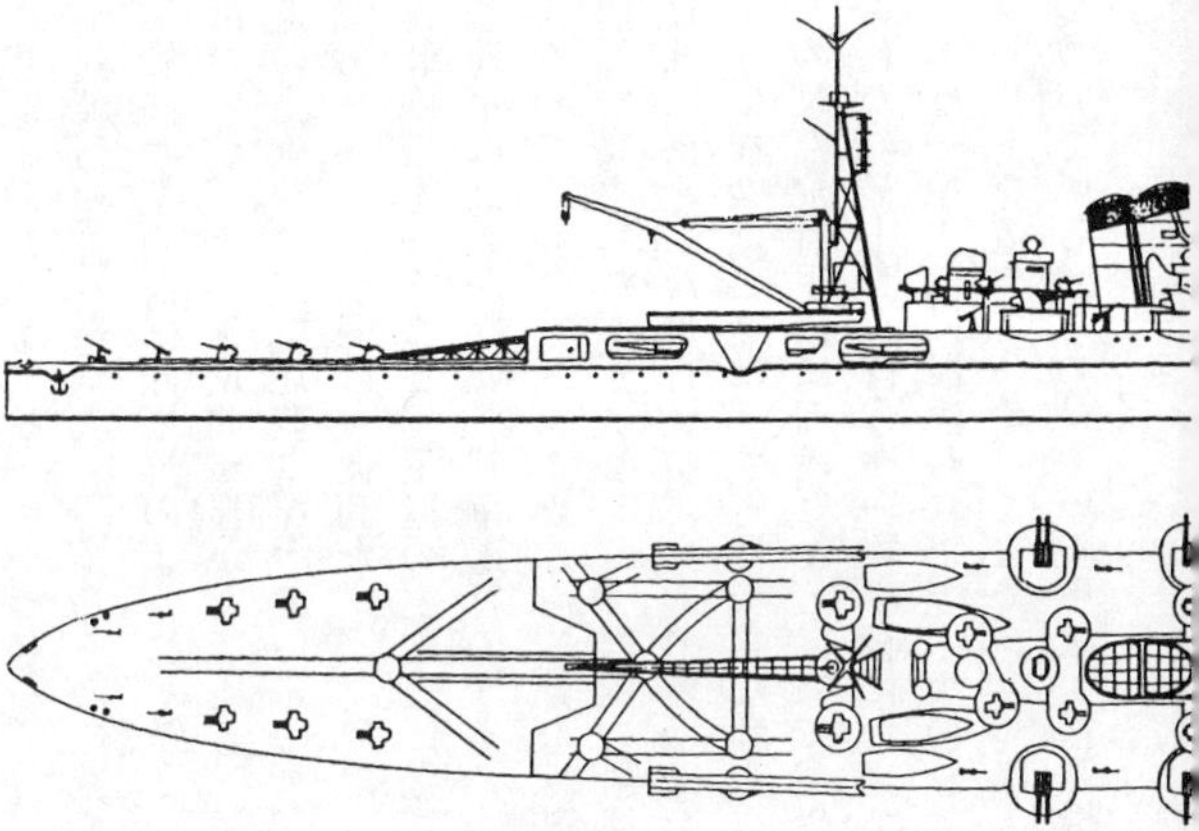

利根(昭和20年)　基準排水量8450t　水線長198m　最大幅19.4m
吃水6.23m　馬力15万2000　速力35kn

砲塔は二基ともうしろ向きになっているのが特徴だ。

艦の後方の射界をできるだけ大きくとれるようにしたことと、後方の敵に対して砲撃する場合、右舷後方、左舷後方のいずれの目標にも、砲身を小さな角度で旋回するだけで捕えることができ、敏速に照準発砲することができるからである。

つまり、「利根」型の場合は、三、四番砲塔をうしろ向きにすることによって、その半数を艦の後部に配置したのと変わらない効果をあげているのだ。しかし、後方目標のためだけに、うしろ向きにしているわけではない。前方の敵に対しても、砲塔を旋回して射撃しうることは、とうぜんである。

四基の主砲塔の配置をながめていると、むしろ二〇・三センチ三連装三基にして、「高雄」型や「妙高」型の前部砲塔群のようにピラミッド配置にしたほうが、より強力で、より効果的ではないか、という疑問が浮かんでくる。この考え方も、たしかに一理ある。しかし、日本の重巡の主砲がすべて連装になっているので、砲術科の兵員養成上、このほうがかえって経済的であり人員の配置にも便利だ。

もし三連装砲塔をつくると、重巡の主砲が二種類になり、兵員教育も二重の手間になる。配置移動も簡単にはいかない。戦争遂行のうえで、きわめて非能率的な結果を招来することにもなりかねない。こうしたことから、連装四基を採用したのである。

砲塔を前部に集中したことによって、艦内の居住区にゆとりができたことが一つの利点であるが、後部に搭載した飛行機が、主砲の爆風に影響されず、砲戦中でもカタパルトから発艦できるようになったことは、さらに大きな利点である。

「利根」型の後部飛行甲板は二段になっていて、やや能率が減殺されている。この点、開戦後に改装された「最上」のほうが一枚甲板になっており、性能上すぐれている。

「利根」型では、中央部に設けられた上甲板のシェルター・デッキが後方に延び、後檣のうしろでカタパルトを置いている。ここでシェルター・デッキが切れて、一段ひくい上甲板が艦尾までつづいている。このひくい上甲板が搭載機を収容するスペースだ。

昭和17年10月26日の南太平洋海戦における「筑摩」。写真は米軍機により撮影されたもので、主砲塔は左舷上方を指向して対空射撃を行なっている。

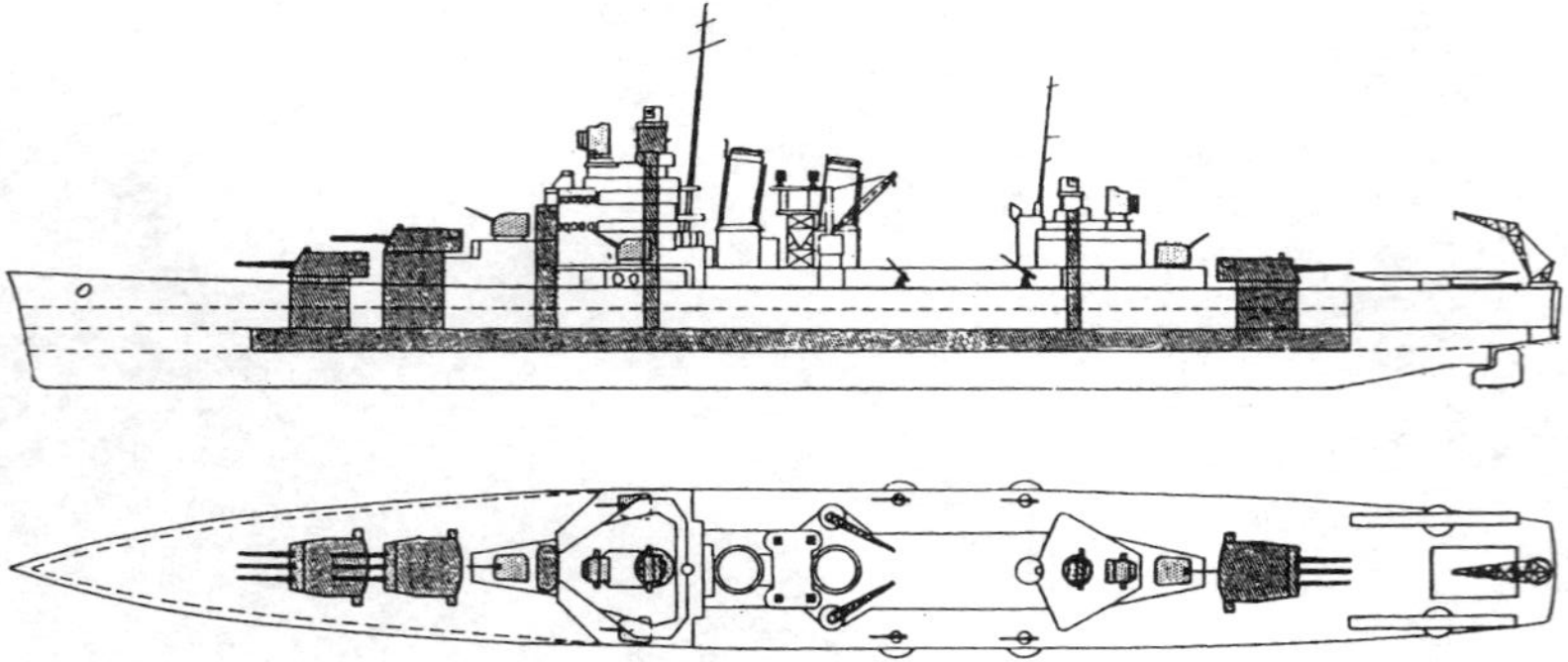

バルチモア(1942年)　基準排水量１万3600 t　全長205 m　幅21 m　吃水6.2 m
馬力12万　速力33kn　備砲８in砲×９，５in高角砲×12　航空機４機　射出機２基

シェルター・デッキと、一段ひくい上甲板とをむすぶために、中心線上にレールを敷いた斜面が設置されていて、このレールをとおって搭載機がカタパルトまで引きあげられるようになっていた。このように、飛行甲板が高低二段がまえになっているのが、搭載機を運搬するうえで障害になっており、せっかくの「利根」型も「やや欠点をもった艦になってしまった。

「利根」型とほぼ同じ大きさの米重巡バルチモア級ボストン。
「利根」型の性能は米海軍の建造した巡洋艦を全て凌駕した。

しかし、艦上構造物の配置はかなりよくまとめられており、これまでの重巡とくらべて搭載機がふえているのに兵装においても、遜色がない。しかも逆に艦の内外のスペースに余裕があり、凌波性、復元性、動揺性などもよく、全体にスッキリしている。

このように「利根」型は、用兵上のさまざまな役割をもった理想的な重巡であり、日本海軍が建造したもっともすぐれた艦になった。戦後、「利根」型の性能をはじめて知った米海軍関係者は、砲戦能力と索敵能力という二つの異なった用途と性格を、一艦にもりこんだ多様性に舌を巻くとともに、それらがなんの矛盾もなく融合しており、しかも高馬力、高速力であることに衝撃を覚えたのであった。

まして戦時中に米海軍が建造した「利根」型とほぼおなじ大きさの重巡バルチモア型が、基準排水量一万三六〇〇トン、出力一二万馬力で三三ノットだったことから見て、彼らのショックがいかに大きかったか想像がつこうというものだ（バルチモア型の兵装は主砲が八インチ三連装三基、高角砲が五インチ連装六基、機銃が四〇ミリ五二門、二〇ミリ一三門、発射管なし、飛行機四機、同型艦は一四隻で、そのうちシカゴは戦後ミサイル巡洋艦に改良された）。

「利根」「筑摩」ついに死す

「利根」「筑摩」は、その高速と航続力、それに有力な索敵能力がかわれて、太平洋戦争の主な海戦にはほとんど出撃している。

まず開戦劈頭、ハワイ作戦では機動部隊の目となって出撃、攻撃隊の出撃の前に搭載機が先行し、隠密のうちに真珠湾上空から敵情をつぶさに偵察、あの劇的な大勝利を招く要因となった。

それ以後、この両艦は機動部隊とつねに行動をともにするようになり、偵察重巡としての威力を十二分に発揮していった。十七年二月、ポートダーウィン攻撃、三月から四月にかけてのインド洋作戦、そして六月にはミッドウェー作戦に出撃し、米機動部隊を発見する。しかし時すでにおそく、日本軍は惨敗を喫した。

その後、八月に入ってソロモン方面作戦支援のため出撃し、第二次ソロモン海戦に参加、ついで十月、南太平洋海戦に参加する。このとき「筑摩」は艦橋左舷および主砲指揮所に直撃弾をうけ、戦死者一九〇名の損害を出した。

これ以後、両艦は各方面への輸送作戦に任じ、十九年六月、マリアナ沖海戦に出撃。さらに十月、捷一号作戦で栗田艦隊に編入、シブヤン海で「武蔵」の警戒艦に任じ、ついでサマール島海戦で「利根」は米護衛空母ガンビアベイに七〇〇〇メートルまで接近、「金剛」「羽黒」と協力してこれを沈没した。しかしこの間に「筑摩」は敵機の攻撃をうけ、魚雷一本が機関室に命中し航行不能になった。このため乗組員を駆逐艦「野分」に移乗させ、「筑摩」はサマール島沖に自沈した。しかし艦隊がブルネイに帰投する途中、敵艦載機の追撃をうけ、「野分」も沈没したのである。「筑摩」の乗組員は、「野分」とともに一人残らず海没、戦死したのであった。

一方「利根」も、この戦闘で爆弾四発、敵駆逐艦の砲弾一発をうけて損傷していた。ブルネイで応急修理した「利根」は舞鶴へ回航し、修理したのち呉港外へ移った。すでに内地では、燃料が欠乏しており、艦をふたたび南方の戦場に送りこむことができなかった。「利根」は江田島湾の津久茂沖で錨泊し、兵学校の訓

昭和21年6月1日、江田内で大破、着底した状態の「利根」。20年7月の猛爆撃で着底し、23年5月に浮揚、解体された。

練艦として新たな任務についた。

　もはや動くことのできない「利根」は、せめて敵機から発見されないようにと、マストや甲板上に松や杉でカムフラージュし、島に見せかけようとした。だが、これはまったく徒労であった。上空から見れば、軍艦はやはり軍艦に見える。それに木の葉がたちまち枯れて黄色く変色する。

「艦上の植木が枯れてきました。そろそろとりかえてはいかが」

などというビラが敵機からまかれたこともあった。

　終戦がまじかに迫った七月二十四日、敵艦上機の大群が呉港外の艦船に襲いかかってきた。「利根」は、浮かべる防空砲台となって主砲を天空に向け激しく応戦したが、直撃弾四発をうけて数十名の死傷者を出した。そして四日後の二十八日、約八〇〇機ちかい敵機が四波にわたって来襲。ついに「利根」は左舷艦橋側の上甲板に直撃弾、さらに舷側に数発の至近弾をうけ、死傷者は一〇〇名をこえた。

　たびかさなる直撃弾による損害に、「利根」の浸水ははなはだしく、左に二一度傾いた状態でついに大破着底、そのままの姿で終戦を迎えたのであった。

第六章　実用性の高い五五〇〇トン型

球磨型 長良型 川内型

軽巡の役割

帆走時代の巡洋艦は、船体に甲鉄を張り、大砲を搭載した五〇〇〇～一万トン級の大型装甲巡洋艦と、ほとんど防御をもたない中・小型艦との二種類に分かれて発達した。このうち小型艦は甲板下に被弾浸水するのを防ぐ方式がとられて防御巡洋艦となった。

この防御巡洋艦は「偵察艦(スカウト)」と称され、各国で多数つくられたが、そのなかでもドイツ海軍が一八九五年（明治二十八年）に建造したヘラが、群を抜いたすぐれたものだった。排水量二〇〇〇トン、速力一九・五ノットという、当時としては驚異的なスピードであった。この艦は軽い防御甲板をもち、八・八センチ砲と魚雷発射管三門をもっていた。このヘラが、軽巡の始祖といわれている。

ついで英国は、さまざまなスカウトを建造していたが、一九一四年（大正三年）に完成したアレスーサ型は、より近代的な優れた軽巡として世界の注目をあびた。排水量三五〇〇ト

大型装甲艦と無防御小型艦に分かれて発達した巡洋艦史の中で、軽防御と高速を生かして軽巡洋艦の始祖となったドイツ海軍巡洋艦ヘラ(上)。偵察艦と称された軽巡で、最初に近代的性能を得た英巡洋艦アレスーザ(下)。

ン、速力は二八・五～三〇ノットという高速である。

備砲は六インチ砲二～三門、四インチ砲四～一〇門の混合搭載であった。それが第一次大戦をむかえて、軽巡の備砲は六インチ砲四～六門となり、排水量もしだいに増し、ついに五〇〇〇トン級のものに成長していった。

日本海軍がはじめて軽巡をもったのは、大正八年三月三十日に佐世保工廠で完成した「龍田」と、同年十一月二十日に横須賀工廠で竣工した「天龍」の二隻である。この両艦は英国の初期のアレスーサに範をとったもので、「天龍」型と呼ばれている。

「天龍」型は、第一次大戦中の大正五年に計画されたもので、駆逐艦部隊をひきいる水雷戦隊旗艦として設計された。基準排水量は三二三〇トン、一四センチ単装砲四基、五三センチ発射管三連装二基六門という装備である。だがこの発射管は、艦の中心線上に装備されていたが、発射するときは舷側までレールで移動するという古いタイプのものだった。

しかし五万一〇〇〇馬力で三三ノットという速力は、当時の軽巡としては最高のものであり、両艦が太平洋戦争でも活躍できたのは、この高速力があったからである。

日本海軍では「天龍」型以来、軽巡を水雷戦隊の旗艦として使用した。この点が、他国の使用法とまったくちがうところだ。

水雷戦隊は駆逐艦で構成されるものだが、その編成は「駆逐隊」が単位となる。駆逐隊はふつう、世界中どこの国でも四隻の駆逐艦で一個駆逐隊を編成する。

駆逐隊を指揮するのは司令で、階級は大佐である。つまり四隻一組で巡洋艦または戦艦一隻に相当し、司令はこれらの艦長に相当する。駆逐艦長は少佐が原則である。

ついで説明しておくと、駆逐艦長は艦長ではなく〝長〟である。正確にいうと、〝駆逐艦・長〟という。しかし一般には、こうした厳密さを度外視して、駆逐艦の長も、艦長と呼ぶのがふつうになっていた。

ところで敵艦隊と雌雄を決する大海原になった場合、四隻一組の駆逐艦だけでは力不足で

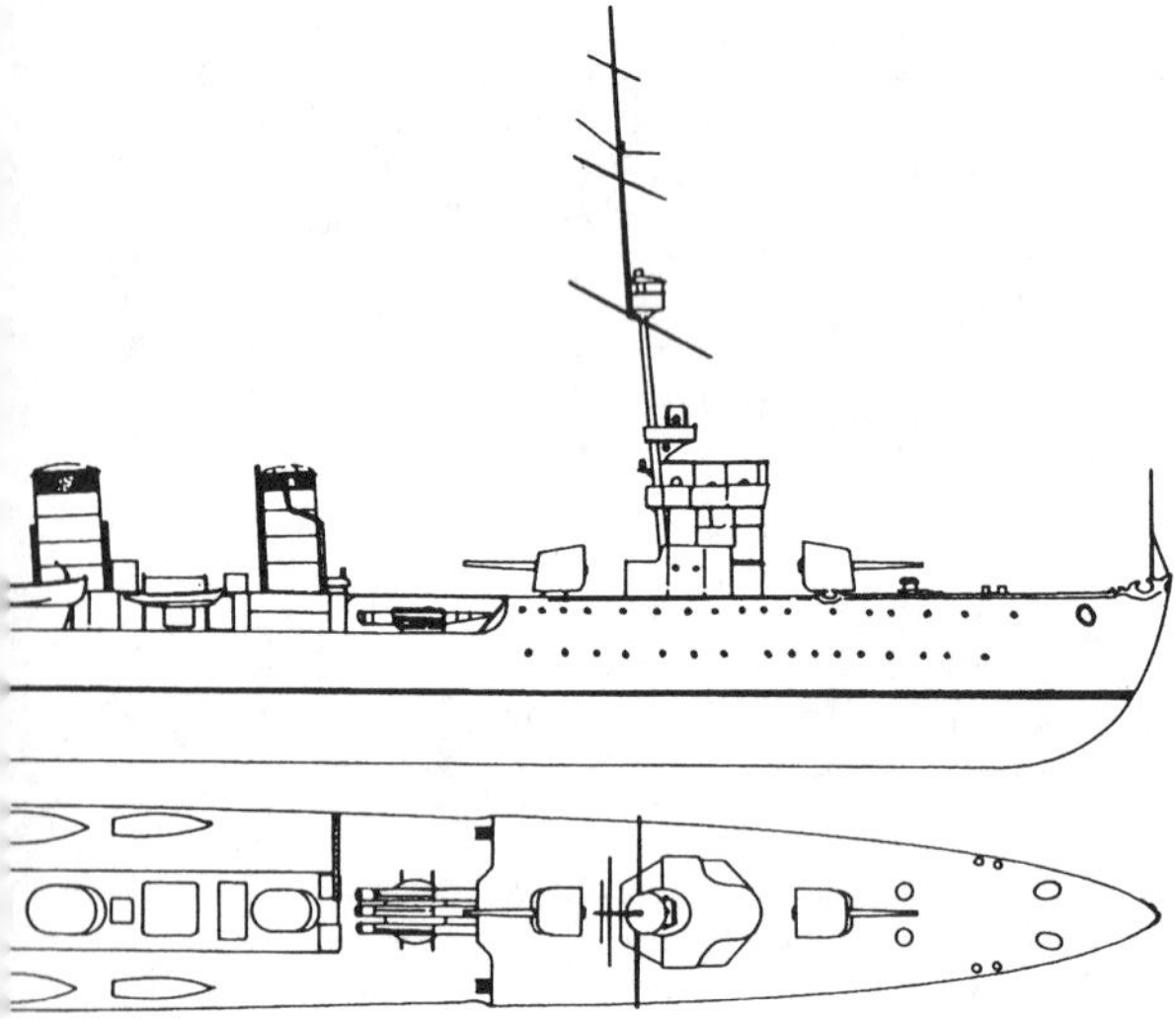

馬力５万1000　速力33kn
備砲14cm砲×４，８cm高角砲×１　発射管×６

である。そのために三〜四個の駆逐隊を合わせて一つの大駆逐艦集団を作った。これを「水雷戦隊」と呼ぶ。したがって水雷戦隊とは一二隻以上の駆逐艦によって構成される大艦隊で、いわば戦艦戦隊、巡洋艦戦隊、空母の航空戦隊などに匹敵するものである。

水雷戦隊を統率し指揮する旗艦が軽巡であり、指揮官は司令官で階級は少将ということになっていた。

水雷戦隊の旗艦に軽巡をあてたのは日本海軍独特の編制で、米英の場合は、戦隊司令部の乗艦設備をもっ

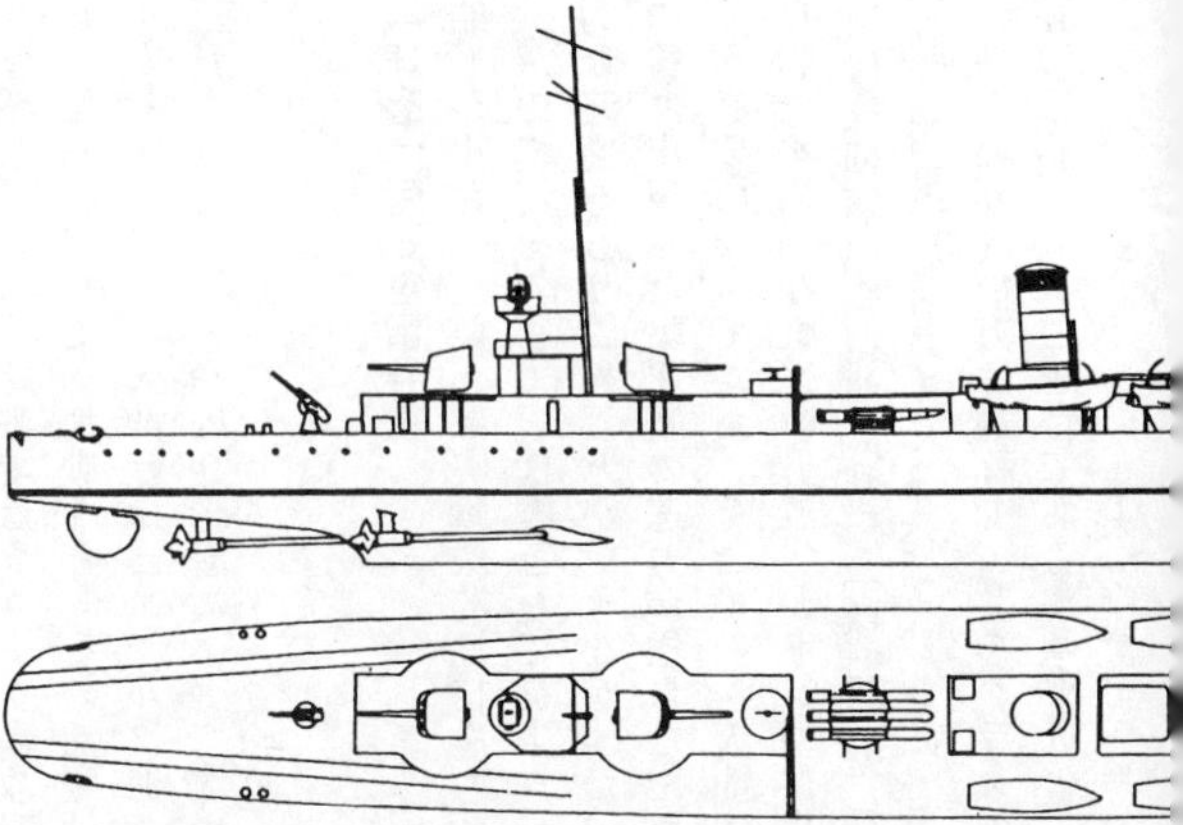

天龍(新造時)　基準排水量3230 t　水線長139.56m
最大幅12.34m　吃水3.96m

た大型駆逐艦を旗艦にしていた。いわゆる嚮導駆逐艦と呼ばれるものがこれである。しかし、日本海軍の軽巡の使用法は、けっして間違ったものではない。むしろ合理的な使用法だったといえる

海戦になると、まず駆逐艦同士の戦闘からはじまるので、このとき軽巡のもっているすぐれた砲力で相手の駆逐艦を圧倒することができる。太平洋戦争のときは、軽巡も水偵とカタパルトを搭載していたので、さらに強味を増していた。

日本の軽巡の始祖ともい

うべき「天龍」型二隻は、就役後、水雷戦隊旗艦として活躍したが、太平洋戦争では老艦にもかかわらず大奮闘している。緒戦ではウェーク島攻略作戦、ついで珊瑚海海戦、「古鷹」型の項で既述した第一次ソロモン海戦など、その活躍は特記に値する。

しかし昭和十七年十二月、「天龍」はビスマルク海で米潜の魚雷をうけて沈没、また「龍田」は十九年三月、八丈島沖でやはり米潜によって沈められた。竣工してからじつに二五年目のことだった。

本格軽巡の「球磨」型と重雷装艦

「天龍」型は船形が小さく、いわば実験艦的性格をもってつくられた。しかし、きわめてすぐれた性能だったので、そのまま現代艦として長生きしたわけだが、あまりに小型なため、その後の近代的な装備をもりこむことができなかった。

さらに、その後に出現した駆逐艦の速力が増したため、どうしてもひと回り大きな艦で、なお高速の軽巡が必要になってきた。そこで、「天龍」型のすぐれた構造と特色を生かし、これを拡大改良した本格的な軽巡の五五〇〇トン型が出現したのである。

このタイプには三種類の艦型があり、「球磨」型（五隻）、「長良」型（六隻）、「川内」型（三隻）の合計一四隻が建造された。

五五〇〇トン型という呼び方は通称で、このクラスのうち最初に完成した「球磨」型の常備排水量が五五〇〇トンあったからである（基準排水量では五一〇〇トン）。

昭和5年当時の「天龍」。英国のアレスーザを範として大正8年に竣工した
「天龍」型は日本軽巡の始祖となり、水雷戦隊旗艦という編成を確立した。

当時、日本海軍では八八艦隊の大計画があり、戦艦八隻、巡洋戦艦八隻の主力艦隊に随伴する軽巡が多数必要とされていた。

軽巡のひきいる水雷戦隊に主力艦隊を護衛させ、同時に偵察と、前衛隊としての強力な攻撃力が必要だったからである。

水雷戦隊の旗艦として要求される条件は、司令部施設があること、強力な通信能力、駆逐艦に劣らぬ高速力、長大な航続力、敵駆逐艦を撃破するための砲と魚雷発射管の装備、航続力の大きい水偵の搭載、指揮下の駆逐艦に対する補給能力などがあげられる。これらの条件をみたす軽巡として「球磨」型が設計されたわけだが、大正九年八月三十一日に一番艦「球磨」が竣工したのち、翌十年十月までに「多摩」「北上」「大井」「木曽」の各艦がぞくぞくと完成していった。

艦型は基本的には「天龍」型を踏襲したもので、艦首はスプーン型のカッター・バウ（ボート型艦首）になっている。駆逐艦に劣らぬ三六ノットの高速力を発揮するため、船体の長さは幅に比していちじるしく長くされた。それに機関は、当時の軽巡にしては画期的ともいえる九万馬力である。

船体の防御はきわめて軽装甲で、機関室付近の水線部で二・五インチ（六四ミリ）の高張力鋼が張られていた。上甲板は一インチ（二五ミリ）、司令塔は二インチ（五〇ミリ）である。直撃弾をうけると貫通して外側に突き抜けてしまうような装甲で、弾片防御程度の効果しかなかった。

昭和2年2月、三田尻沖の「龍田」。上空に観測気球を揚げている。本艦は「天龍」より8ヵ月早く竣工し、軽巡としては最速の33ノットで航走した。

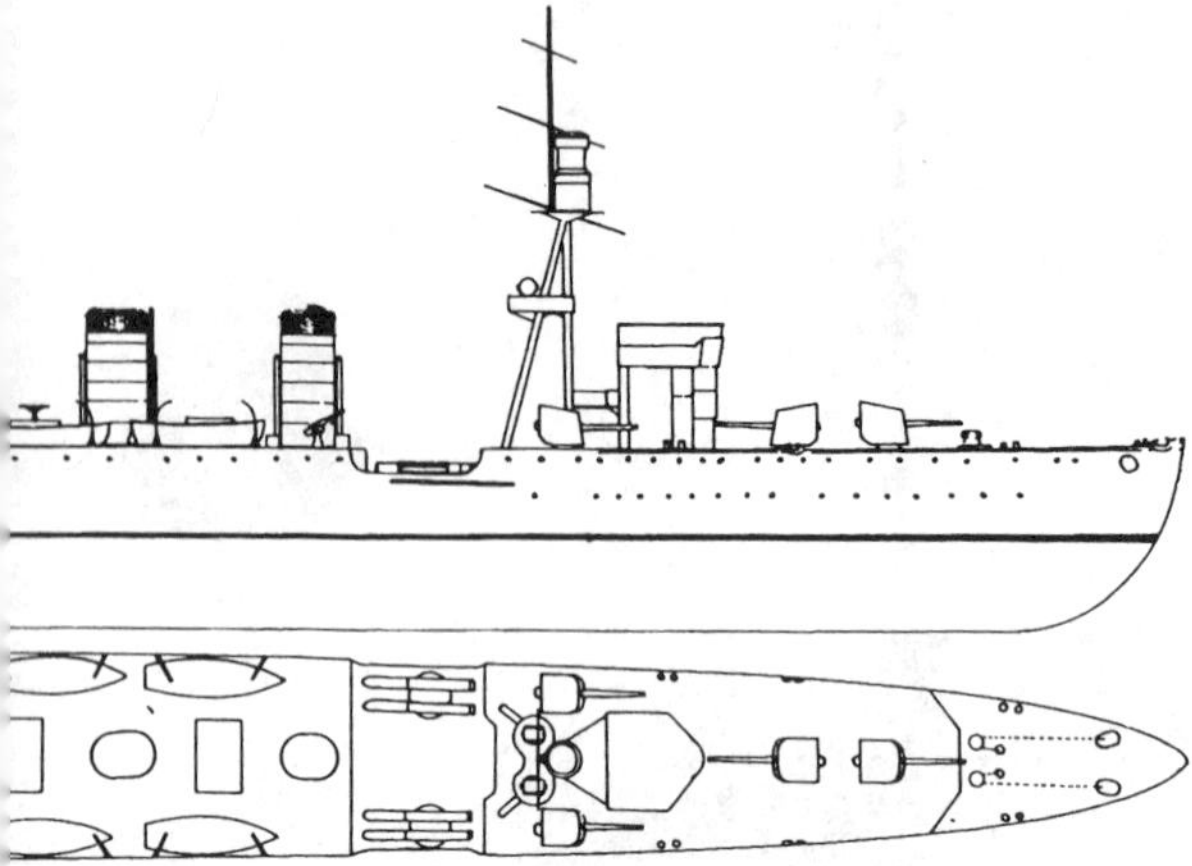

速力36kn　備砲14cm砲×7，8cm高角砲×2，
発射管×14　航空機1機

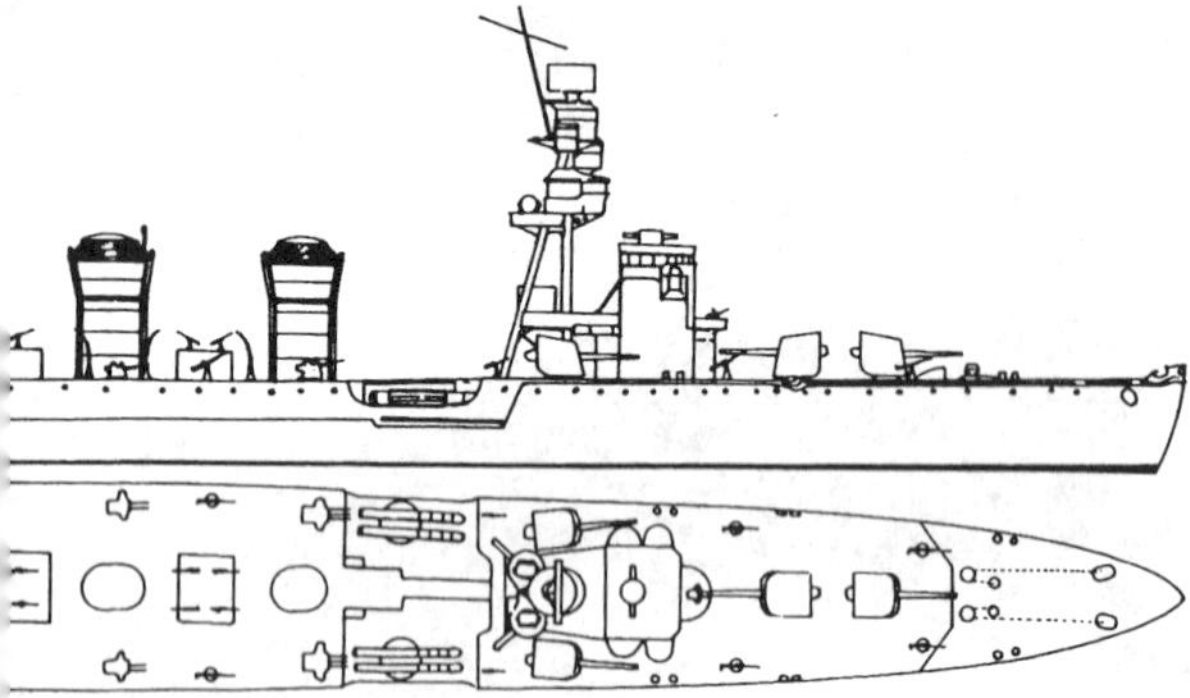

馬力9万　速力36kn
備砲14cm砲×5，発射管×14

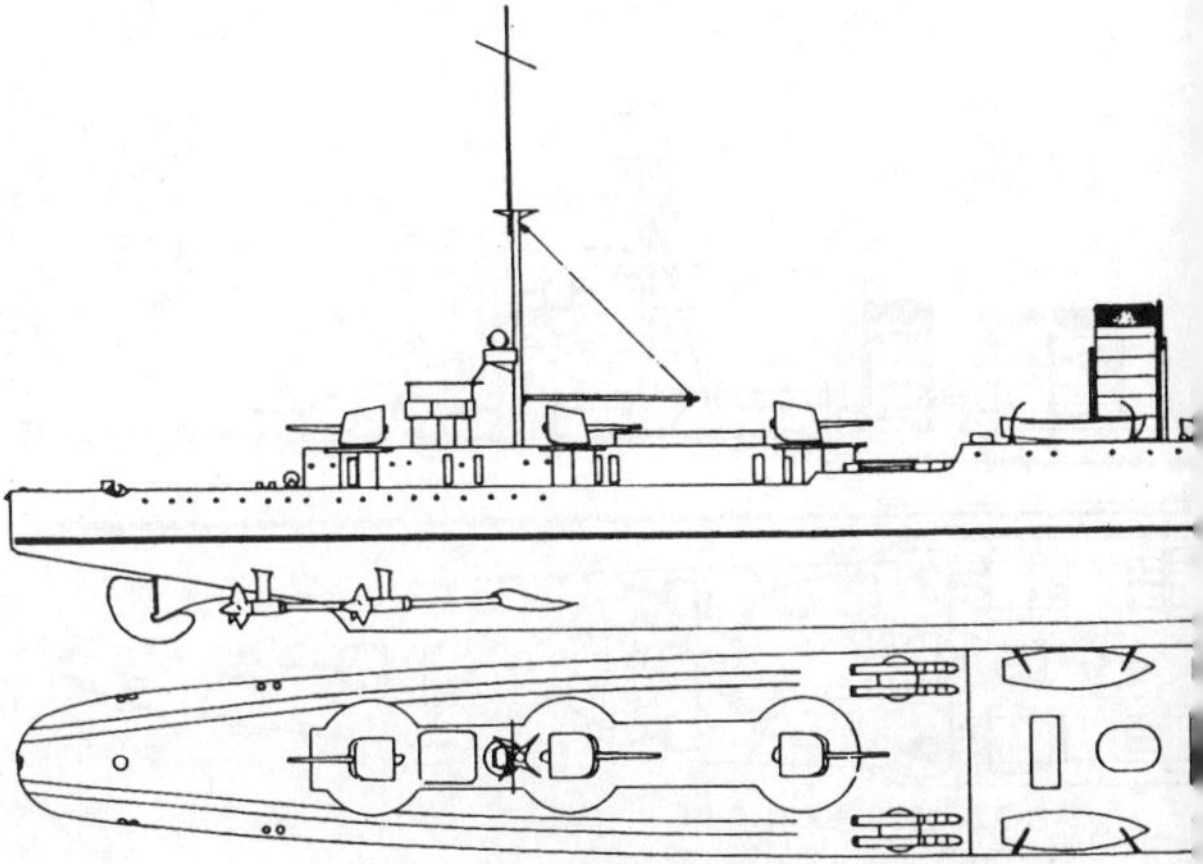

多摩（新造時）　基準排水量5100 t　水線長158.53m
最大幅14.17m　吃水4.8m　馬力９万

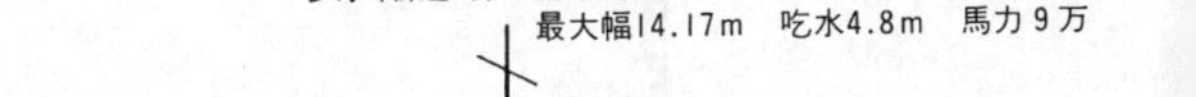

木曽（昭和19年）　基準排水量5100 t　水線長158.53m
最大幅14.17m　吃水4.8m

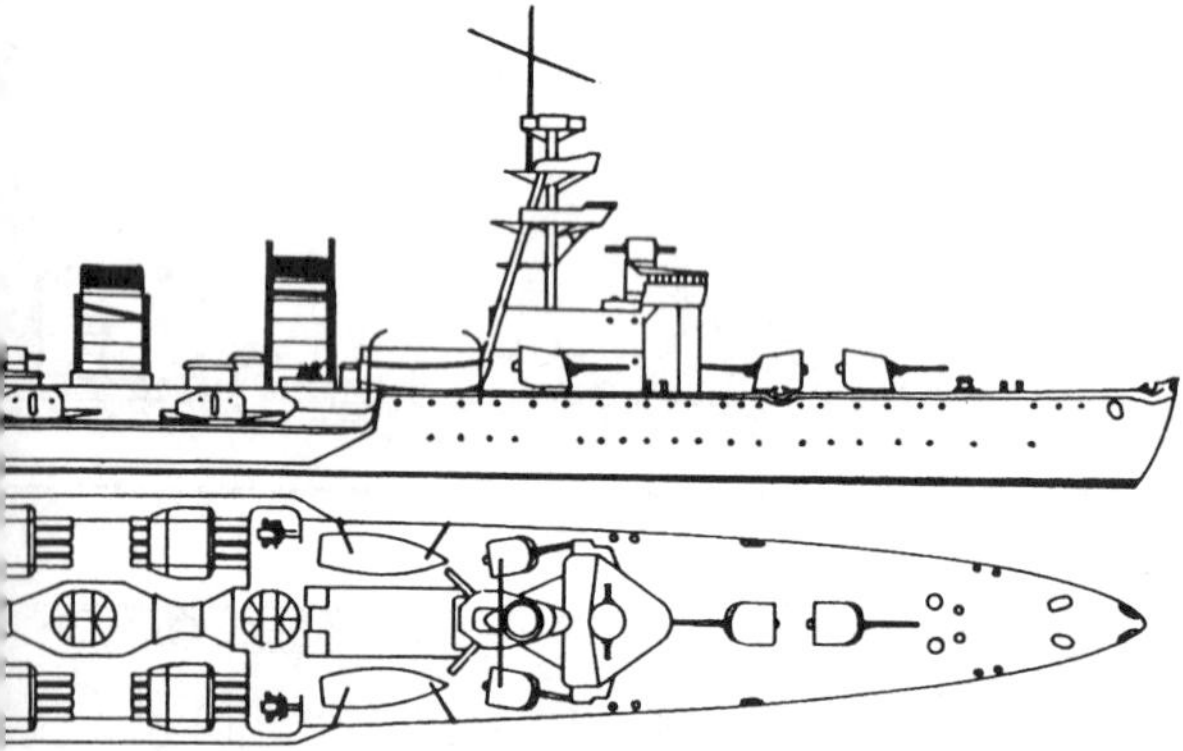

馬力７万7989　速力31.67kn
備砲14cm砲×４，発射管×40

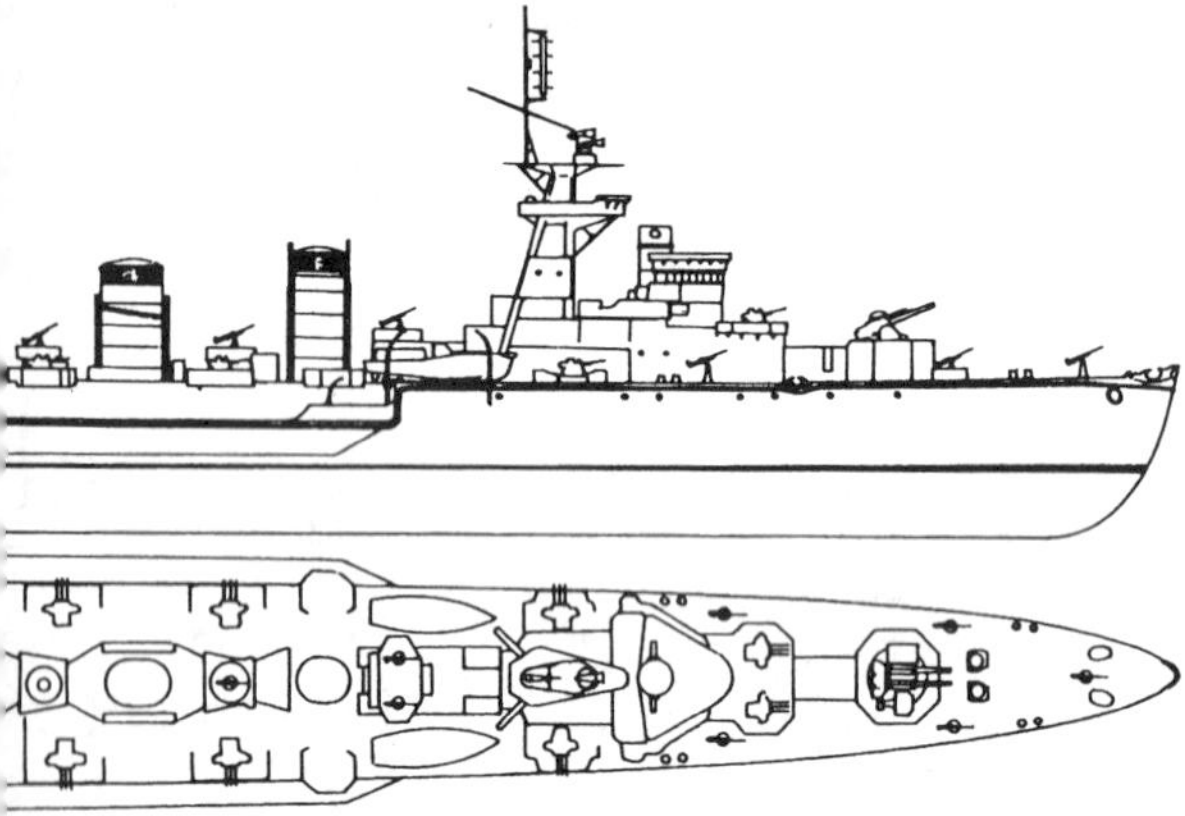

馬力７万8000　速力31.7kn
備砲14cm砲×４，発射管×32

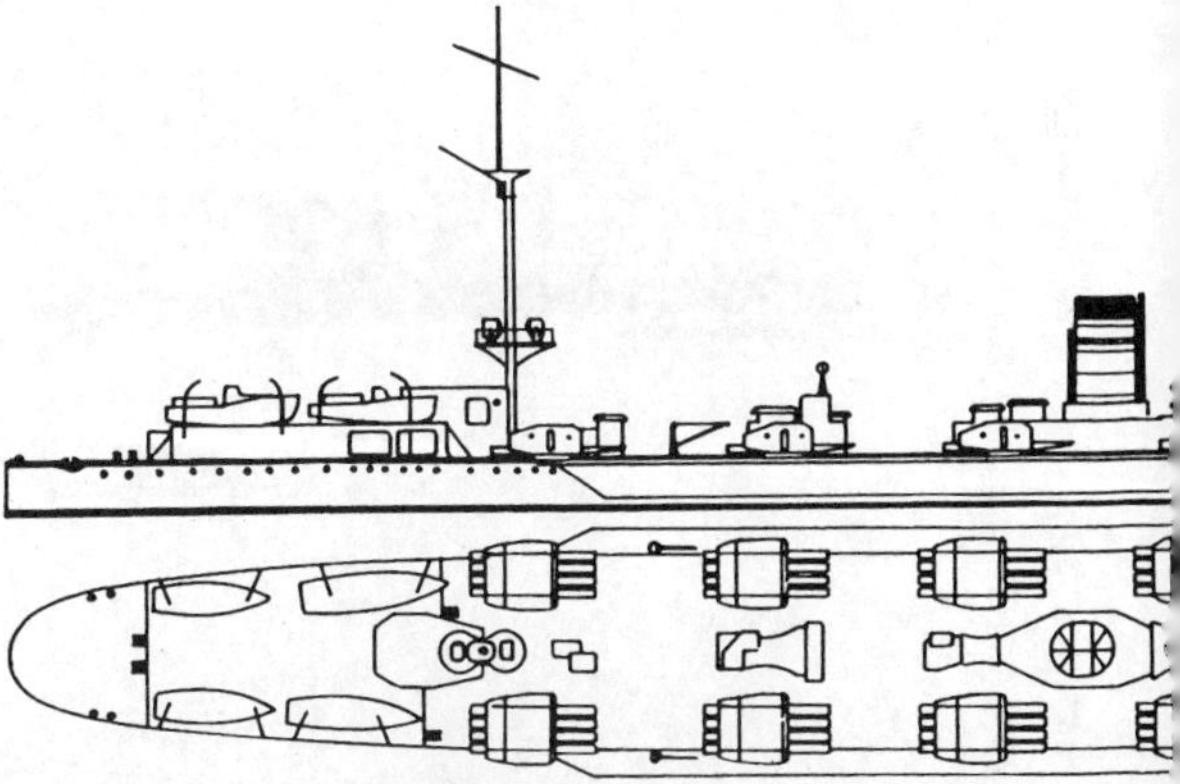

北上（昭和16年）　公試排水量7041 t　水線長158.53m
最大幅14.17m　吃水4.8m

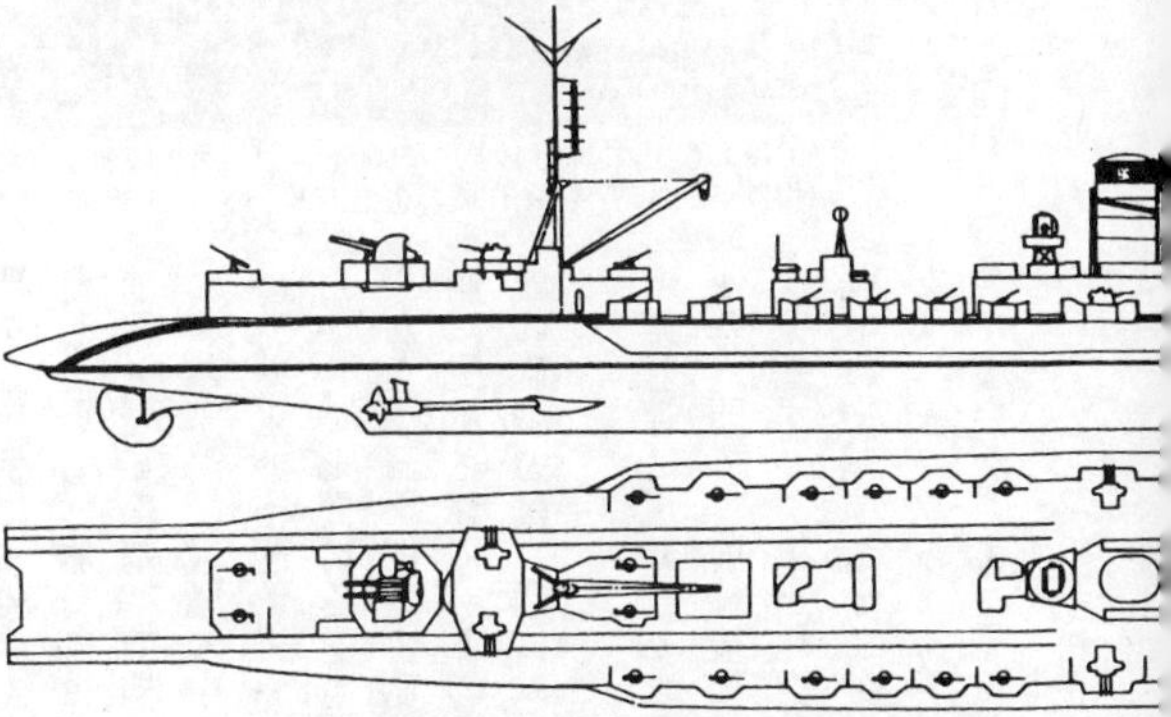

北上（昭和19年）　基準排水量5860 t　水線長159.8m
最大幅14.17m　吃水5.6m

竣工後まもない「球磨」(上)。5500トン型の第1陣となった。
昭和17年3月、ハワイ作戦の損傷工事を終えた「多摩」(下)。

兵装は単装一四センチ砲七門を上甲板にまんべんなく配置している。艦首部に砲身を前後させて二基、前檣の両舷に一基ずつ、艦尾の中心線上に三基という配置である。したがって七門の砲をもっていながら、三、四番の砲が両舷側に配置されているので、片舷の砲戦力は六門に減じていた。

発射管は、五三センチ連装四基八門で、前檣後部の両舷に一基ずつ、第三煙突後部の両舷に一基ずつと、分散配置されているのが特徴である。

五五〇〇トン型は、三種類とも姉妹艦なので、みな同型といってよいが、よく見るとはっきり識別することができる特徴をそなえている。

「球磨」型の場合は、
一、三本煙突であること。ただし「球磨」の三本全部と、「木曽」の第一、第二煙突の上部がふくらんでいる。これは雨よけのカバーを装着したためにふくらんだもので、他の艦に

日本軽巡を代表する5500トン型という名称は１番艦「球磨」の常備排水量からつけられた呼び名である。大正11年ごろ、２水戦旗艦時の「北上」(上)。大正10年８月24日、公試運転中の「大井」(中)、大正10年４月28日、公試運転中の「木曽」(下)。

「大井」艦上における魚雷発射訓練。写真は、六年式53センチ連装発射管であるが、のちには61センチ魚雷に改められた。

は装備されていない。「北上」は第一煙突がやや高い。
二、後檣の前方にカタパルトを設置（初期はなし）。
三、後檣の下に小型の後部艦橋がある。
四、艦橋から三角形の筒状で、三つのタイプの中でもっとも小型になっている。

この「球磨」型のなかで、大きな変貌をとげたのが「北上」と「大井」である。太平洋戦争がはじまる直前の昭和十六年一月に、この両艦だけを本来の軽巡の任務からはずし、秘密裡に上甲板に六一センチ四連装発射管一〇基四〇門をズラリとならべた重雷装艦に改装したのである。

これは、日米の艦隊決戦のおりに、主力艦同士が激突し、砲戦の応酬がくりかえされている間隙をぬって敵方に肉薄し、両艦がもっている合計八〇本の酸素魚雷の網をかぶせて、一挙に米戦艦群を撃破しようという発想から生まれたものであった。雷装は四〇本のみで次発装填装置は搭載していなかった。

この重雷装艦は、日本海軍が苦しまぎれに考案した特殊潜航艇や「回天」「震洋」といった新兵器のたぐいだといえよう。片舷に四連装五基をならべるために主砲三門を撤去し、艦首の二門と、前檣両舷の二門だけにした。また、第一煙突の両舷にあった八センチ単装高角砲二基と七・七ミリ単装機銃を撤去し、かわって二五ミリ連装機銃二基四門を装備した。この改装工事がおわったのは昭和十六年十二月二十五日で、すでに太平洋戦争がはじまっていた。

かねての構想どおり、「北上」と「大井」は二隻で第九戦隊を編成し、主力艦のいる第一艦隊に編入された。しかし現実の戦争は、おもわくどおりにはいかないもので、主力艦同士の決戦はついに起こらず、戦況は航空戦へ移ってしまった。

せっかくの重雷装もなんの役にも立たなくなった両艦は、その後、発射管の一部をおろして、おりから激烈になってきたソロモン方面への高速輸送艦となり、補給作戦に従事した。その後、人間魚雷「回天」を搭載する母艦に改装されたが、実際に出撃する機会がなく、そのまま終戦を迎えることになった。艦としては不幸な始末である。

航空兵装のはしり「長良」型

「球磨」型のあとをうけて大正十一年四月二十一日に完成した「長良」は「球磨」型の改良型で、同型艦は「五十鈴」「名取」「由良」「鬼怒」「阿武隈」の合計六隻である。

「球磨」型とちがうところは、魚雷兵装が五三センチ八門が六一センチ八門になったことと、艦橋を大きくしてこの中に偵察機の格納庫を設け、そこから艦首にむかって発進用の滑走台を設けたことである。これらの改良によって排水量が七〇トンほど増加して、速力が三五・

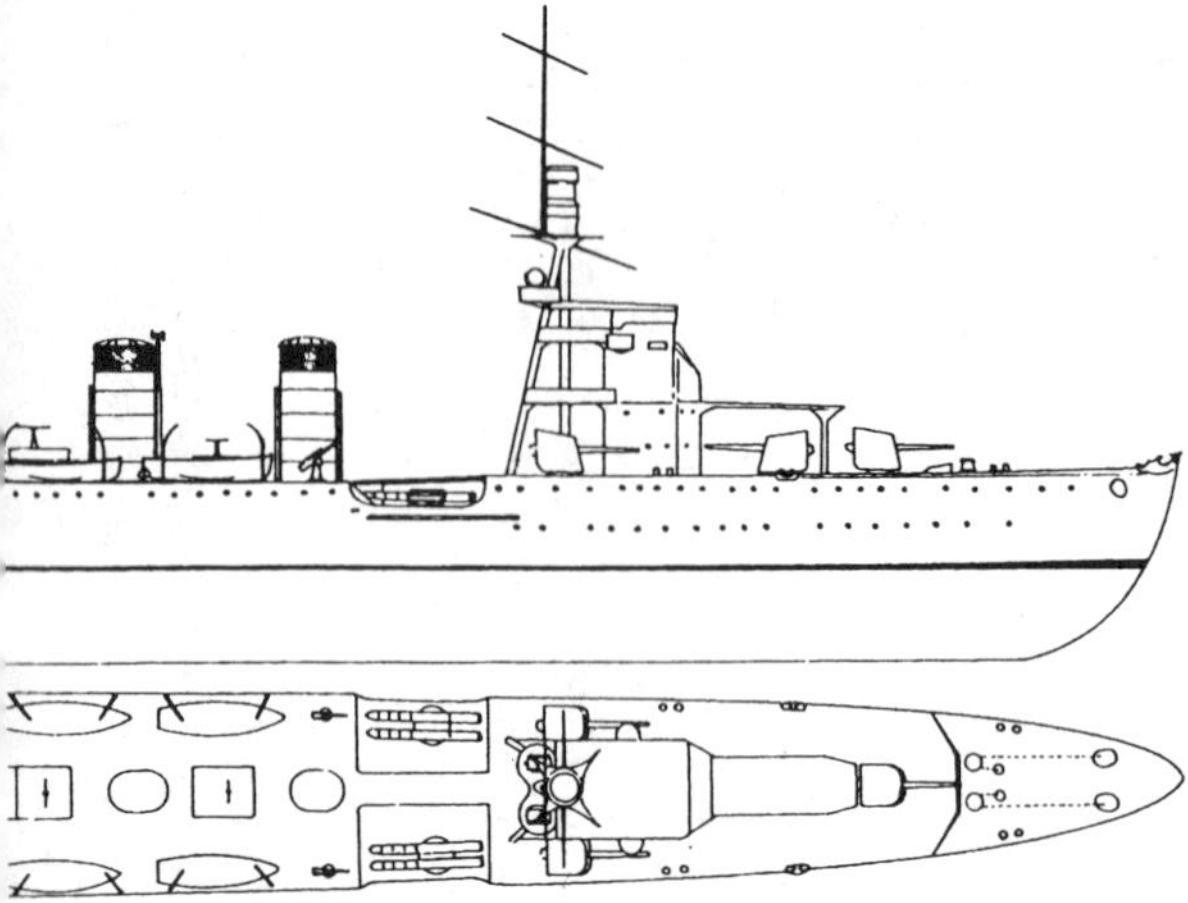

速力36kn　備砲14cm砲×７，８cm高角砲×２，
発射管×８　航空機１機

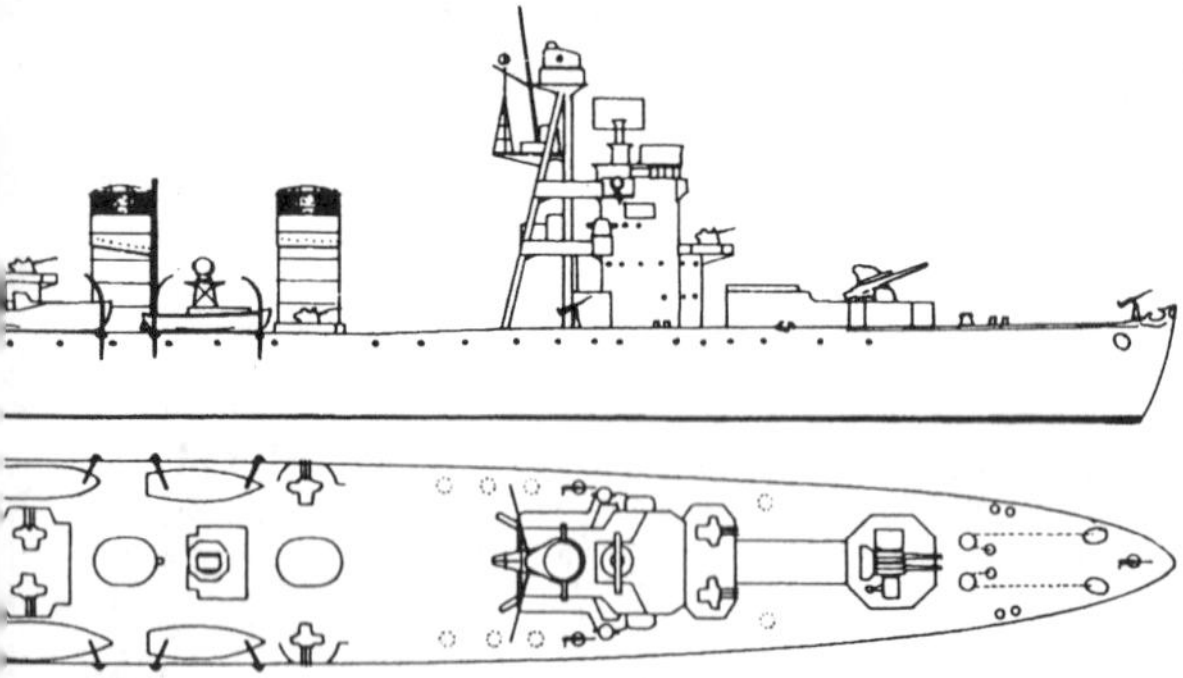

吃水4.8m　馬力９万　速力36kn　備砲12.7cm高角砲×６，発射管×８

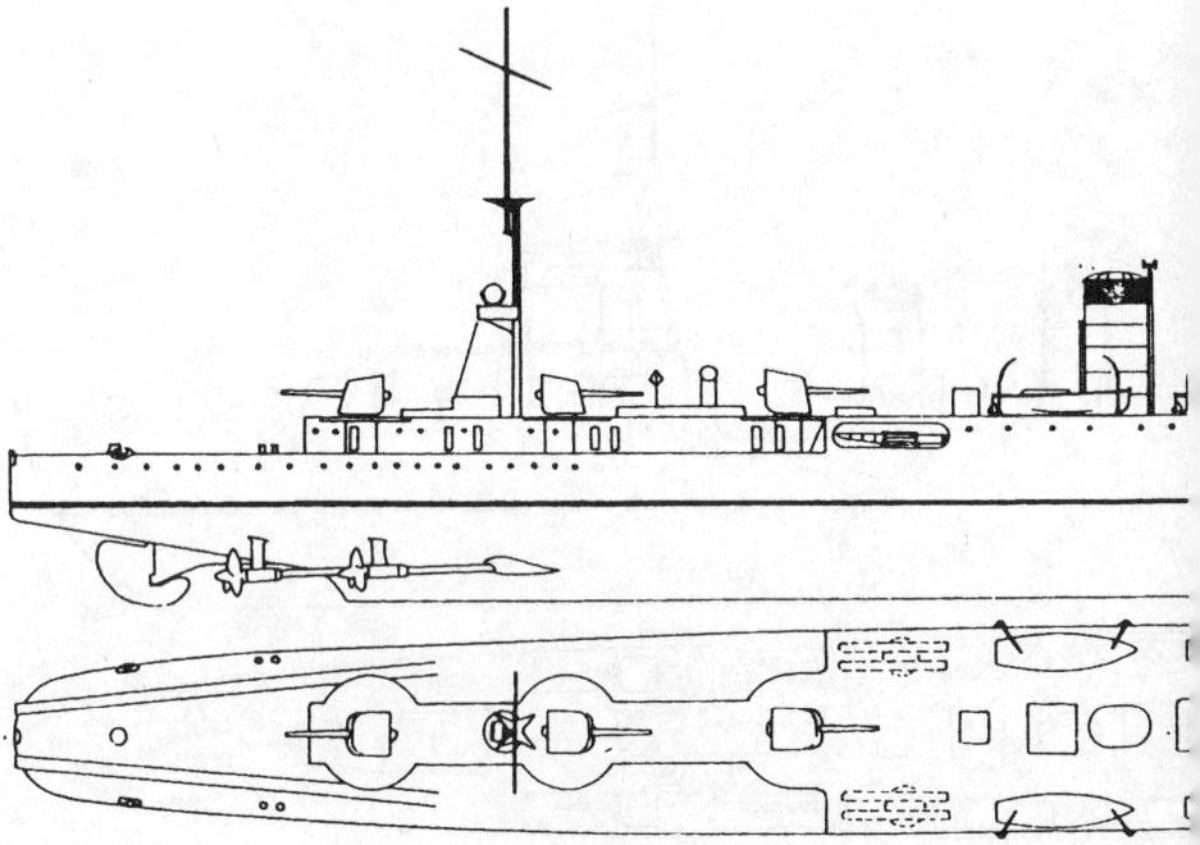

長良(新造時)　基準排水量5170 t　水線長158.53m
最大幅14.17m　吃水4.8m　馬力 9 万

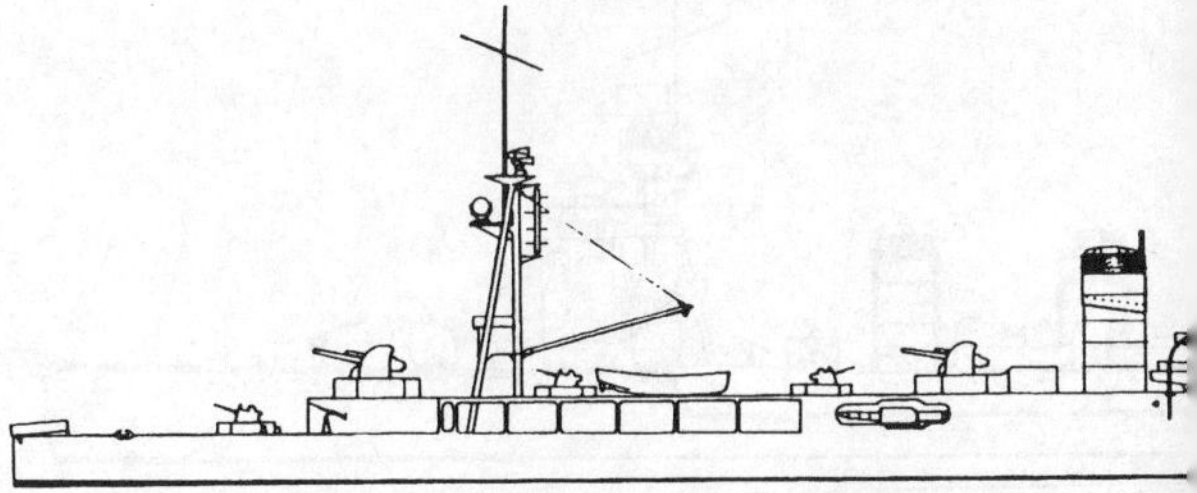

五十鈴(昭和19年)　基準排水量5170 t　水線長158.53m　最大幅14.17m

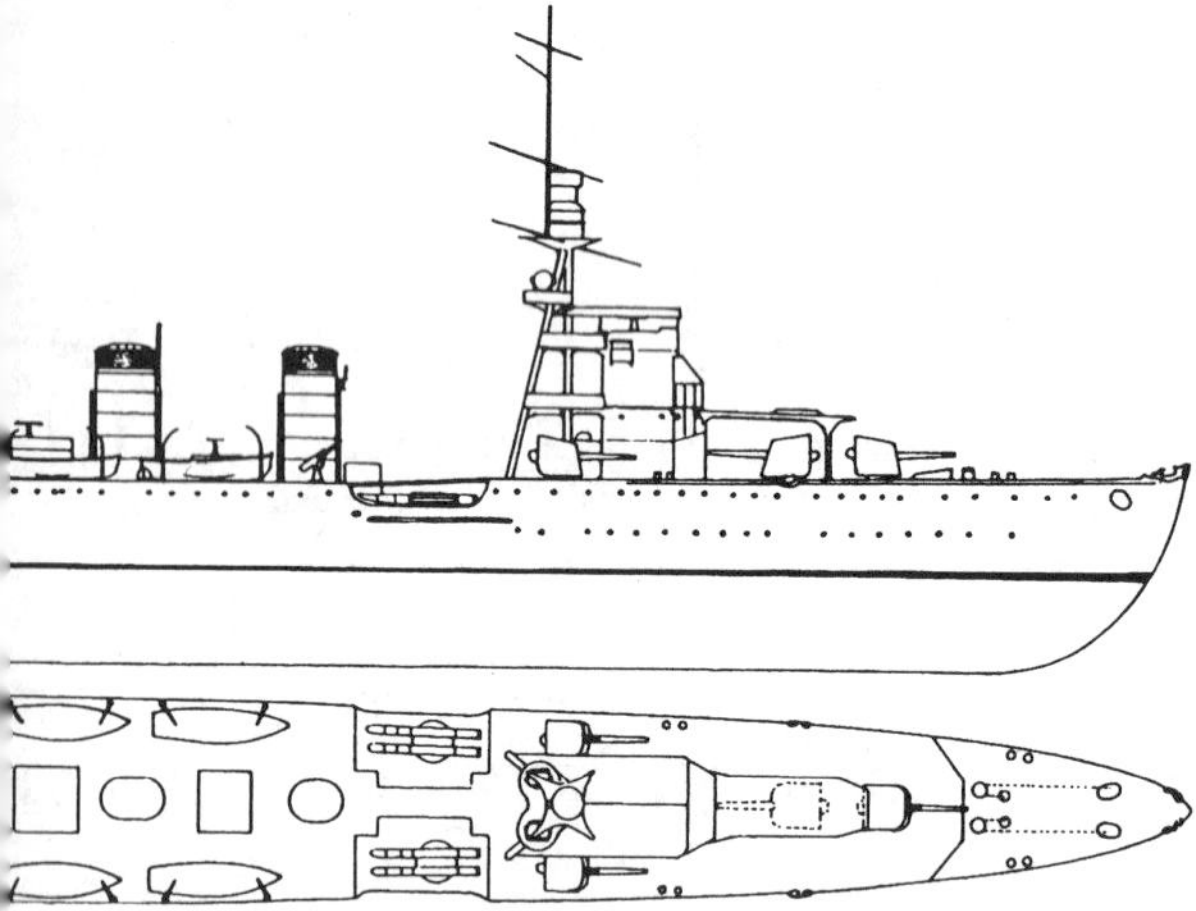

速力36kn　備砲14cm砲×７，８cm高角砲×２，
発射管×８　航空機１機

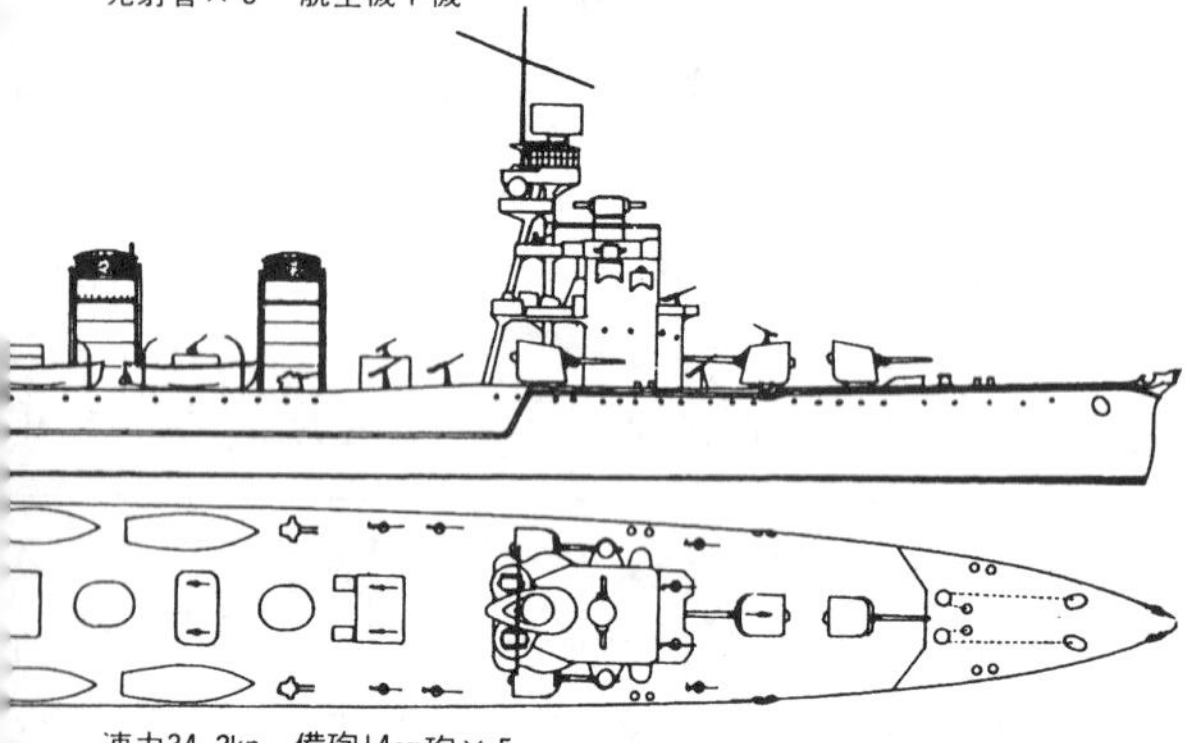

速力34.2kn　備砲14cm砲×５，
12.7cm高角砲×６，発射管×８

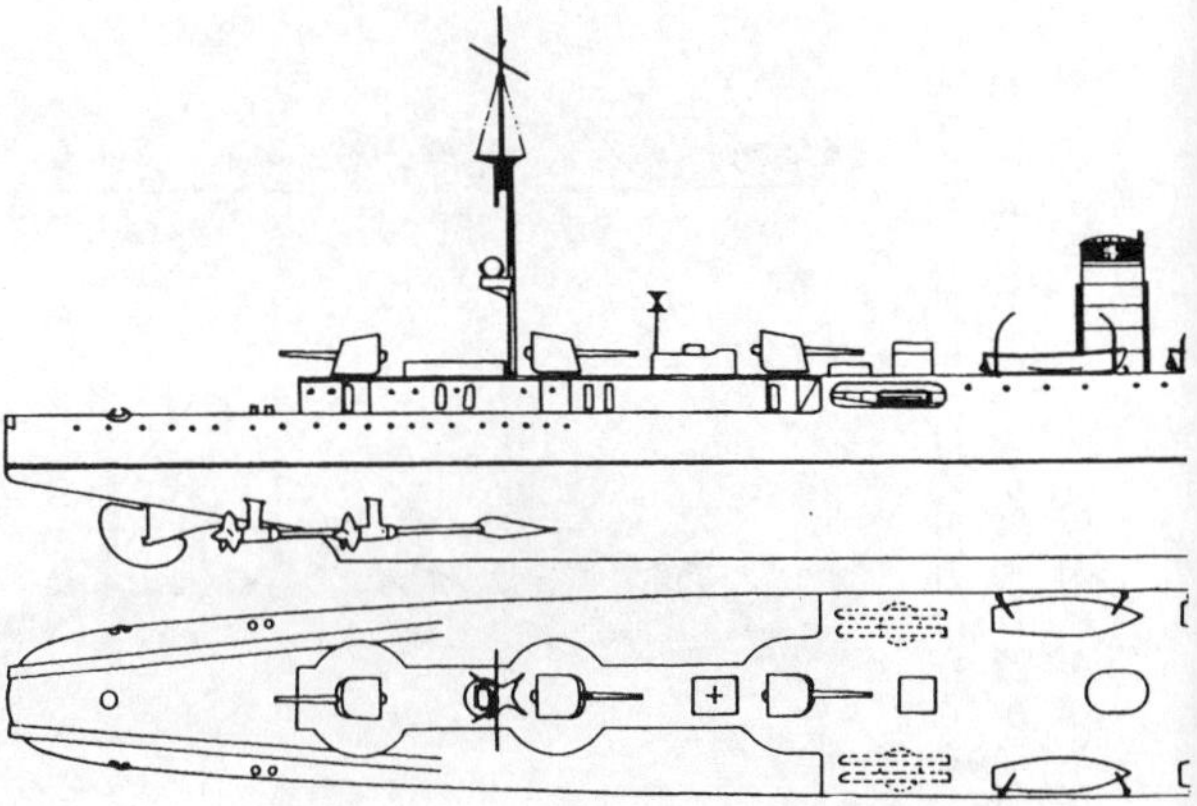

鬼怒(新造時)　基準排水量5170 t　水線長158.53m
最大幅14.17m　吃水4.8m　馬力 9 万

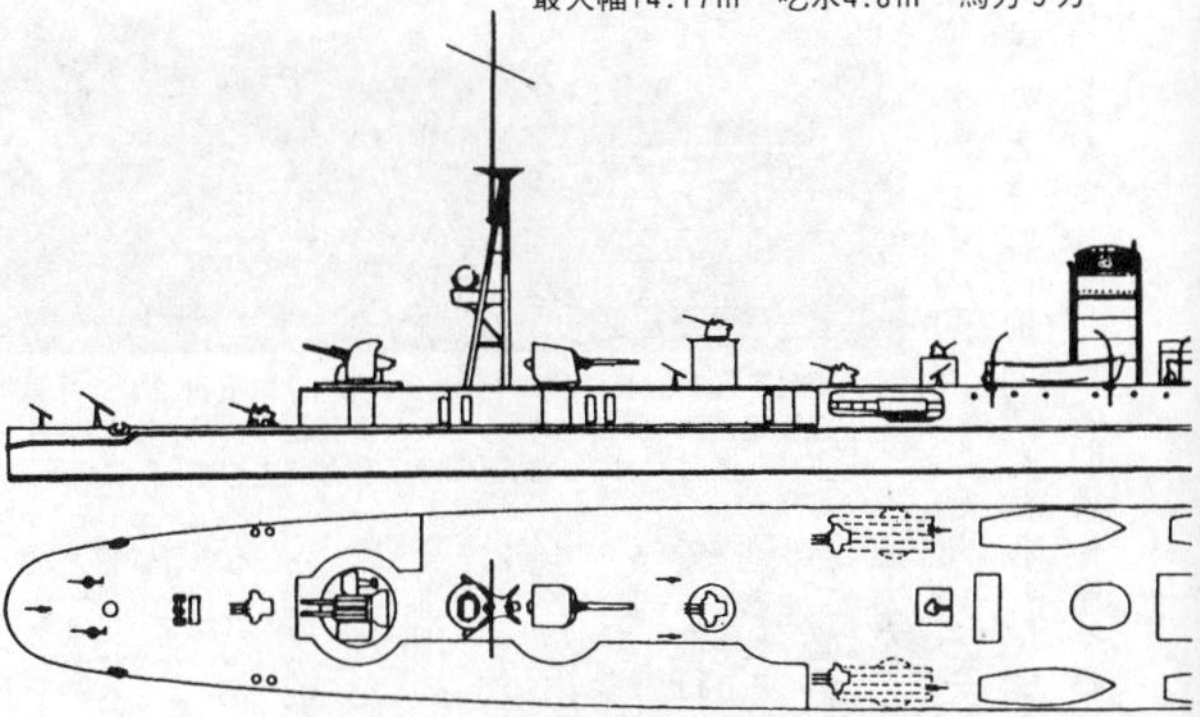

阿武隈(昭和19年)　基準排水量6460 t　水線長158.53m
最大幅14.17m　吃水4.8m　馬力 9 万

大正11年４月21日に竣工した「長良」(上)、昭和19年９月、防空巡洋艦の改造工事を終えて、公試運転中の「五十鈴」(中)、大正11年７月21日、公試運転時、全力航走中の「名取」(下)。

五ノットになったが、その他の性能は「球磨」型とまったくおなじである。

艦橋前部に設けられた飛行機発進用の滑走台は、まだカタパルトが出現しないときだったので、飛行機を発進させるにさいして必要な合成風力をえるために、どうしても艦首部に設けなければならなかった。しかしこの配置は、いろいろと問題があった。発進させるのはよいが、飛行機が帰還してきたときに、海面から揚収してふたたび滑走台に乗せるのは、ひじょうに困難な作業だった。したがって、その収容作業や艦橋の構造などからいって、この場所はけっして便利な場所ではなかった。

その後、カタパルトが発明され、「長良」型にも装備されたが、滑走台はしばらくのあいだそのままにされ、台上に機銃座を設けたりしていたが、艦首部の砲の操作にじゃまになるので、まもなく撤去された。

35ノット以上の高速を記録した、公試運転時の「由良」(上)
昭和12年1月、性能改善工事の後、広島湾上の「鬼怒」(中)
昭和7年、艦首部切断事故を改正した直後の「阿武隈」(下)

艦橋内部の飛行機格納庫は、水雷戦隊旗艦としての諸設備に利用され、この大きな構造物はかえってその後、有効に使われることになった。

「長良」型の最終艦は、大正十四年五月二十六日に竣工した

「阿武隈」をもって一段落したが、本艦は大正十二年に完成する予定だった。工事が延びたのは、関東大震災の発生により、建造所の浦賀船渠で、しばらく工事中止というアクシデントがあったからである。

その後「阿武隈」はふたたび災難にあう。昭和五年十月、大演習での夜間訓練中に、「北上」と衝突事故をおこし、艦首が切断されたのである。この修理のさい、従来のスプーン型艦首をやめて、凌波性のよいクリッパー型の艦首にとりかえた。このため「阿武隈」のみが他の「長良」型の艦首と異なっているのが特徴である。

「長良」型の識別法としては、一、三本煙突であること。この点は「球磨」型と同じ。二、後部艦橋がないこと。三、艦橋構造物が大きく箱型であること、などがあげられる。

「長良」をはじめとして、このクラスの艦は就役期間が大正から昭和へと比較的長かったために、しばしば改装が行なわれ、艦の外観もかなり変わっていった。また、太平洋戦争突入後も、その後の新鋭軽巡とまったく遜色のない活躍ぶりだった。その中でも、異色の存在となったのが「五十鈴」である。

「五十鈴」は太平洋戦争の末期に兵装を大幅に改め、いわゆる防空巡洋艦になった。「長良」型の一艦としての「五十鈴」が、どのような戦闘経過をたどったか、一つの例としてつぎに眺めてみよう。

唯一の防空巡洋艦となった「五十鈴」

「五十鈴」は、太平洋戦争がはじまってからというもの、コマネズミのようによく働いた艦である。開戦時には香港攻略戦に参加し、ついでタイ方面で船団護衛に任じ、ジャワ海方面の海上警戒など、地味ではあるが日本軍進攻作戦の縁の下の力もちとなっていた。

昭和十七年にはいって、第一次ソロモン海戦で勝利をおさめた直後の十月十五日、戦艦「金剛」「榛名」の護衛としてガ島砲撃に参加、ヘンダーソン飛行場を火の海と化した。

十一月十三日、ガ島飛行場をふたたび戦艦の巨弾で叩きのめそうと、「比叡」「霧島」を中心にした挺身攻撃隊の一員として、「五十鈴」は参加した。このとき、ガ島のルンガ泊地に突入する寸前、米艦隊と鉢合わせし、「比叡」を失う。翌十四日、挺身隊は再度「霧島」を主力として突入するが、こんどもまたほとんどおなじ海域で新手の米艦隊と遭遇、「霧島」を失って撤退、第二回のガ島砲撃は不成功におわった。

古来、おなじ作戦を二度くり返すと、かならず失敗する、という戦術上のジンクスがあるが、日本軍はそのとおりの苦杯をなめさせられたのである。この間「五十鈴」は、もちまえの高速力で疾駆（しっく）しながら砲雷戦を敢行していたが、敵の至近弾をうけて中破するという損害をこうむった。その後、同艦はショートランド、トラック島を経て横浜に帰還し、浅野ドックに入渠した。

「長良」型の「五十鈴」は、比較的乾舷が高く、一四センチ砲は上甲板レベルにあるので荒天でも操作がしやすかったといわれる。

ただ機関部は、古いタイプの罐（かま）なので、「高雄」型のように罐の内部にのみ風圧をかける

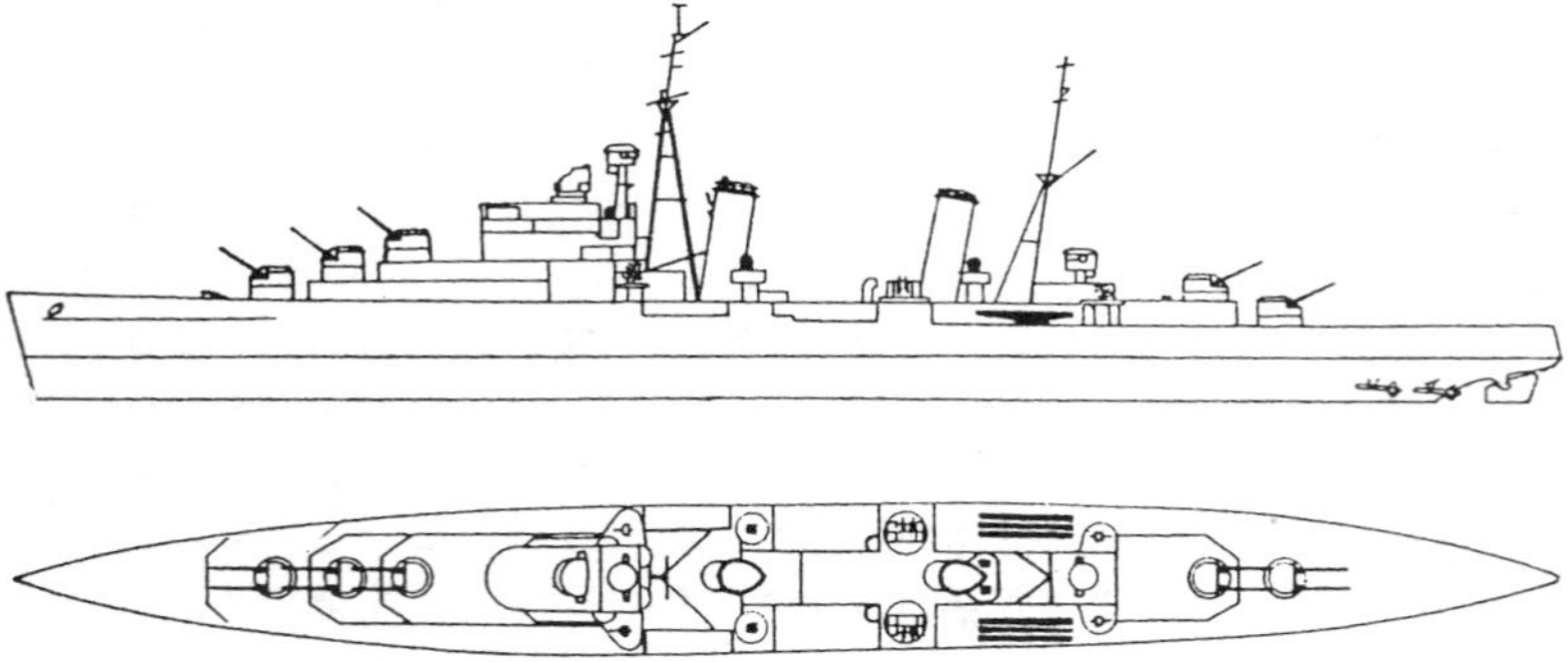

ダイドー(1942年)　排水量5450 t　長さ154.2m　幅15.6m
吃水4.2m　馬力6万2000　速力33kn　備砲5.25in砲×10

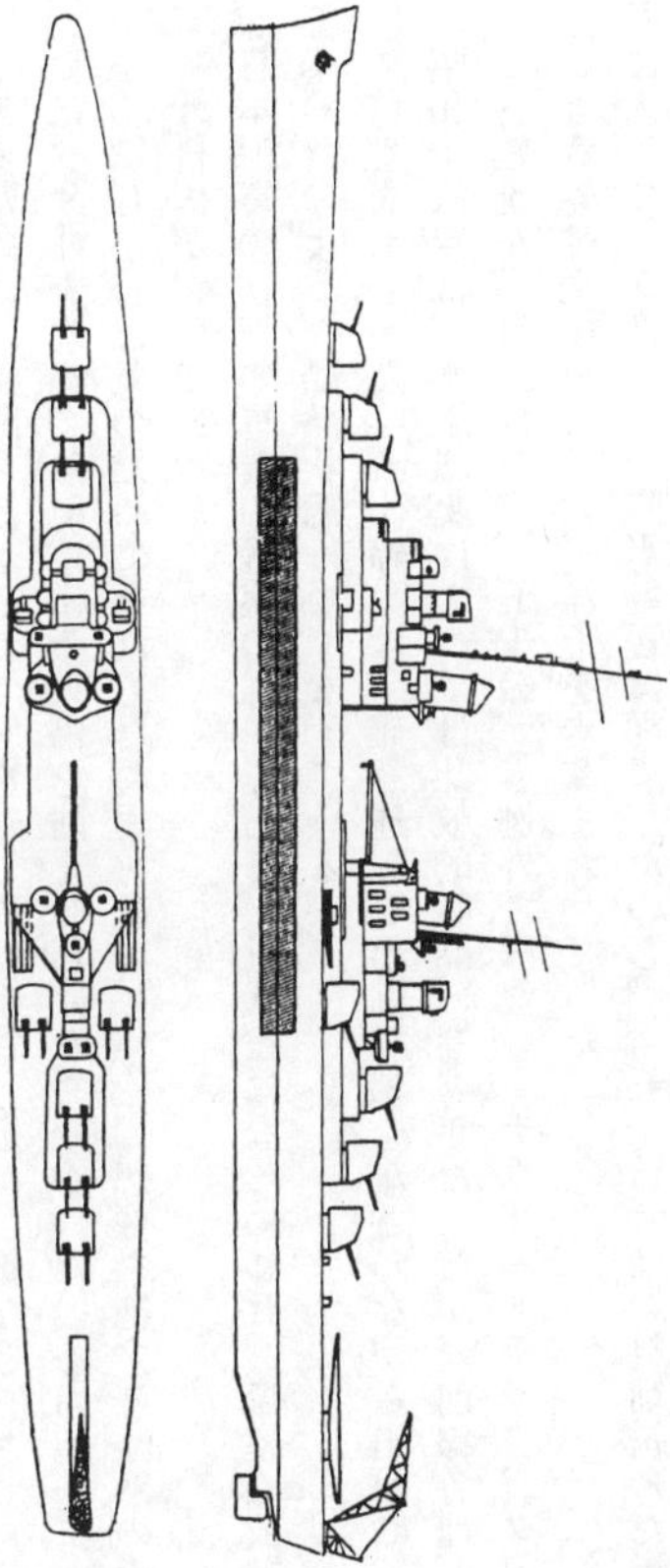

オークランド（1942年）　基準排水量6000ｔ　全長165.1ｍ　幅16.2ｍ
吃水6.3ｍ　馬力７万5000　速力32.5kn　備砲５in砲×16

という新構造ではなく、罐室全体に気圧をかけて、罐に風を送り込む構造になっていた。したがって機関兵は、強い気圧による疲労がはげしく、一日に四時間ずつ、二回の勤務になっていた。しかし、それも戦闘状態に入ると交替などしていられない。罐を炊きながら、高い室温に目がくらみ、ぶっ倒れる者がかならずいた。

高温にたえるために、機関兵はかえって服を着こみ、手首、足首、腰などをきっちりと締め、襟元にはタオルを巻いて熱射による火傷を防止せねばならなかった。もちろんグッショリと汗をかく。しかし熱気のためにそれもたちまち乾いていく。想像を絶する酷熱の中での労働は、それ自体が戦争であった。

これが日本海軍の初期の軍艦の罐室の様子である。近代艦になるにつれ、罐室も改善されて、「五十鈴」のような酷熱状態はなくなっている。

横浜での修理をおわった「五十鈴」は、確認運転と出動訓練をかさねながら出撃にそなえていた。昭和十八年は、水上艦艇にとっては比較的戦闘のない年だったが、前線各地への補給作戦に、各艦艇が動員された。「五十鈴」も例外ではない。ナウル、トラック、クェゼリンと、兵員と武器輸送に連日、太平洋上を走りまわっていた。

十二月に入って、何度目かの陸軍輸送に従事したのち、「五十鈴」は燃料補給のためにマーシャル諸島のクェゼリンに入泊しているとき、突如、敵機約七〇機が襲いかかってきた。激しい応戦が十数分つづけられたが、ついに被弾。だが幸運なことに、直撃弾は後甲板を突き抜けただけで爆発しなかった。防御のないやわらかい船体なので爆弾が起爆しなかったのか、あるいはほんとうに不発弾だったのかわからないが、前者の公算が強い。

しかし、この命中弾で舵取り器のシャフトが折れてしまった。やむなく人力操舵で船を進めなければならなかった。二四人の力で舵輪を回しながら、クェゼリンからトラックまでの約二〇〇〇キロを走りつづけた。

トラックで応急修理をしたのち、十九年早々、横須賀へ帰投する。このとき「五十鈴」は徹底的な対空兵装の改装が行なわれた。まず主砲が撤去されて、かわりに一二・七センチ連装高角砲三基六門が搭載され、二五ミリ三連装機銃一三基、単装機銃は上甲板の空所いたるところに設置された。片舷だけでも三メートル間隔でズラリとならび、二五ミリ機銃だけでも七〇門をこえていた。

さらに対空兵装に加えて、通信・信号兵装が強化された。この中には哨信儀という新兵器があった。これは電波を光にするもので、赤外線を用いた信号機である。光そのものは肉眼では見えないが、特殊眼鏡を使用すると光がモールス信号となって見えるというものだ。こうして、思いきった兵装強化を行なったので重量が増加し、速力は三三ノットに低下した。

昭和十九年になって、日本海軍ははじめて防空巡洋艦をもったことになる。これは「五十鈴」だけを防空巡洋艦にするというのではなく、戦訓がこのような重対空装備にさせたもので、本艦だけではなく、当時の艦艇にはすべて行なわれたものだった。

しかし、防空巡洋艦という艦種は、一九三八年（昭和十三年）に英国海軍がすでに創案している。これは旧式軽巡コヴェントリー（四二九〇トン）を改装し、従来の六インチ主砲をすべて撤去し、かわりに四インチ（一〇・一六センチ）高角砲一〇門、四〇ミリ機銃一六門を搭載して、正式に防空巡洋艦として就役させている。防空巡のパイオニアは、英国海軍であった。

つづいて一九四〇年（昭和十五年）以降、新防空巡としてダイドー型（五四五〇トン）一一隻をつぎつぎと建造し、ベローナ型（五七七〇トン）五隻の建造へとすすんでゆく。これらの防空巡は、新式の五・二五インチ高角砲を八～一〇門搭載していた。

一方、米国はダイドー型に刺激されて防空巡を計画、一九四一年からアトランタ型軽巡を四隻竣工させた。基準排水量六〇〇〇トン、七万五〇〇〇馬力、三二ノット、五インチ連装高角砲八基一六門、二八ミリ四連装機銃四基一六門、二一インチ四連装発射管二基八門という重装備の本格的な防空巡を建造。さらにこのタイプを改良したオークランド型（同装備、速力を三三ノットに向上）を七隻建造中であった。

日本は、この艦種の建造に大幅におくれをとっていた。飛行機の進歩では日本は列強にいささかもひけをとらないすぐれた機種を生産していたのに、防空巡の実現をついに見ることがなかったのは、大きな過失である。ただ、防空駆逐艦「秋月」型が生まれたのが、せめてものなぐさめというところである。

防空巡になった「五十鈴」は、十九年十月の捷一号作戦に、囮（おとり）艦隊としての小沢機動部隊に随伴して出撃した。

十月二十三日、小沢治三郎中将のひきいる機動部隊は、空母「瑞鶴」「瑞鳳」「千歳」

「千代田」を中央におき、戦艦、巡洋艦、駆逐艦を外周に配した輪型陣で一路、南下していた。艦隊が台湾東方海面にたっした二十五日の朝、ハルゼー提督の第三艦隊は、小沢部隊を主力と誤認して追撃のために北上しはじめた。作戦は、図にあたった。これで栗田艦隊はレ

防空巡洋艦コヴェントリイを基礎とし、英国が昭和15年に完成した新型防空巡洋艦ダイドー(上)、同型艦11隻が建造された。ダイドー級に影響をうけた米国が昭和16年に就役させたアトランタ(中)とその発展改良型防空巡オークランド(下)。

イテ湾に突入できるだろう。

ここにおいて小沢部隊は、味方空母機をすべて敵機動部隊に向けて発進させたあと、艦隊は二〇ノットで北方に避退、ますます敵を引きつけようとしていた。そのとき、はるか海上に敵機が姿を見せた。全軍はただちに戦闘配置につく。

やがて敵機が射程内に入ったとき、「五十鈴」は対空火器をフル回転した。ところがここに、思わぬ事故がおこった。高角砲を撃っていた数名の兵が、にわかにその場に倒れたのである。敵機はまだ射撃していない。もちろん爆撃もされていない。周囲の者は瞬間、何がおこったのか、アッケにとられた。だが事情は、すぐに判明した。敵機を目がけて撃っていた高角砲の弾丸が、そのすぐ横で発射していた機銃の弾丸と衝突し、高角砲弾が爆発して兵がなぎ倒されたのであった。このような偶然は、話にはなっても実際におこる確率はきわめて小さいものである。まことにめずらしい出来事だった。「五十鈴」の対空砲火は凄絶をきわめた。とりわけ二五ミリ機銃の威力はすさまじかった。「五十鈴」の射程内に入った敵機はつぎつぎと撃ち落とされた。

だが「五十鈴」も、艦橋下にある機銃台に爆弾が命中した。射撃していた兵が、下半身を吹き飛ばされた。だが銃座に上半身をしばりつけてあるので、即死したままなおも指は引き鉄を引いている。

小半刻（こはんとき）の対空戦闘で、ようやく敵機は去っていった。空母「千歳」は被爆して航行不能になっていた。九時四十分ころ「五十鈴」は、「千歳」の曳航を命ぜられて近づいたとき、まも敵機来襲、反転して対空戦闘に入る。その間に「千歳」は集中爆撃をうけてついに沈没した。

波間にただよう戦友を救助しようと近づくとまたも第三波の空襲。応戦し、敵機を追いはらって救助に向かう。またも敵機。これを幾度かくりかえして、ようやく三〇〇名ほど乗組員を救助した。「五十鈴」では多くの機銃射手を失ったので、「千歳」の射手を充当して戦列に加わってゆく。

夜に入って、旗艦「瑞鶴」の沈没により軽巡「大淀」に移乗した小沢長官から、「水雷戦隊、突撃せよ」の命令が下った。ハルゼーの艦隊は、至近距離に迫っていた。しかし「五十鈴」にはすでに燃料が欠乏し、最大戦速の突撃は不可能だった。残量は、沖縄までもつかどうかという程度しかなかった。やむをえず水雷攻撃は断念する。

燃料がなくなると吃水線が上がってスクリューがカラまわりしてしまう。そこで、からのタンクに海水を注入し、バランスをとって帰途につくという状態だった。

捷一号作戦から帰還してまもなく、「五十鈴」は第五艦隊に編入され、任地の南西方面艦隊へ向かった。ちょうどマニラ沖にさしかかったとき、突然、「五十鈴」は敵潜の魚雷攻撃をうけて舵をもぎとられてしまった。しかし幸いなことに、四つのスクリューは無傷だった。だが舵がないので方向を変えることができない。そこで右と左のスクリューの回転数を変えることで転舵にかえるという厄介な方法をとることになった。

回転数の指示は艦橋から伝声管で機関部に伝えられるのだが、機関部は一瞬の油断もできない。いつ指示が出るかわからないし、四つのスクリューを指示された回転数に合わせるのも大仕事だった。それでもどうにかシンガポールにたどりつくことができた。

セレター軍港で舵を修理し、戦列に復帰した「五十鈴」は昭和二十年四月七日、チモール島の陸軍部隊を収容して小スンダ列島のスンバワ島に揚陸、撤退作戦を無事完了してビマ港を出た。まだ夜は明けきっていなかった。そのとき、敵潜の雷跡を近距離に発見、緊急回避したがついにおよばず、艦橋下に命中した。防水作業を懸命につづけているとき、またも二本の雷跡が迫ってきた。

もはや「五十鈴」は運命に見放されていた。一二ノットに速力が落ちているので、これを回避することは不可能だった。左舷の罐室と、後部機械室に被雷爆発。ついに総員撤去の命令が下された。やがて「五十鈴」は、艦首を上にして、そのまま滑るように海中に没していった。一八九名の将兵が、艦とともにジャワ海深く没したのである。

四本煙突の「川内」型

「長良」型のあとにつづいて「川内」型が出現するが、この艦は一見してすぐそれとわかる四本煙突である。軍艦は、後期になるほど近代化され、とくに煙突の数が減少して、しだいに一〜二本になってゆくのが特徴だ。しかし「川内」型は逆に四本にふえ、ユニークな艦型になっている。

一番艦の「川内」は、大正十三年四月二十九日に竣工し、その後、同型艦の「神通」「那珂」が、それぞれ大正十四年七月、および十一月に竣工し、「川内」型はこの三隻で完成。いわゆる五五〇〇トン型も、合計一四隻でピリオドを打つことになった。

「川内」型は、もちろん「球磨」型を基本とし、その改良型として建造されたものだが、四

大正13年４月29日に竣工した「川内」(上)。写真は公試運転中の本艦。「川内」型は5500トン型軽巡の最終発達型となった。近代化改造後、昭和10年当時の「神通」(中)。大正14年11月、竣工近い「那珂」(下)。本艦は関東大震災で建造がおくれた。

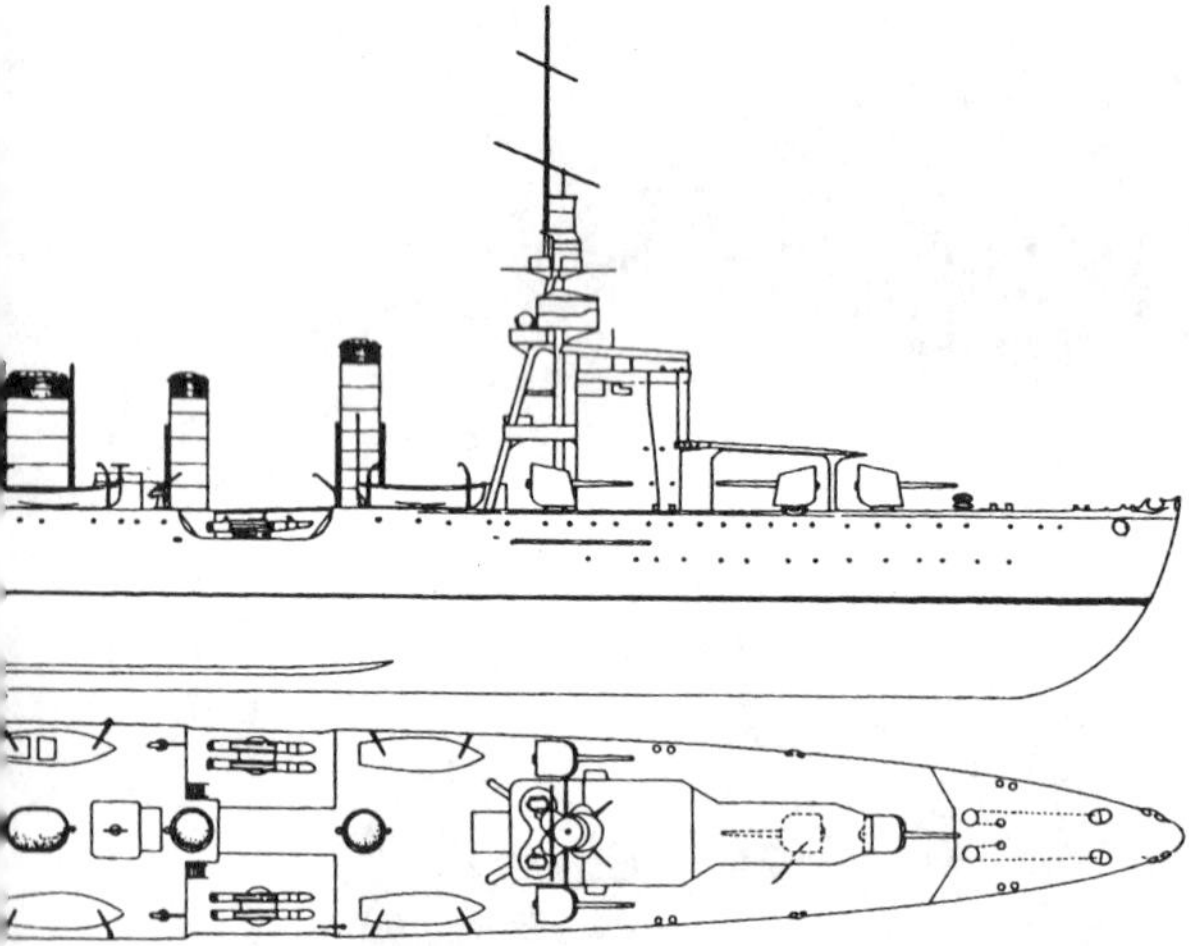

速力35.25kn　備砲14cm砲×7，8cm高角砲×2，
発射管×8　航空機1機

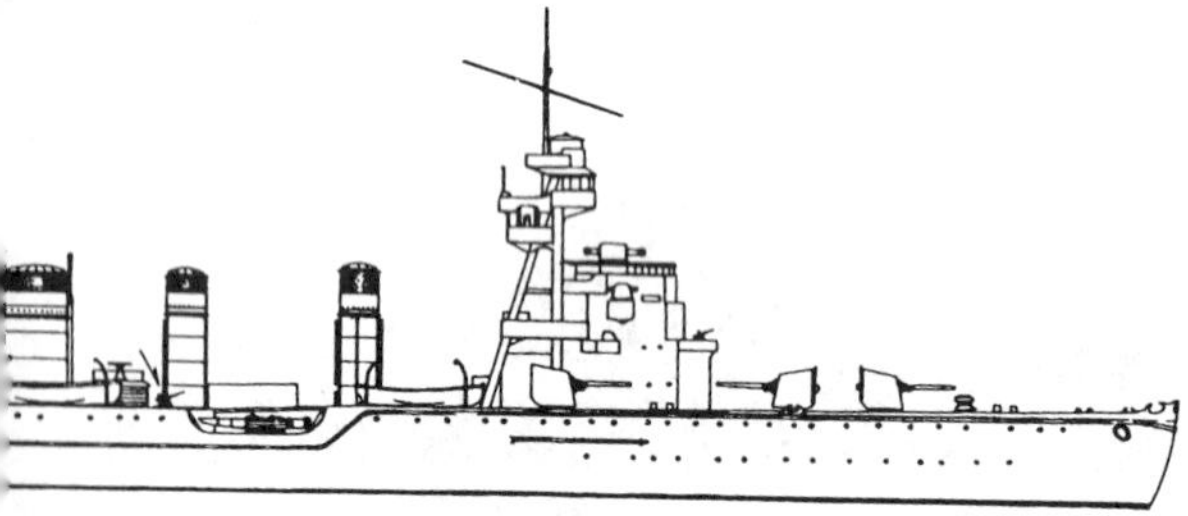

速力33kn　備砲14cm砲×7，発射管×8
航空機1機　射出機1基

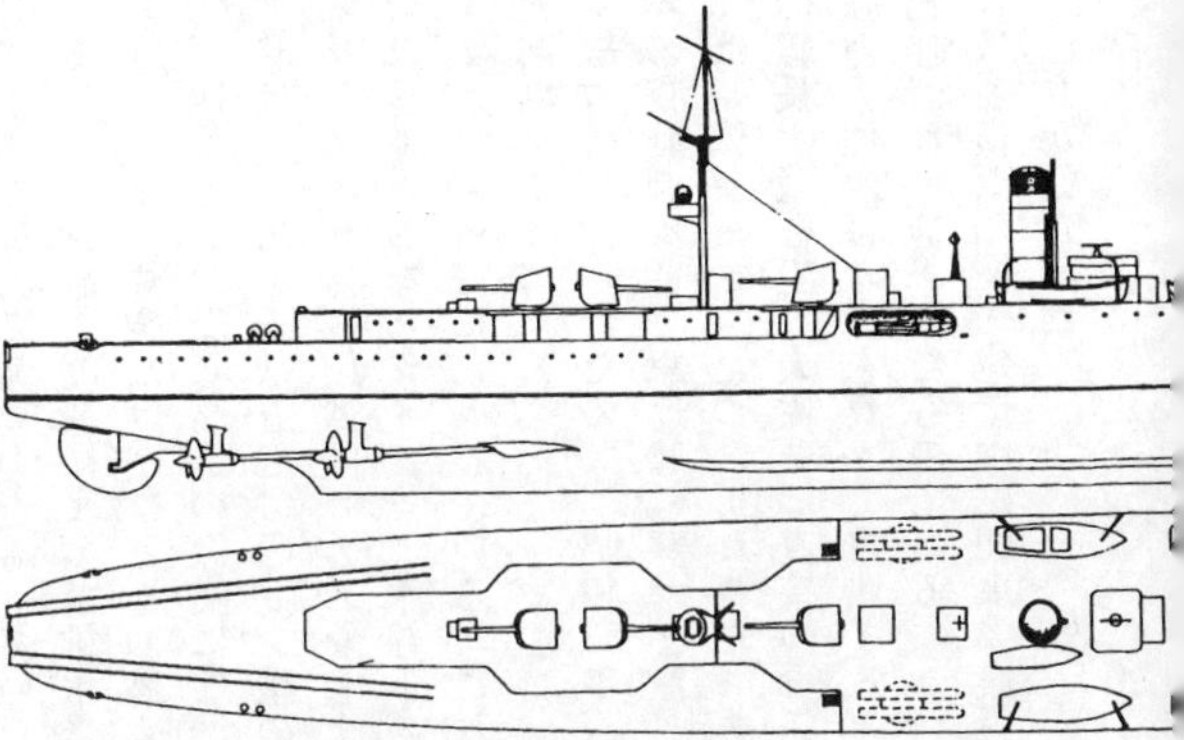

川内(新造時)　基準排水量5195 t　水線長158.53m
最大幅14.17m　吃水4.8m　馬力 9 万

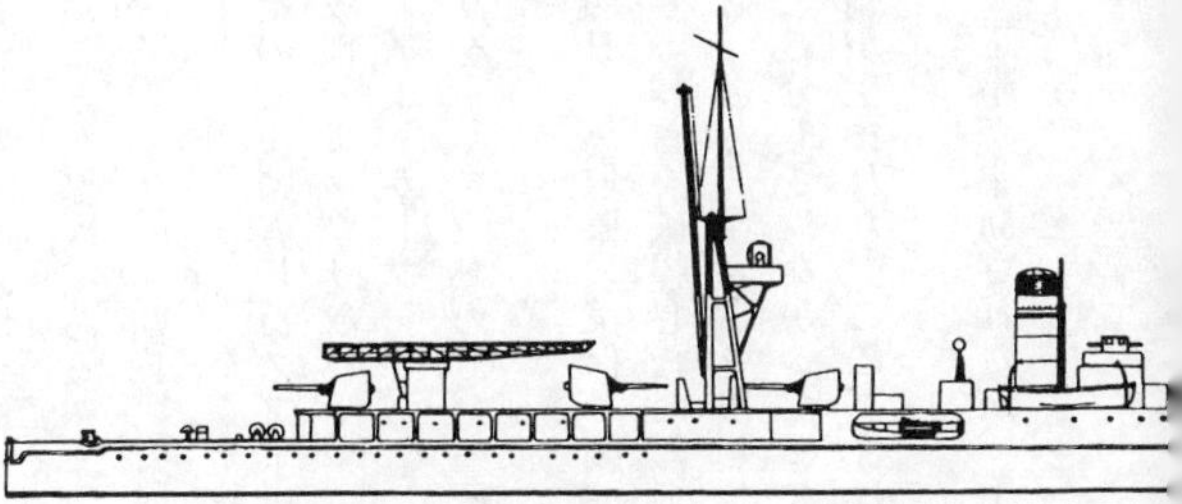

川内(昭和16年)　基準排水量7000 t　水線長158.53m
最大幅14.17m　吃水4.8m　馬力 9 万

本煙突になったのは、重油節約の必要から石炭との混焼罐を一基ふやしたためである。しかし出力はおなじで、九万馬力の軸馬力をもっていたが、「川内」型の速力は三五・二五ノットに低下している。これは罐の増設によって排水量がふえたことが原因である。

四本の煙突のうち、第一煙突だけがひときわ高くなっている。しかし「川内」だけは後に高さをそろえて、四本ともおなじ高さの煙突になった。

また艦首の形状は、「川内」は五五〇〇トン型の特徴をそのまま踏襲したスプーン型だが、「神通」と「那珂」のみが、「阿武隈」とおなじように凌波性のよいクリッパー型になっている。この艦首は重巡とおなじタイプで、水線下の艦首がダブル・カーヴド・バウとなり、二重のカーブをえがいて艦底にたっしている。これは波切りをよくするためで、高速の艦にもっとも適した形状である。

「神通」がこの艦首にかえられたのは、昭和二年八月二十四日、鳥取県の美保ヶ関沖で行なわれた水雷戦隊の夜戦訓練で、駆逐艦「蕨」と激しく衝突し、艦首を破損したためである。このとき「蕨」は船体がまっぷたつに折れてたちまち沈没し、多くの犠牲者を出してしまった。「神通」の艦長水城啓圭次大佐には直接の責任もなく、処分もされなかったのだが、人一倍責任感の強い大佐は自ら責を負って自決するという悲劇が生まれた。この事件は当時、美保ヶ関事件と呼ばれ、騒がれたものである。

「那珂」の場合は、横浜船渠で建造中に関東大震災がおこり工事が中断されたが、工事再開のおりに艦首がとりかえられた。

「川内」型にかぎらず、五五〇〇トン型のすべてにいえることだが、この船体に九万馬力という高出力を出すための罐が搭載されているため、罐室のスペースも大きく、その上部にある兵員の居住区の暑さは、ものすごいものであった。今日のように断熱材が発達していないときでもあり、乗組員たちは居住区の高熱には悩まされどおしで、これは最後までかわらなかった。一つの欠点である。

その後、たびたび近代化のための装備の改装が行なわれ、カタパルトの採用や、旧式の八センチ高角砲にかえて二五ミリ機銃を搭載するなど、開戦までに各艦の装備もガラリと変わっていった。このために排水量も増大してゆき、開戦当時には公試排水量は七〇〇〇トンちかくにまで増大した。

太平洋戦争に入って、「川内」型の三艦のうち「神通」の活躍には悲愴なものがあった。昭和十八年七月十三日の夜、ソロモン方面でおきたコロンバンガラ島沖海戦で、五隻の駆逐艦をひきいた第二水雷戦隊旗艦「神通」は、敵の軽巡ホノルル、セントルイス、レアンダーの三隻と駆逐艦一〇隻とはちあわせした。

このとき「神通」は勇敢にも探照灯を敵艦隊に照射し、味方駆逐艦に攻撃目標をはっきりと確認させた。しかし、このため「神通」は、三隻の敵軽巡から合計二六三〇発という、信じられないほどの集中砲火を一身に浴びて沈没した。しかし「神通」の犠牲によって、第二水雷戦隊は攻撃準備が完全に完了し、敵艦隊に向かっていっせいに突入し、なんの妨害もうけずに全艦魚雷を発射して後退した。

たちまち敵の二番艦、ニュージーランド海軍のレアンダーに魚雷が命中、小山のような火の玉が吹き上がる。第二水雷戦隊の「雪風」「清波」「浜風」「夕暮」「三日月」の五隻は、発射管に次発装填して第二波攻撃に向かった。連合軍側は、一度魚雷を発射した日本駆逐艦は、そのまま退却したものと考えていた。完全に油断しているところへ、幻のように現われた日本軍が、またもや魚雷を発射した。この攻撃でホノルルの艦首に二本の魚雷が命中し、艦首は折れて空中に吹っ飛んだ。セントルイスも二本命中、艦首が折れ曲がっておなじく大破。駆逐艦グウィンも二本命中して瞬時に轟沈した。さらに、この惨状に呆然とした駆逐艦二隻が衝突し、一方のウッドワースの推進器が吹っ飛び、艦尾に大穴があいて浸水、大破した。

こうして司令官伊崎俊二少将の座乗する「神通」の捨て身の戦法によって、コロンバンガラ島沖海戦は日本軍の勝利で幕を閉じたのであった。

第七章　世界注視の小型軽巡「夕張」型　夕張

試作実験用として建造

「夕張」は、わずか三〇〇〇トンたらずの排水量で、五五〇〇トン型に匹敵する強力な兵装をそなえた、画期的な小型軽巡であった。

この「夕張」の出現によって、その後に建造された日本軍艦は、ほとんど「夕張」の影響をうけ、それまでの日本海軍の艦艇の様相がガラリとかわったほどである。

「夕張」のあたえた影響力は、造船、造機（機関）、造兵（兵装）の各部門にわたって、大きな技術革新をもたらしたにもかかわらず、建造されたのがたった一艦だけであったというのも、日本海軍の中では、きわめてめずらしい存在である。

「夕張」は、あくまで実験艦として、平賀護博士の設計のもとに建造されたものであり、その竣工後は、「夕張」はもちろん、五五〇〇トン型よりもさらに大きな軽巡を必要とするようになったからである。

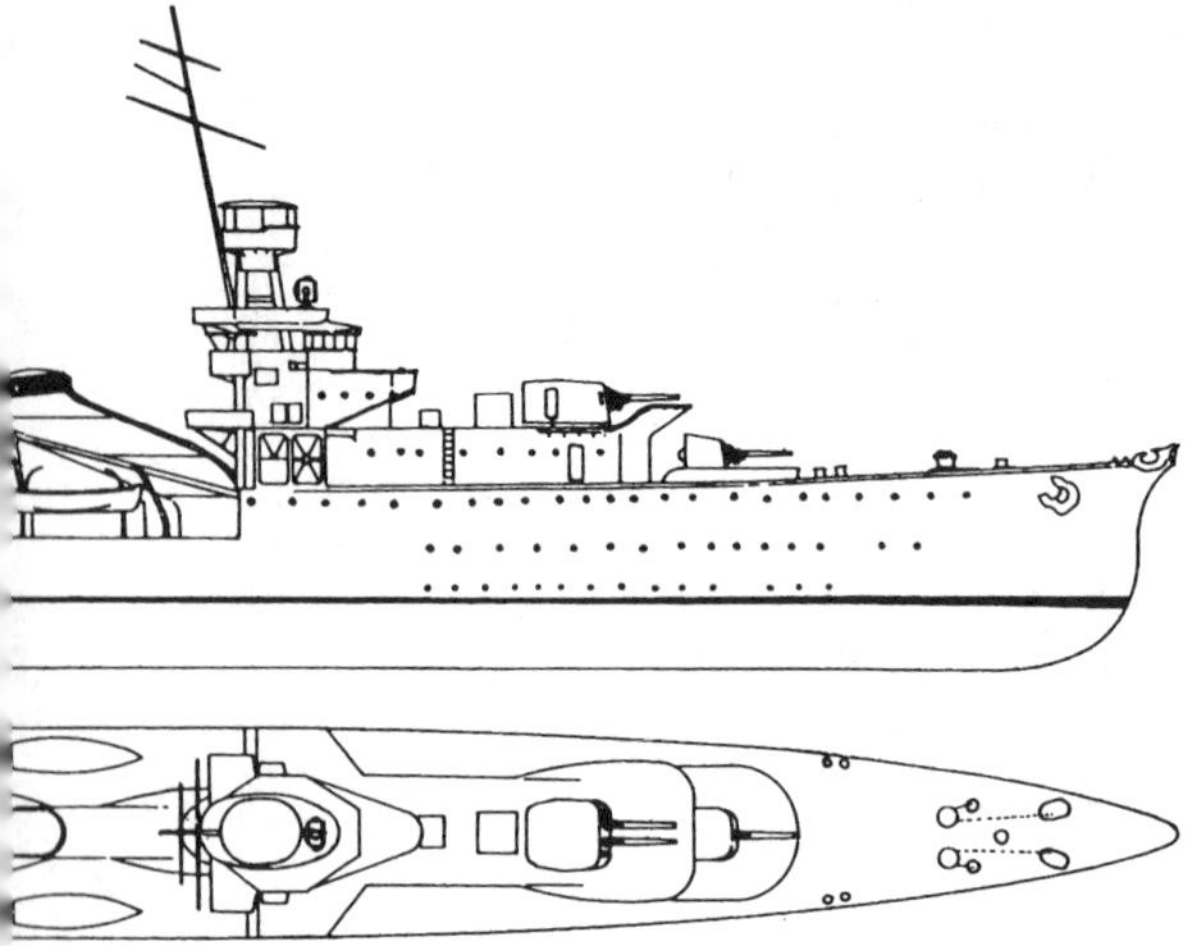

速力35.5kn　備砲14cm砲×6，
8cm高角砲×1，発射管×4

「夕張」が実験艦としてつくられた背景には、大正九年の経済恐慌、それにつづく物価騰貴という情勢があった。そのうえ戦艦「陸奥」が進水して、日本にポスト・ジュットランド型戦艦が出現するにおよび、世界の建艦競争には、いっそう拍車がかけられてきた。

こうしたおりから、日本海軍は物価の上昇で、八八艦隊の建造計画が後退することをおそれ、時の海軍大臣加藤友三郎大将は、大正十年の春、建艦費をできるだけ節約して所期の目的を達成するよう指示した。

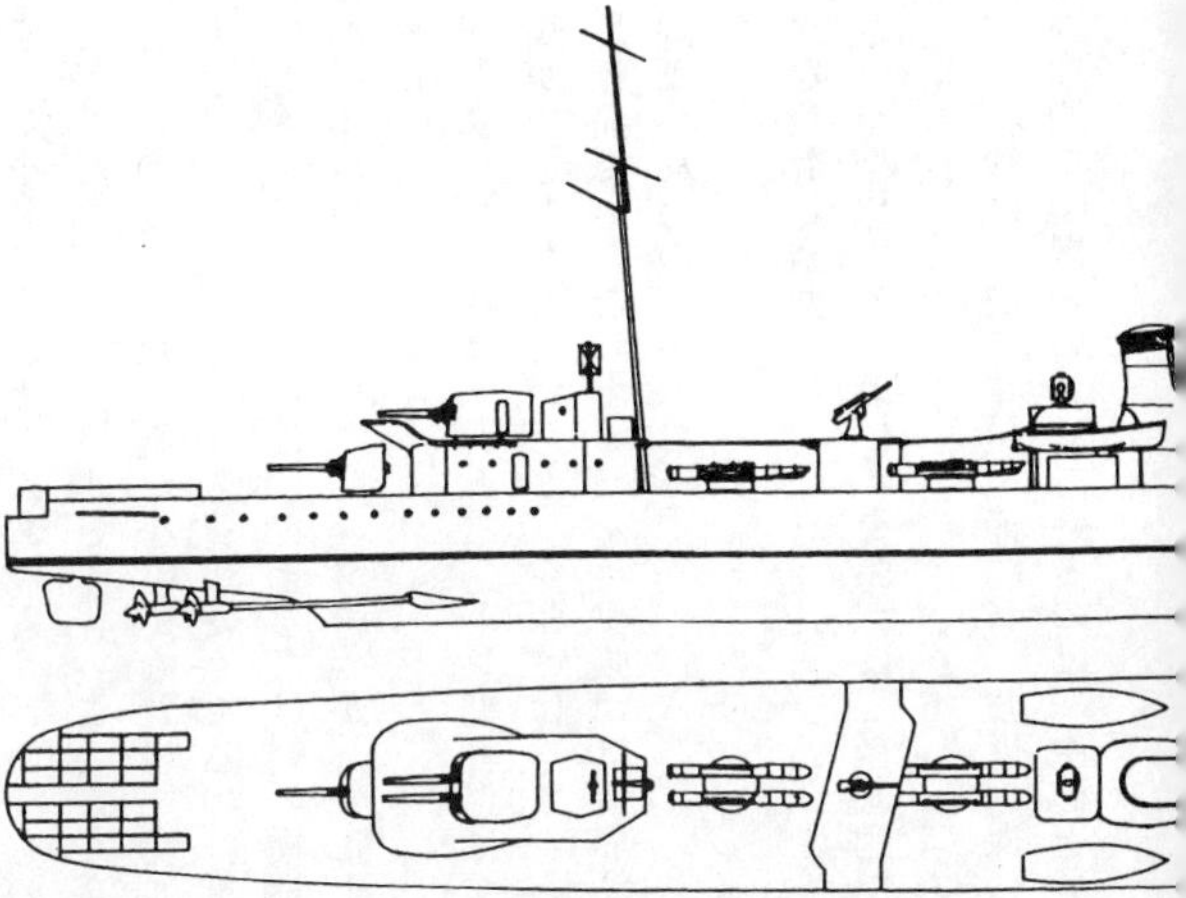

夕張(新造時)　基準排水量2890 t　水線長137.16m
最大幅12.04m　吃水3.58m　馬力5万7900

これによって日本海軍は、軍艦建造の節約態勢をとることになったが、これをうけて造船界の鬼才、平賀大佐（当時）は、同年六月に「夕張」の設計案を軍令部に提出したのであった。この「夕張」案は、とくに日・米の建艦競争に対処することが目的とされ、艦の隻数では工業力の劣勢で太刀打ちできないので、個艦優秀を目標とし、なおかつ建造費と維持費の節約をはかるために、一定の武装と性能を、できるだけ小型の艦にもりこむことが考案されていた。

平賀大佐の構想は、このころ建造中だった五五〇〇トン型に的をしぼり、これがもっている戦力をすべて小型の艦にまとめあげようというものであった。つまり、五五〇〇型と同等の戦力をもった艦を、どれだけ小さく作ることができるか、というテスト・ケースとして建造しようというのであった。艦が小さくなれば、それだけ工事の工程も少なくなり、資材も少なくてすむ。したがって、建造費が安くなるのは、とうぜんである。

この目的をもって平賀大佐は、できるだけ艦の構造や機構を合理化して設計した結果、近代的な日本巡洋艦の先駆となった「夕張」が、大正十二年七月三十一日に佐世保工廠で竣工したのである。

「夕張」が完成した当時は、五五〇〇トン型軽巡はすでに「球磨」型五隻、「長良」型五隻の計一〇隻ができあがっていたが「夕張」は、これらの艦も一夜にして色あせるほどの、すぐれた小型軽巡であった。とうぜん「夕張」は世界注視の的となり、そのすぐれた造船技術は、高く評価されたのであった。

ユニークな設計と艦型

できるだけ小型化するために「夕張」は、徹底的な軽量化がはかられた。船体は比較的薄い鋼板が活用され、ガーダー（Girder＝大梁、桁構）やフレーム（Frame＝構造物）などの形状や配置を、巧妙に、かつ重量を節約し、強度を保つように工夫された。

とくに画期的な配置といわれているのは、主砲と発射管を艦の中心線上に配置したことである。口径一四センチの主砲は、艦首部の一番砲塔が単装で、二番砲塔が連装、艦尾部の三番が連装で四番が単装になっている。軽巡に連装砲塔を採用したのは、「夕張」が最初であった。中心線上に配置したため、全主砲を左右両舷に指向することができ、このために五五〇〇トン型より主砲が一門少ないのに、片舷射撃力は同数の六門になった。

この主砲で、もっとも特徴的なのは、前後部の二基ずつの砲塔間にもうけられた爆風よけである。これは一番と四番が、純然たる砲塔ではなく、単なる防楯なので、砲を操作する砲手は体が外に出ている。したがって、うしろの連装砲が発砲すると、その爆風をモロにうけてしまうので、屋根の庇(ひさし)のような爆風よけを設けたのである。やむをえない処置とはいえこれだけは、せっかくの「夕張」の艦容をそこねる構造物となっている。しかし、二基の砲塔を背負い式に配置したのはすぐれた設計であった。

ついで、発射管も主砲と同じように中心線上の上甲板に装備された。五五〇〇トン型の場合は、艦の幅がひろいために両舷に分散されて配置されたが、「夕張」の場合は幅がせまくなっているので、中心線上の搭載が可能となった。

このために五五〇〇トン型の半数の発射管で、片舷発射力がまったく同じ四射線をえられたことは、大きな収穫であった。搭載位置は煙突の後方で、後檣との間に二基とも配置された。はじめ発射管は、むき出しのまま搭載されていたが、のちに波よけの楯(たて)が装着された。

こうした合理的な配置によって、少ない兵装でありながら、五五〇〇トン型とまったく同じ強力な戦力を持たせることに成功したことが、「夕張」の注目すべき特徴である。

今日から見れば、きわめて常識的なことに思われるかもしれないが、こうしたタイプの巡洋艦が、まったくなかった当時としてみれば、きわめて大胆、かつユニークな兵装配置であった。なお、これは重量軽減にも大きく影響し、艦の小型化に役立っている。

また「夕張」には、五五〇〇トン型と同様に機雷敷設のための装備がほどこされていた。機雷の敷設口は艦尾にもうけられており、そのために艦尾の部分が切れこんでいる。

いざ開戦となって、艦隊決戦がおこなわれるときは、軽巡はすばやく敵艦隊の前方に進出し、敵の針路上に急速に機雷をばらまき、敷設する任務をもっていた。「夕張」に機雷敷設の装備があることは秘密にされ、艦尾部の写真撮影は禁じられていたほどである。

「夕張」のもう一つの特徴は、その煙突にある。艦の中央部に鎮座している巨大な結合誘導煙突は、日本の軍艦の中ではじめて試みられたもので、その特異なスタイルが「夕張」の独特の艦型をつくりあげている。

この結合煙突は、艦橋の真下にある罐室の煙路を屈曲させて後方に延ばし、後部の煙路に結合させたもので、小型の艦のわりに巨大な煙突になった。しかし、煙突をこのようにして一体化したために、艦橋をはじめ上部構造物の配置が整理され、そのメリットはきわめて大きなものがある。

後年、「古鷹」型以降のすべての重巡が、「夕張」によって成功をみた結合煙突方式を採用しているのは、その効用をたかく評価したからにほかならない。とくに「最上」型や「利根」型にみられる一体化された結合煙突は、まさに「夕張」型といってよい。

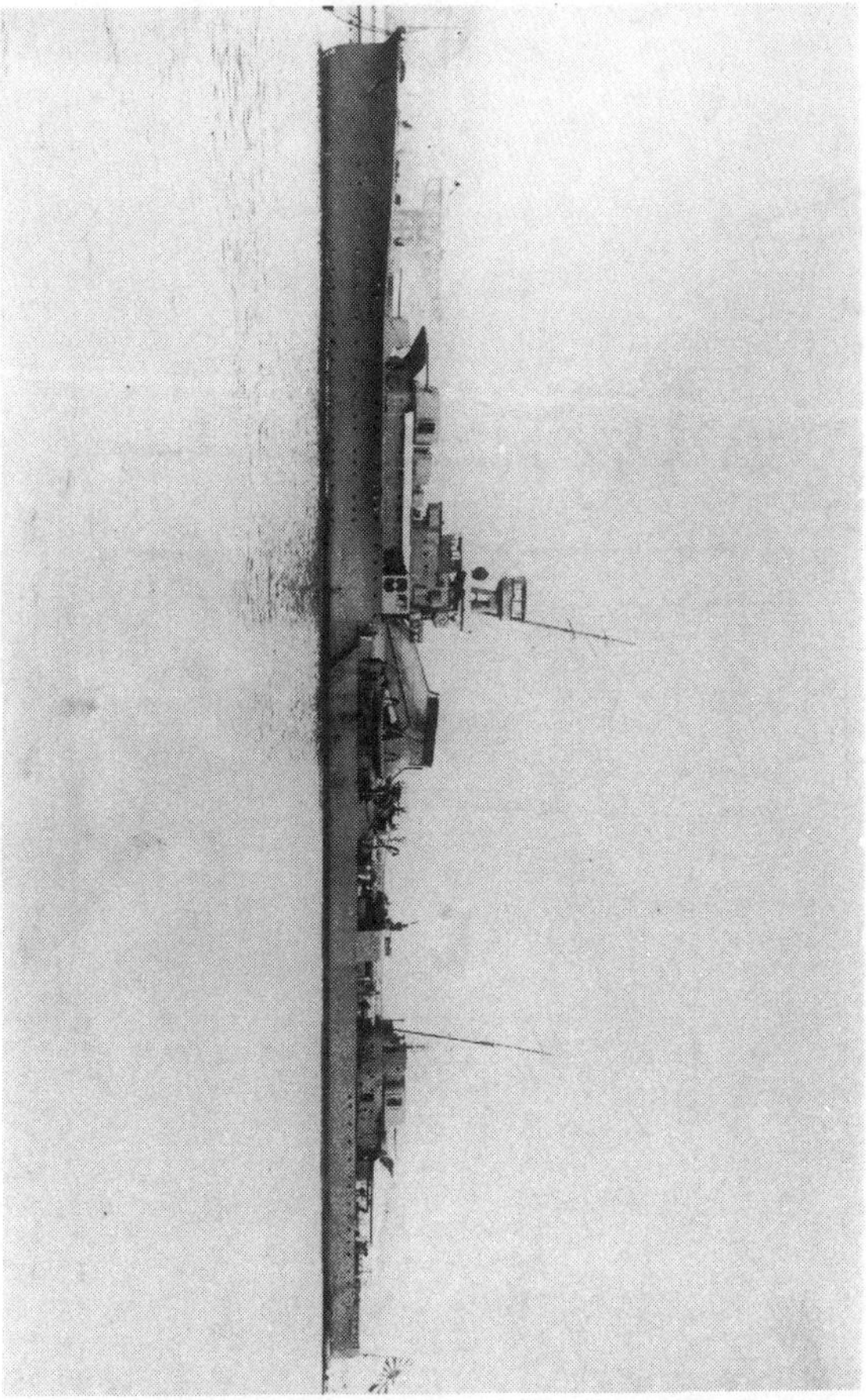

大正12年7月31日、竣工当日の「夕張」。従来の巡洋艦のイメージを打ち破った画期的なデザインで誕生し、以後の日本巡洋艦の方向を決定づけた。

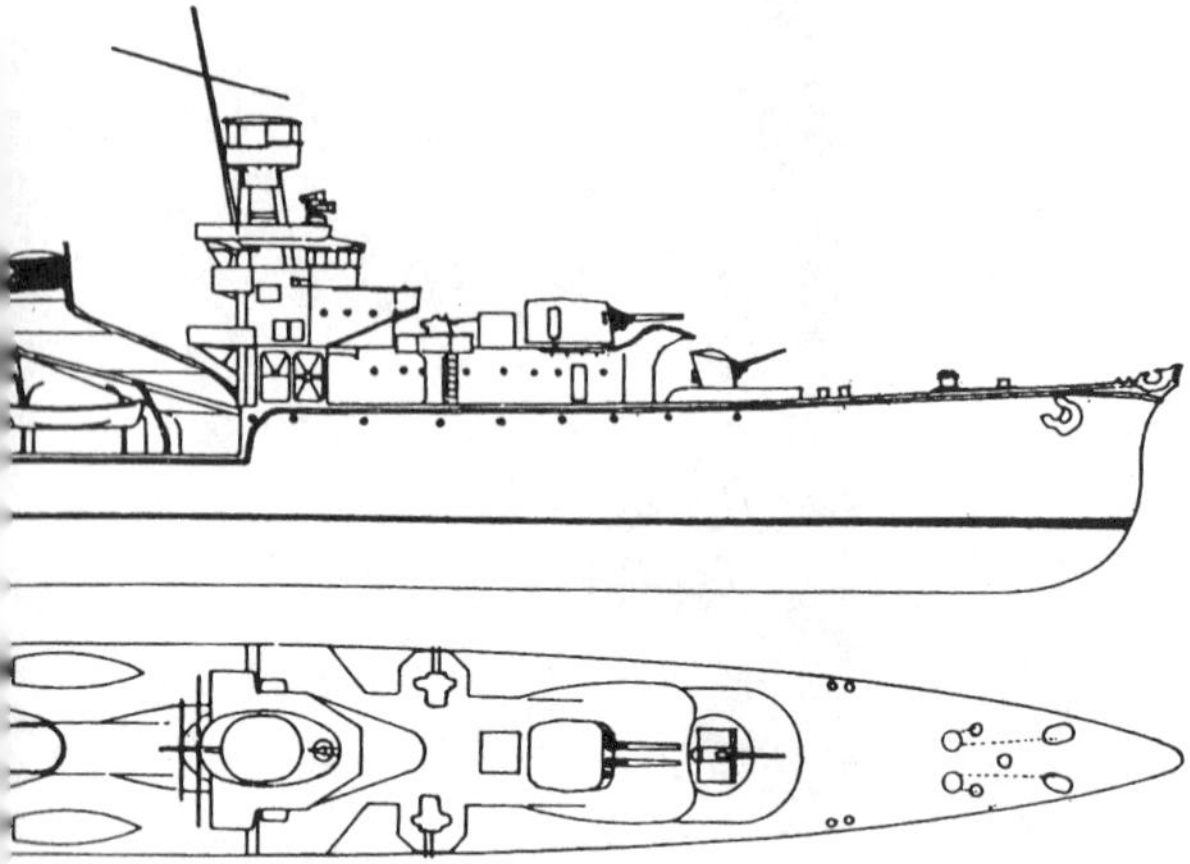

速力35.5kn　備砲14cm砲×4，
12cm高角砲×1，発射管×4

ただこの「夕張」の煙突も、竣工当時は排出口が低く、煙路の結合部で切れていた。このために、排煙が艦橋の頂部にある射撃指揮所に逆流するため、竣工後まもなく、煙突の上部を二メートル高めた。これによって艦容がひときわスマートなものになった。

「夕張」の船体は、五五〇〇トン型とくらべて大きく異なるのは、艦首である。

艦首はいわゆる船首楼（Forecastle＝フォクスル）となっていて、いくぶん高くなっている。

この船首楼は、艦にぶつ

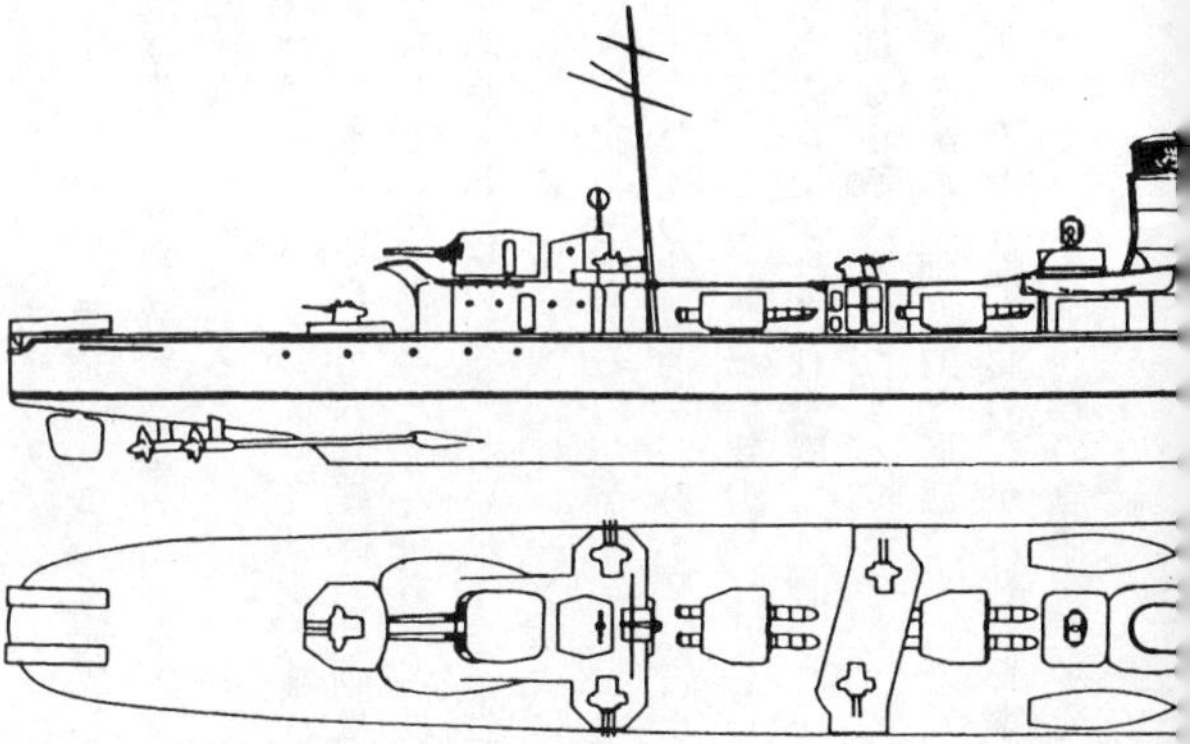

夕張(昭和19年)　基準排水量2890 t　水線長137.16m
最大幅12.04m　吃水3.58m　馬力5万7900

かってくる波を砕くために考えられたもので、古代の船から伝わってきた技術である。艦がスピードを出すと、海水の塊がぶつかってくる。この海水は、非常な破壊力を発揮するので、きわめて危険なものだ。そこで、波がぶつかってきてもこれを砕き、さらに波の上に艦首をもち上げて、艦首が波をすくい上げないようにしたのが船首楼である。

「夕張」の艦首は、水面から高い位置につくられている。したがって艦首が波の中に突っ込んでも、あまり深く突入しないうちに浮力が増して艦首が浮き上がるようになっていた。だから「夕張」の艦首部の乾舷は、船体の大きさのわりには、非常に高くなっている。

このようなかずかずの新機軸をもりこんで完成した「夕張」は、その後の新造巡洋艦はもとより、特型駆逐艦（「吹雪」型、「暁」型）などに影響をあたえ、すぐれた名艦をつぎつぎに生み出す原点となったのである。

しかし「夕張」が完成したときは、五五〇〇トン型の建造が一四隻も決定していたし、おりからのワシントン条約によって八八艦隊の計画は御破算になり、したがってこれ以上、中・小型の軽巡を必要としなくなったことがあげられる。

それよりも、当時、米国でつくっていたオマハ型軽巡に対抗する大型軽巡の必要性が叫ばれ出したのである。そこで平賀博士は、「夕張」につづく第二弾として、重巡の項で述べた「古鷹」型を生みだすことになるのだが、こうした事情から、「夕張」には姉妹艦というものがなく、ただ一隻だけの建造でこのタイプに終止符が打たれたのである。

鋭い艦首部のラインと塔状の艦橋建造物、うしろに傾斜したマスト、巨大で精悍な煙突など、スピード感あふれた洗練された艦型は、これが大正期につくられた艦とは、とても思えないほどの近代的な俊敏さをただよわせている。この独特のスタイルこそ、その後の日本の巡洋艦のスタイルを決めた画期的な形態であった。

こうした「夕張」の優秀性を認めながらも、日本海軍はあえて同型艦をつくらなかったことは賢明であった。その後の駆逐艦の急速な進歩発達からみれば、水雷戦隊の旗艦たるべき軽巡は、「夕張」よりさらに強力な戦力が必要となったし、装備の近代化のためには、艦型ももっと大型のものでなければならなくなってきた。

結局、「夕張」には、近代的軍艦の先駆者としての役割を果たしたことで、それ以上の大きな功績は望みえないものであったと思う。

地味な戦歴

多くの艦は建造後に、近代化のための改装をたびたび行なっているが、「夕張」は極度に整理された小型艦だったので、新装備を搭載するスペースもなく、また重量超過の余裕もないので、ほとんど改装されなかった。

この点でも、日本の軍艦の中ではめずらしい存在であった。しかし太平洋戦争がはじまってからは、対空兵装を強化する必要性が出てきたために、前部の単装砲塔一基だけを撤去し、ここに一二・七センチ連装高角砲を一基換装した。

平射砲と高角砲が砲塔群の中に同居し、しかも背負い式に配置されたことは、世界でもその例がない。これも、やむをえない処置であったとはいえ、いっそのこと、前後部砲塔をすべて高角砲に換装し防空巡洋艦にして、機動部隊の護衛艦にしたほうが、その高速性ともあいまって、より効果的であったと思われる。

「夕張」は、太平洋戦争がはじまったときは、第六水雷戦隊の旗艦としてウェーク島の攻略作戦に出撃し、その後、珊瑚海海戦、ミッドウェー海戦に参加。ついで第一次ソロモン海戦では重巡戦隊とともに殴り込みをかけ、米重巡ヴィンセンズに魚雷四本を発射、そのうちの一本を命中させ、僚艦の攻撃ともあいまってこれを撃沈した。

ついでナウル、オーシャンの攻略作戦に参加したのち、パラオ方面の船団護衛に従事した。十八年七月五日、ブーゲンビル島南端のブインで触雷事故にあい、横須賀に入渠して修理した。十一月、ふたたびソロモン方面に進出した輸送作戦に従事していたが、同月十一日、米機動部隊によるラバウル爆撃にさいして中破、またも横須賀に帰って翌十九年三月九日まで修理にかかっていた。

三月二十二日、マリアナ諸島への兵力緊急輸送にさいして、東松三号船団の旗艦となって出撃、輸送船六隻を護衛しながらサイパンに入港した。さらにパラオへ行き、輸送人員三六五名と軍需品五〇トンを搭載し、四月二十七日にパラオの南方ソンソロル島に揚陸、ただちにパラオに向けて出発した。「夕張」は駆逐艦「夕月」「五月雨」とともに、之字運動を行ないながら航行していたが、付近を哨戒していた米潜ブルーギルに発見され、距離約二八〇〇メートルから魚雷六本を発射され、そのうちの一本が右舷第一罐室に命中、一番、二番罐室と隣接区画が満水となり、航行不能となった。

ただちに排水作業をおこなうとともに「五月雨」に曳航させたが、思うように曳航できない。そのうち浸水状態は手のつけられない状態となり、「夕張」はしだいに沈みはじめ、翌二十八日午前五時四十一分、ついに沈没したのだった。乗組員はすべて「夕月」に移乗し、このときの犠牲者は魚雷命中時に爆死した一九名のみだった。

太平洋戦争開戦前後と思われる頃の「夕張」。最小限にコンパクトに建造されたため、新型装備の搭載が難しく、太平洋戦争では用途が限定された。

日本軍艦の近代化をうながしたパイオニアともいえる「夕張」であったが、そのすぐれた性能にもかかわらず、小型ゆえに戦歴もきわめて地味なものだった。やはり造船技術上の実験艦としての性格上、太平洋戦争という、さまがわりの近代戦には対応できないものがあったようだ。

第八章　水雷戦隊旗艦の最高傑作　阿賀野 矢矧 酒匂 能代

新鋭軽巡の必要性

五五〇〇トン型が多数つくられたこともあって、昭和にはいってからややしばらく、新しい軽巡はまったくつくられなかった。もっとも、軍備の予算がそれを許さなかったことも原因になっている。

しかし、兵器の急速な発達と、造船技術の飛躍的な進歩にともなって、さらに強力な軽巡がどうしても必要になってきた。

そのころの海軍は、将来、米国との戦争では、太平洋上で展開される大艦隊決戦によって勝負が決まるだろうと考えていた。

この想定にしたがえば、太平洋を大艦隊で西進してくる敵を混乱におとしいれ、その勢力を削減するための有力な手段は、潜水艦攻撃と共同作戦を展開する水雷戦隊の、夜襲による魚雷戦が考えられていたのである。

米駆逐艦「ポーター」型

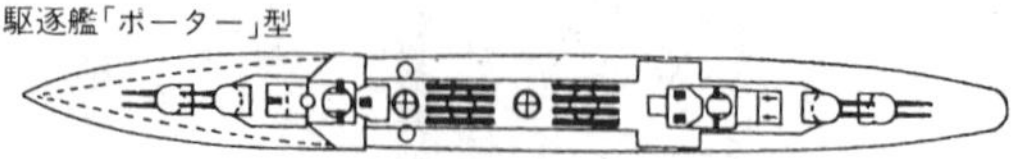

米駆逐艦「サマーズ」型

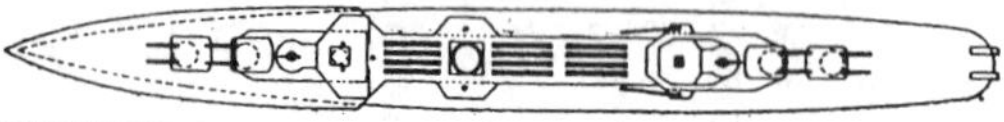

すでに昭和三年以来、速力三八ノットという超高速の特型駆逐艦「吹雪」型がぞくぞくと就役しており、これらの先頭に立って進撃する旗艦としては五五〇〇トン型はいささか貫禄負けである。第一、新鋭駆逐艦よりも速力が遅い。その後の近代化改装のため排水量が増大し、その影響で速力が三三ノット程度にまで落ちていた。第二に航続力が不足である。一四ノットで五〇〇〇浬という性能では昭和十二年に就役した駆逐艦「朝潮」型の一八ノットで五〇〇〇浬におよばない低性能である。

第三に凌波性の低下があげられる。その指揮下にある一四〇〇〜一七〇〇トン級の駆逐艦（「初春」型、「吹雪」型、「白露」型）が、波にのってスイスイ走っているのに、五五〇〇トン型が艦橋まで波をかぶり、四苦八苦しながら難航するありさまだった。

第四に、決定的なことは砲力の不足である。昭和八年（一九三三年）以降に米海軍が建造した駆逐艦ポーター型、つづくサマーズ型は一二・七センチ連装四基八門を搭載していた。これでは一四センチ単装砲片舷六門の五五〇〇トン型は対抗しえないことになる。

このほか、魚雷兵装の弱体、通信力の不備、搭載機一機という偵察力の不足など、五五〇〇トン型は完全に旧式化してしまったといってよかった。

これでは、水雷戦隊の威力を発揮させるための旗艦としてはあまりにもおソマツであり、不適当な艦である。完成当時には「球磨」型、「長良」型、「川内」型は第一級であったが、すでに艦齢も古く、新駆逐艦の旗艦としては限界にたっしていた。五五〇〇トン型が旗艦としての能力を発揮できるのは、せいぜい一〇〇〇トン未満の大正期の駆逐艦を指揮する程度という、情けない状態になっていたのである。これでは作戦も成り立たない。

そこで、新鋭駆逐艦をしのぐ砲力と雷装、複雑にして多量な通信をさばける電信設備、偵察能力を強化した航空兵装をもち、さらに対空火器と防御力をそなえ、しかも高速力と機動性に富んだ俊敏な旗艦用軽巡が要求されるようになった。

この要求は、いわば「古鷹」型が、軽巡として要求され建造されたケースにやや似たところがあるが、「古鷹」型よりはむしろ小型で、駆逐艦のような性能をもりこんだものが要望されたのであった。いわゆる近代的最新鋭軽巡の要望であった。

軍令部からの要求

五五〇〇トン型にかわる新鋭軽巡の要望は、単に性能を向上させた艦が必要というだけではなく、昭和十二年以後の無条約時代にはいったとたん、待ってましたとばかり大量建艦をはじめた米国の動向に、大きな原因があった。

昭和十二年度に、日本海軍は第三次補充計画として、戦艦「大和」型、空母「翔鶴」型をふくむ七〇隻にものぼる大建艦計画が立てられたが、米国の一九三七年（昭和十二年）度の

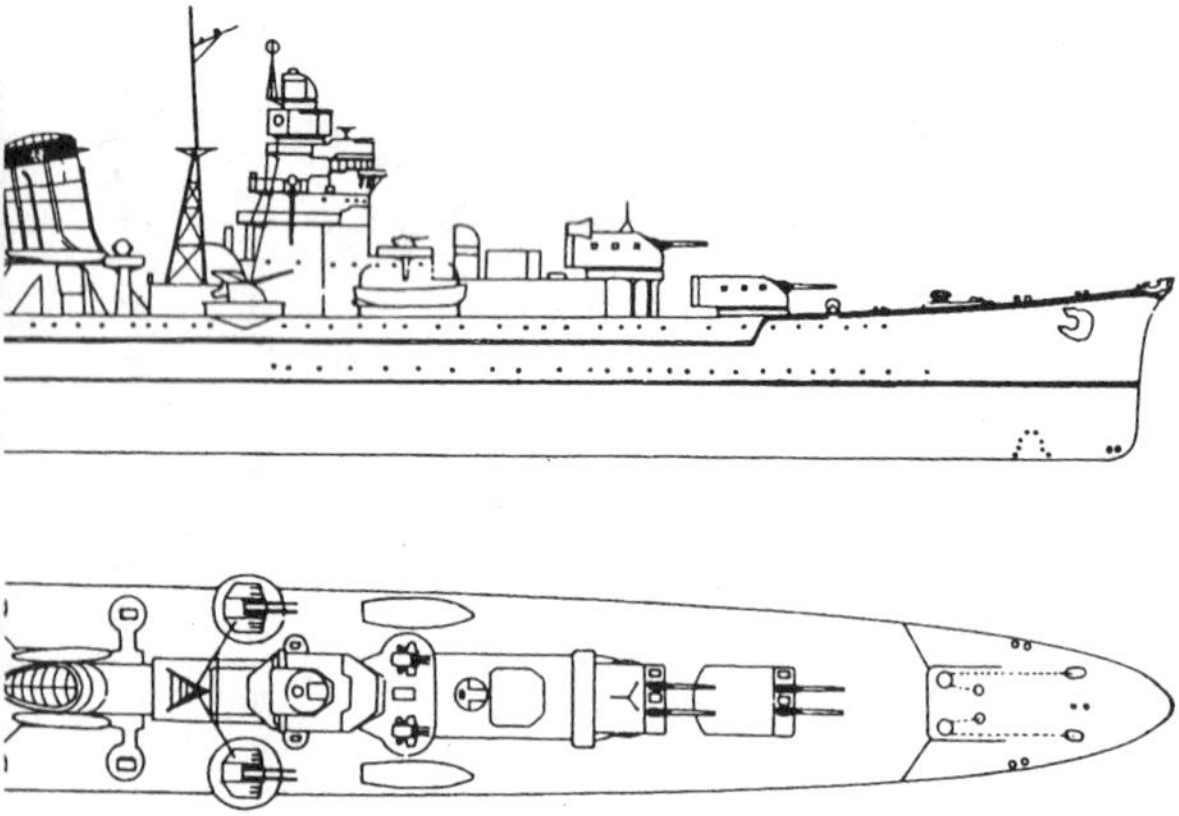

速力35kn　備砲15cm砲×6，8cm高角砲×4，
発射管×8　航空機2機　射出機1基

第一次ヴィンソン計画、つづく一九三八年の第二次計画によれば、日本海軍の計画の四倍にもたっする膨大な建艦計画であった。

　これに対抗することは、日本海軍にとって不可能である。といって黙視することはできない。そこで昭和十四年度に第四次補充計画がたてられたが、この時期はすでに支那事変がはじまっており、軍備予算を大幅に獲得することはきわめて困難な状態であった。しかし、それでも新型軽巡六隻分の予算を、計画の中にもりこむことができた。

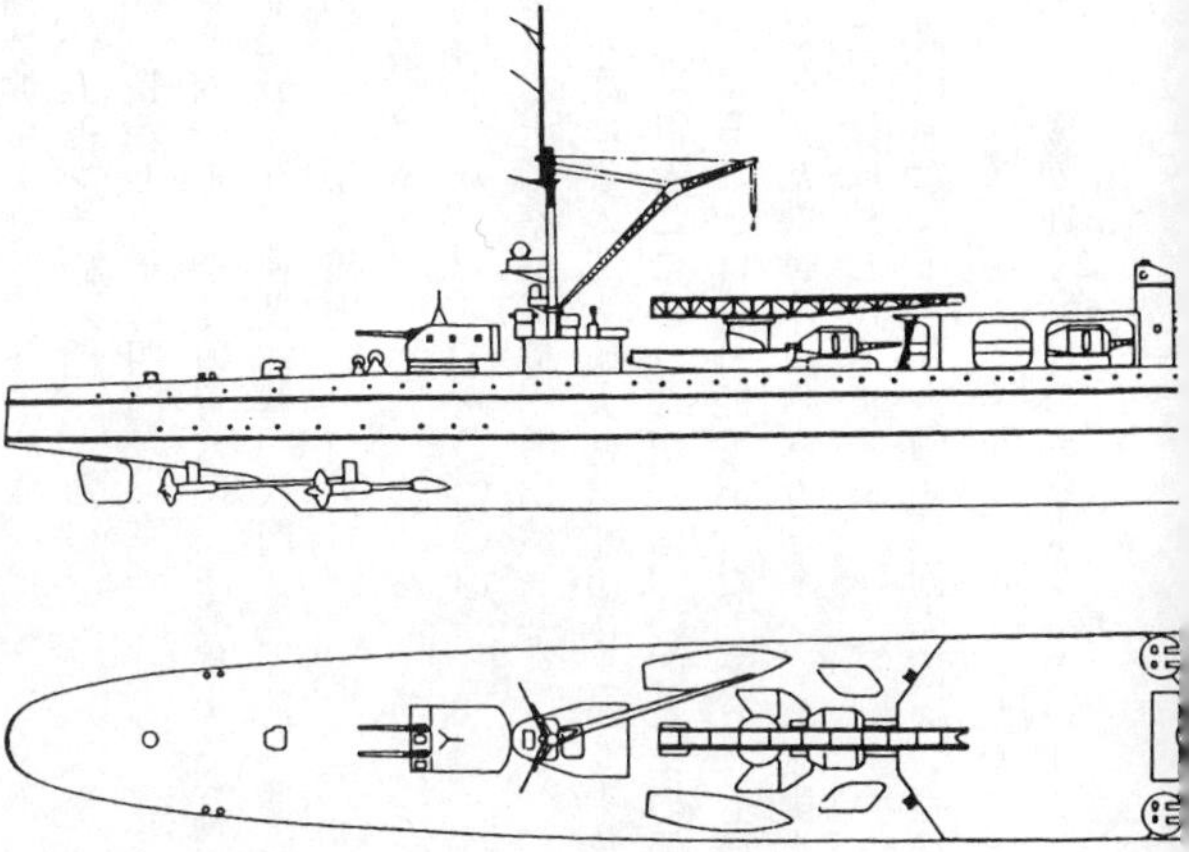

阿賀野(新造時)　基準排水量6652ｔ　水線長172ｍ
最大幅15.2ｍ　吃水5.63ｍ　馬力10万

だがこれには条件がつけられていた。つまり水雷戦隊の編成上、必要最小限度の兵力を維持するとされ、新軽巡は旧式化した「長良」「五十鈴」「名取」「由良」「鬼怒」「夕張」の六隻の代艦として建艦が許可されたのであった。

この新軽巡六隻は、水雷戦隊旗艦としての「阿賀野」型四隻と、潜水戦隊旗艦用の「大淀」型二隻とされていた。前者は巡洋艦乙型、後者は巡洋艦丙型と呼ばれた。

このような背景のもとに、軍令部が要求した「阿賀野」型の主な要目は、つぎのとおりであった。

基準排水量＝六〇〇〇トン
主砲＝一五センチ砲六門
高角砲＝長八センチ砲四門
発射管＝六一センチ発射管八門（中心線上に装備のこと）、予備魚雷八本搭載
機銃＝二五ミリ三連装六基一八門
機関出力＝一〇万馬力
速力＝三五ノット
航続距離＝一八ノットで六〇〇〇浬
飛行機＝水上偵察機二機、射出機一基

この要求案によって大薗大輔造船中佐（のち大佐）が基本設計を担当し、さまざまに検討をかさねて設計をこころみたが、六〇〇〇トンの船体ではこれだけの重装備をもりこんだ高速軽巡をつくることは不可能であった。それでも研究をかさね、苦心をかさねて重量軽減に努力した結果、基準排水量六六五〇トン、公試排水量七八〇〇トン、速力三五ノットにまとめあげることに成功したのである。

この設計にあたって大薗大輔元技術大佐は、戦後、つぎのように回想している。

「設計にあたって、もっとも重要と考えられたことは、凌波性と耐波性とであって、このほかにとくに、機動性を発揮できるようにということが強く要望された。いいかえれば、増減

昭和17年11月上旬、柱島付近で訓練中の「阿賀野」。5500トン型が旧式となり、あらたな水雷戦隊旗艦として誕生した近代的最新鋭軽巡だった。

速がすばやくできて、舵のききがよく、機敏な活動ができることが重要であった。

それは、彼我主力艦隊の決戦にさいしては、まずわが水雷戦隊が敵を襲撃し、その長距離、高速の酸素魚雷をもって、敵主力を攻撃し、その態勢をみだし、機に乗じてわがほうの主力が、敵を壊滅にみちびくという作戦であったから、敵砲火の下をくぐって、魚雷攻撃をくりひろげるためには、よほど機動性がないと目的を達成することができないからである。

そのためには、まず船体の抵抗が少ないことがよいので、かるい球形艦首をつけた数例のモデル艦を研究した結果、良好な型を得ることができた。また艦の水線から上の形についても、動揺周期その他からわりだして、艦首を重巡ぐらいまで高くし、大きな〝そり〟をつけて朝顔型とし、凌波性をよくするようにした。

艦尾の形は、それまでの巡洋艦のような形をやめて、ポツンと切りすてたような形とした。これは従来の巡洋艦のような形にすると、両側から流れてきた波と水流とが、艦尾で推進器のジェット水流と重なりあって、真上にとびあがるような水流をおこし、後甲板が水びたしとなり、作業ができなくなるのをさけたのであるが、これがたいへんによい結果を生んだ。

艦の凌波性などは、運動方程式などで簡単にとけるようなものでないだけに、豊富な経験と、たえまない理論的、また実際的の研究とを組み合わせて得られるもので、技術的にもむずかしい問題の一つである」

こうして大重量の兵装と上部構造物を積載するための船体が設計され、要求どおりの要目を達成することができたのだが、用兵者側にしてみればいろいろと不満があった。とくに対空兵装の不満が多く、高角砲二基四門を倍の四基八門にせよとか、思いきって高角砲をぜんぶ撤去し、かわりに四〇ミリ機銃か、または二五ミリ機銃を多数搭載せよ、などの意見が多かった。

いずれも、発達しつつある飛行機に対しての防御意見であり、このことからみても、飛行機が軍艦にとって脅威になるであろうとの先見の明は、用兵者たちの意識のうちにあったことがうかがわれる。

これらの意見はまた、英海軍が建造した防空巡ダイドー型や米海軍のアトランタ型などに対する焦燥感があったことも確かであろう。

さまざまな意見や要求が、設計図をもとにして述べられたが、結局、これ以上の兵装増大は艦型を大きくすることになり、速力の低下につながる。それでは水雷戦隊旗艦としての最初の目的から逸脱した艦になるため、原設計どおりで建造されることになったのである。

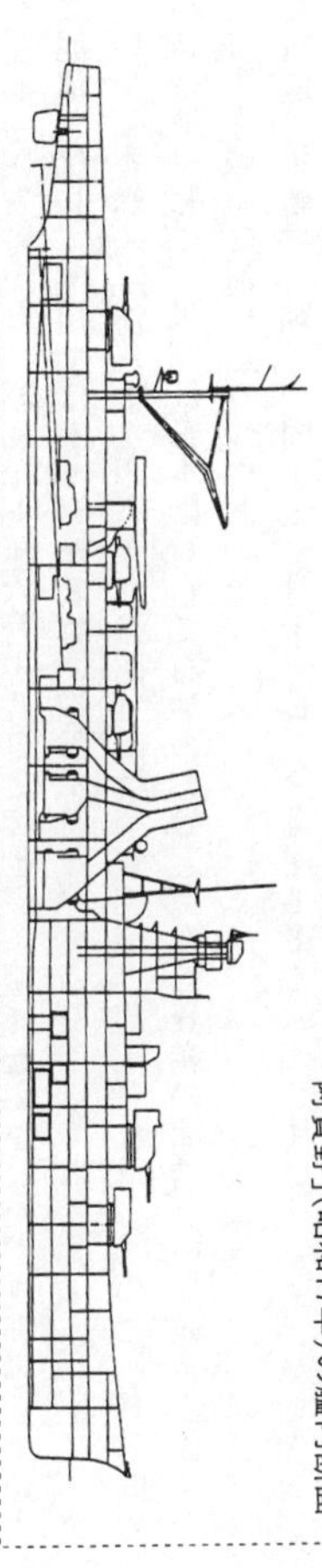

「阿賀野」(昭和17年)の艦内断面

一番艦「阿賀野」は、昭和十五年六月十八日に佐世保工廠で起工された。支那事変はいよいよ泥沼と化し、欧州ではドイツが破竹の進撃を行なっていたころである。

ついで二番艦の「能代」が十六年九月四日に横須賀工廠で起工された。このころ日米間の雲行きはあやしく、米国は日本に対して石油の禁輸と、在外資産の凍結という非常手段をとって日本を戦争に追い込みつつあった。

さらに三番艦「矢矧」が同年十一月十一日、佐世保工廠で起工された。

この六日前の十一月五日、日本海軍は日米開戦が時間の問題と判断し、「連合艦隊は開戦に備え、作戦準備を完整せよ」との大海令（大本営海軍部命令）第一号を発令していた。

このような緊迫した戦時態勢下での建艦だったので、「阿賀野」型という、きわめて近代的な新鋭軽巡がつくられていることなど、日本国民はまったく知らなかった。

「阿賀野」が完成したのは十七年十月三十一日である。太平洋戦争のヤマ場となったミッドウェー作戦はおわっており、戦況は未曾有の消耗戦となったソロモン方面に移っているときであった。そして四番艦「酒匂」が、敗色のきざしが出はじめたころになって、ようやく佐世保工廠で起工された。十七年十一月二十一日のことである。

昭和十四年に補充計画が決定してから、全艦が起工されるのに三年もかかるというのは、日本の国力がそれだけ貧弱であったことを表している。ほとんど同時期に計画された米国の軽巡アトランタは、同型艦四隻が一九四一～四二年（昭和十六～十七年）の二年間にすべて竣工しており、つづいてオークランド型七隻が一九四三年からぞくぞくと竣工しているのを

昭和18年1月下旬、トラック泊地にて電探装備などの小改装工事を終えた「阿賀野」(上)。当時、10戦隊旗艦として機動部隊の直衛、警戒にあたっていた。昭和18年6月、全力公試運転中の「阿賀野」型の2番艦「能代」(下)。

見ると、まさに雲泥の差である。

二番艦「能代」が竣工したのは十八年六月三十日で、つづいて、同年十二月二十九日に「矢矧」が竣工した。いちばんおくれて「酒匂」が十九年十一月三十日に完成したが、もうこのころになると戦場に出撃できるような状態ではなくなっていた。このように「阿賀野」型は、その誕生が太平洋戦争のもっとも苛酷な時期に遭遇した不幸な艦であった。

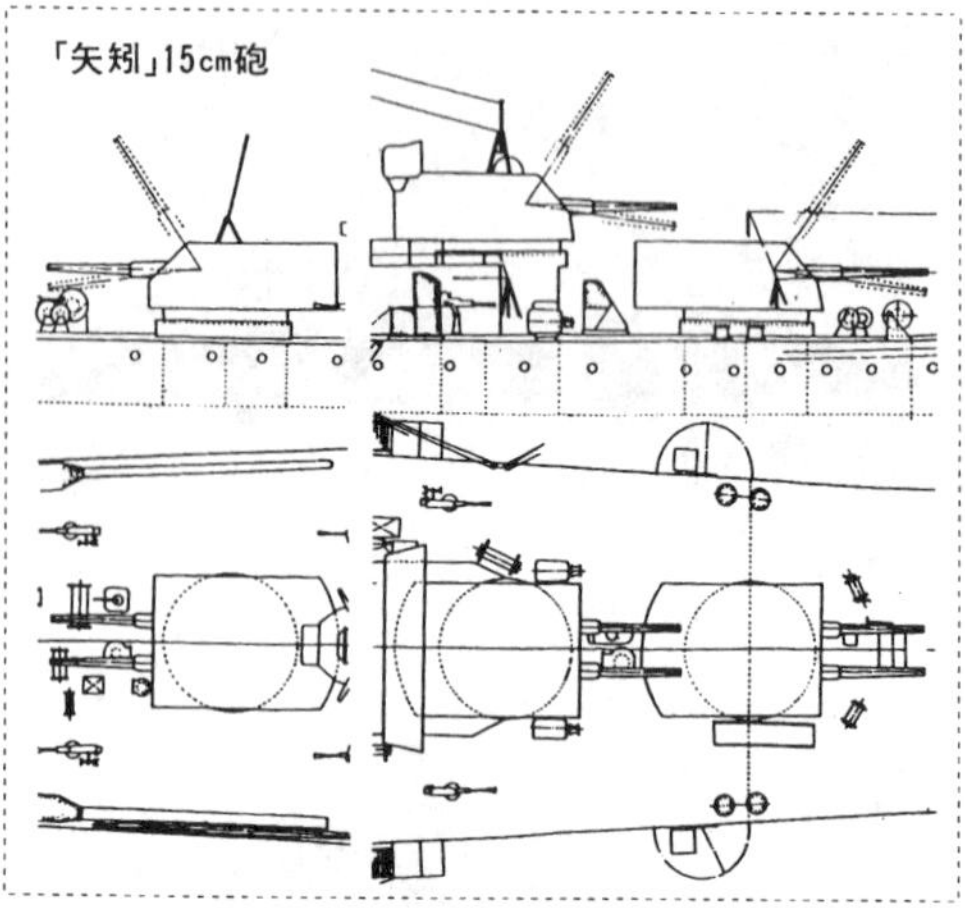

絶妙な配置とバランス

不幸な誕生とはいえ、さすがにすぐれた設計という氏素性はあらそえないもので、「阿賀野」型の四艦はすばらしい軽巡であった。完成したときの「阿賀野」型は、その優美さといい、バランスのとれた艦容といい、世界のどこをさがしても、これほど洗練された構成美をもった軍艦はないだろう。

主砲は一五センチ連装砲塔で、艦首に二基、艦尾に一基という近代艦特有の典型的な配置だ。艦橋は適度に小型化された塔型で、全体のバランスを憎いほどにととのえている。一体化された結合煙突と艦橋との間隔も申し分なく、煙突の大きさと傾斜角度は、この艦をよりすばらしい造形美に構成し引き立てている。そのうしろのカタパルトや予備機用のプラットホームも均整がとれており、後檣のポール・マストはしめくくりのように艦全体をキリリと引きしめている。これこそ〝海のプリンセス〟のスタイルであり、日本海軍が最後に到達した、世界に誇りうる独特の日本式艦型である。
「阿賀野」型の主な要目をつぎにあげて、その優秀性を検討してみよう。一つ一つの性能の積みかさねが、優れた艦にしていることが理解できよう。

〈主砲〉

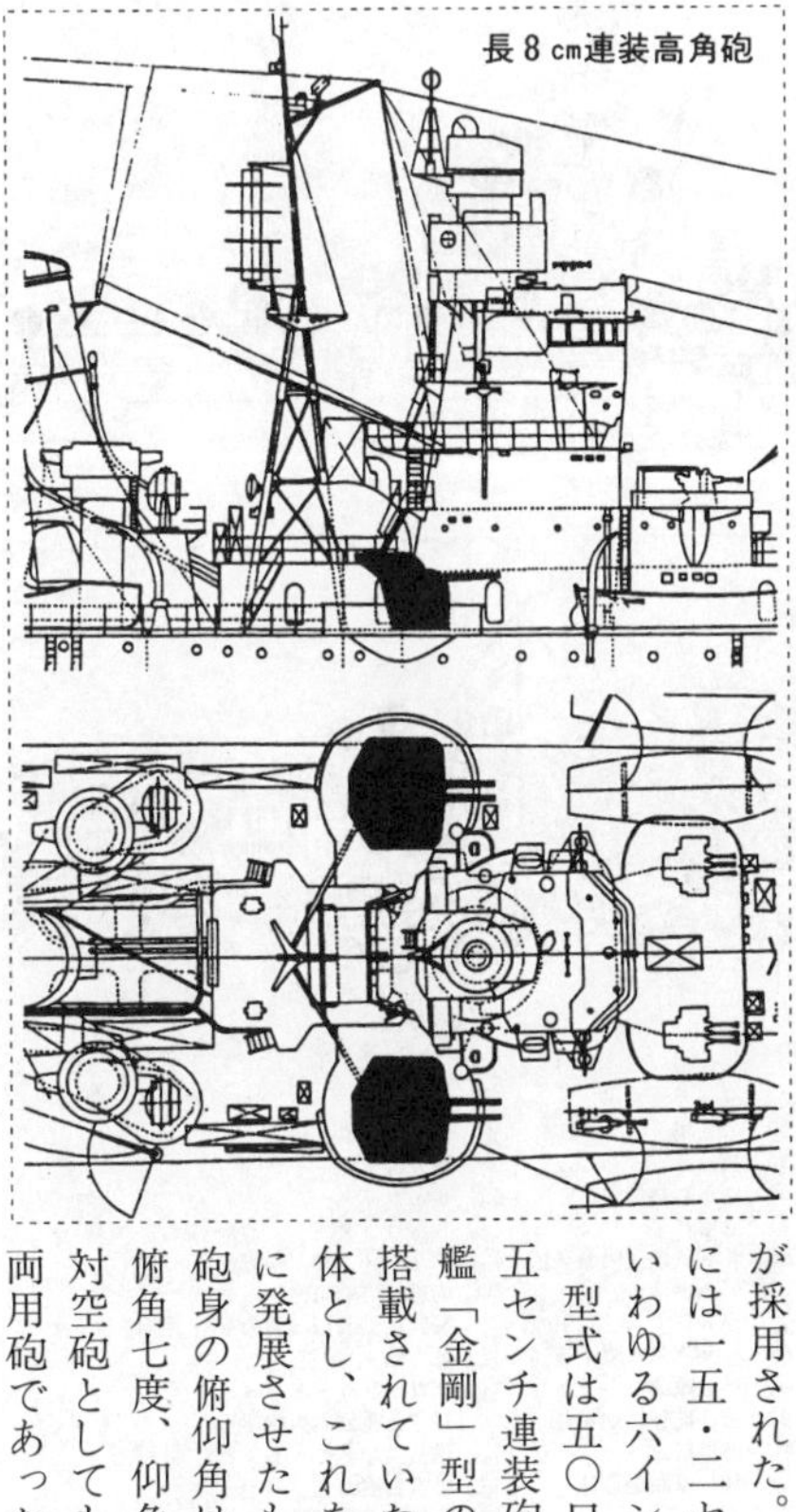

重量軽減の目的もあって、主砲は「最上」型の一五・五センチ砲ではなく、一五センチ砲が採用された。これは正確には一五・二センチ砲で、いわゆる六インチ砲である。型式は五〇口径四一式一五センチ連装砲と呼び、戦艦「金剛」型の副砲として搭載されていた単装砲を母体とし、これを連装砲塔用に発展させたものである。砲身の俯仰角は大きくされ、俯角七度、仰角五五度で、対空砲としても活用できる両用砲であった。

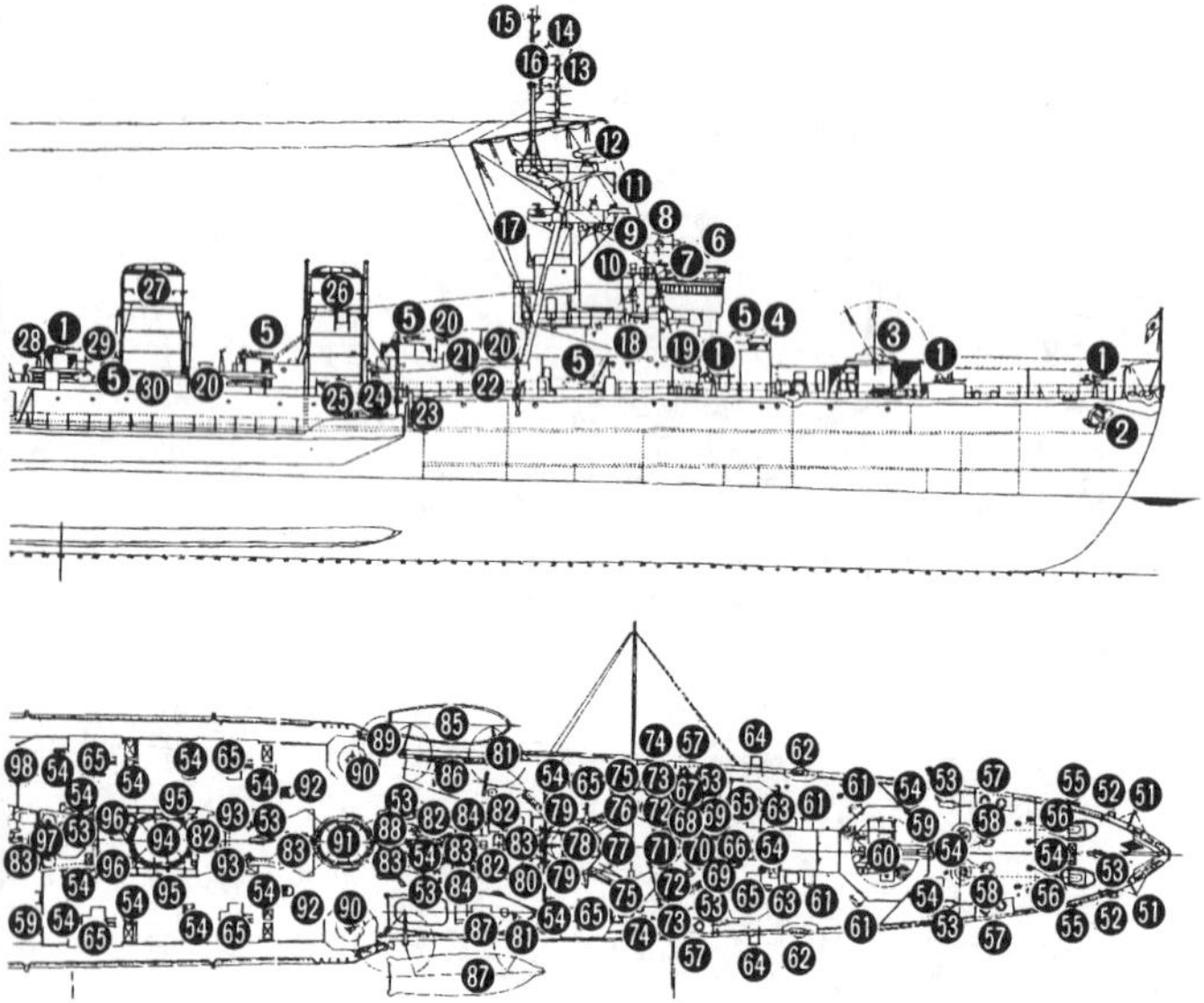

(64) 投鉛台
(65) 25mm 3連装機銃
(66) 機銃弾薬筒
(67) 信号燈
(68) 四式射撃盤
(69) 8cm双眼望遠鏡
(70) 12cm高角双眼望遠鏡
(71) 4.5m高角測距儀
(72) 8cm高角双眼望遠鏡
(73) 1.5m測距儀
(74) 発光器
(75) 手旗信号台
(76) 13cm双眼望遠鏡
(77) 九二式発射指揮盤
(78) 2号2型電探
(79) 二式哨信儀
(80) 作業燈
(81) ダビット
(82) 野菜筐
(83) 天　窓
(84) 海水タンク
(85) 9mカッター
(86) 流し場
(87) 11mカッター
(88) 防水幕格納所
(89) 防雷具
(90) 九五式機銃射撃装置
(91) 第1煙突
(92) 出入口
(93) 6cm高角双眼望遠鏡
(94) 第2煙突
(95) 重油蛇管格納箱
(96) 通風筒
(97) 10cm双眼望遠鏡
(98) ド　ル
(99) 第3煙突
(100) 格納箱
(101) 工作科鋳造場
(102) 90cm探照燈
(103) 給気筒
(104) 回天四型
(105) 5t蒸気揚貨機
(106) 給排気口
(107) 方位測定器
(108) 艙　口
(109) 6mカッター
(110) 9mカッター
(111) デリック（30t揚艇桿）
(112) 応急舵格納箱
(113) 後部見張用12cm高角双眼望遠鏡
(114) 舷　梯
(115) プロペラガード
(116) 12.7cm連装高角砲
(117) 爆雷揚卸ダビット
(118) 爆雷装塡台
(119) 三式爆雷投射器
(120) 回天発進指揮所
(121) 回天運搬軌条
(122) 八八式発煙缶
(123) 爆雷投下軌条（6コ載）

軽巡洋艦「北上」(昭和20年)

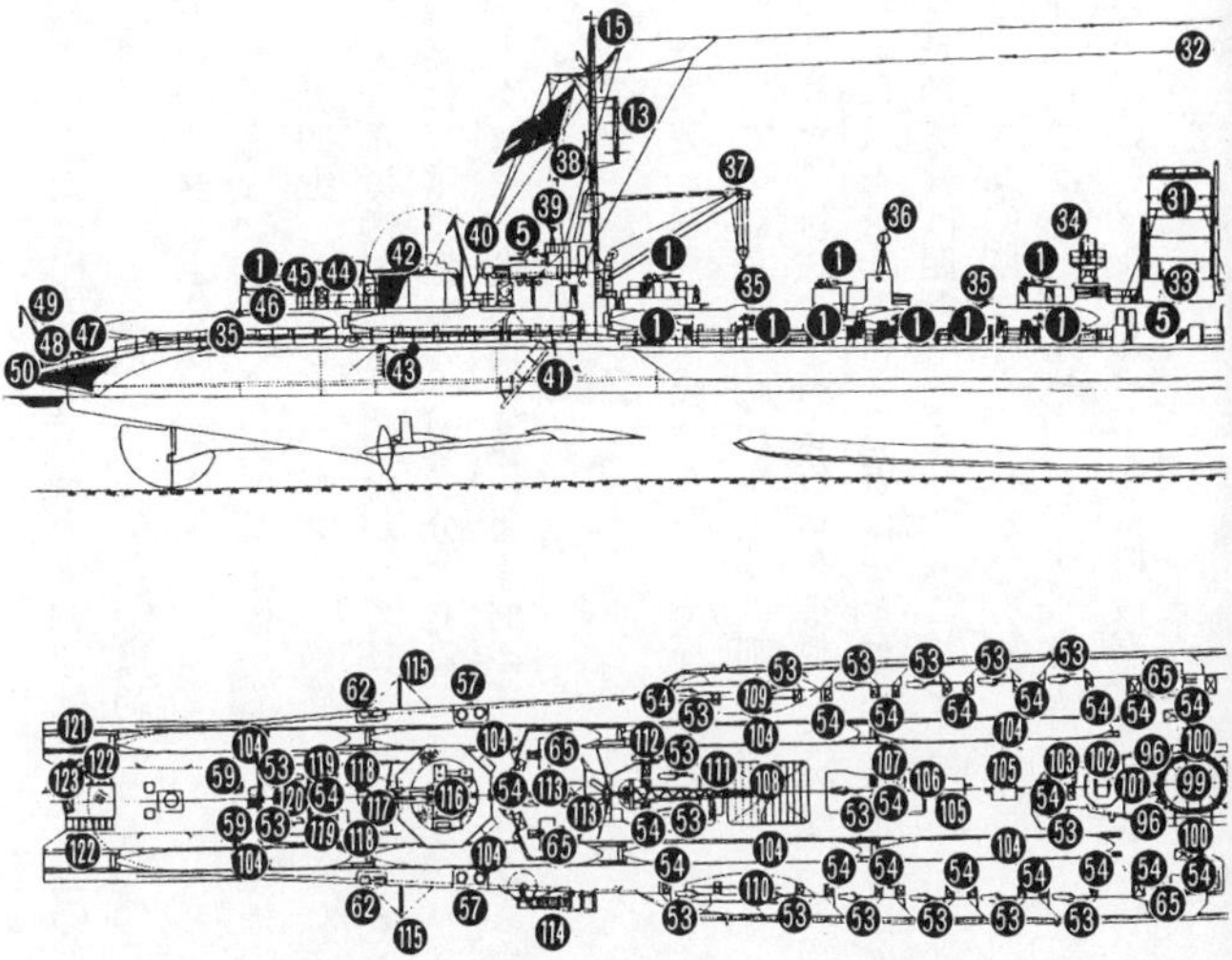

(1) 25mm単装機銃
(2) 主　錨
(3) 40口径八九式12cm連装高角砲
(4) 防弾板
(5) 25mm 3連装機銃
(6) 12cm高角双眼望遠鏡
(7) 四式射撃盤
(8) 九四式4.5m高角測距儀
(9) 曳航燈
(10) 手旗信号台
(11) 信号燈
(12) 2号2型電探
(13) 仮称三式1号電探
(14) 全波型空中線
(15) 点滅信号燈
(16) 2km信号燈
(17) 九〇式電話器通信器
(18) 舷　燈
(19) リール
(20) 野菜筐
(21) 清水タンク
(22) 11m内火艇
(23) 塵捨筒
(24) 防雷具
(25) 九五式射撃装置
(26) 第1煙突
(27) 第2煙突
(28) 6cm高角双眼望遠鏡
(29) 銃側弾薬筐
(30) 応急用機材格納所
(31) 第3煙突
(32) 九二式4号用空中線
(33) 重油蛇管格納箱
(34) 90cm探照燈
(35) 回天四型
(36) 方位測定器
(37) 30t揚艇桿
(38) 舷尾信号燈
(39) 後部見張用12cm高角双眼望遠鏡
(40) 仰角制限装置
(41) 舷　梯
(42) 12.7cm連装高角砲
(43) プロペラガード
(44) 爆雷装塡台
(45) 三式爆雷投射器
(46) 防弾板
(47) 爆雷投下台
(48) 八八式発煙缶
(49) 爆雷積み込み用ダビット
(50) 回天四型投下軌道
(51) ダビット
(52) 錨見台
(53) 25mm単装機銃
(54) 弾薬筐
(55) 防雷具用フェアリーダー
(56) ホースパイプ
(57) ボラード
(58) 錨鎖車
(59) リール
(60) 12.7cm連装高角砲
(61) 砲側弾薬筐
(62) フェアリーダー
(63) 海水タンク

砲弾の重量は四五・五キロで、初速は毎秒八五〇メートル、射程は仰角三〇度で一万九五〇〇メートル、五五度の最大仰角では約二万五〇〇〇メートルに達した。発射速度は一門あたり毎分六発である。

ただ残念なことは、重量軽減をはかるため、砲弾の装填を人力装填方式にしたことであった。一発四五・五キロもの弾丸を、砲塔内の射手が手で操作して装填するということは、たいへんな重労働である。したがって長時間にわたる連続砲撃には問題があった。せっかくの新鋭艦に、重量軽減の大義名分があるとはいえ、いささか原始的な機構であった。しかし、砲手たちはこの苦行にじつによく耐え、いささかも砲撃に支障がなかったことは驚嘆に価する。

〈高角砲〉

対空兵装として、新式の八センチ長砲身連装高角砲が各一基ずつ、艦橋後方の両舷に搭載された。この高角砲は昭和十三年に制式採用されたもので、六〇口径九八センチ連装高角砲と呼ばれた。新式のこの高角砲を搭載したのは「阿賀野」型だけである。

口径は八センチということになっているが正確には七・六二センチ（三インチ）である。砲身長の実寸は四七七七ミリで、これを六〇口径と呼んでいた。俯角はマイナス一〇度、仰角はプラス九〇度まで上げられた。砲身の重量は一門一三一七キロである。

弾丸重量は五・九九キロもあり、発砲したときの初速は毎秒九〇〇メートル、最大射程は一万三六〇〇メートル、上空への最高射高は九一〇〇メートル、発射速度は一門あたり毎分のだった。

二六発という性能であった。性能はきわめて優秀で、これまでの高角砲よりも威力のあるものだった。

〈機関〉

罐は艦本式ロ号専焼罐六基で、第一、第二の二つの罐を一室におさめ、他の四罐は一罐一区画方式とし、罐室は五区画とされた。

わずか六基の罐で、三五ノットという高速を出せたのは、この罐の蒸気圧力が三〇キロ、蒸気温度が三五〇度という高圧高温罐だったからだ。これが「妙高」型の場合は二〇キロ、「最上」型で二二キロ、蒸気温度は三〇〇度である。これらと比較しても、「阿賀野」型の高圧高温は画期的なものであった。

〈防御力〉

「阿賀野」型の防御は、軍艦の基本的な対弾防御方式をとっている。つまり防御は対一五センチ砲弾とされたが、防御甲板が船体強度材の一部として設計されているので、実際には対一五センチ砲弾よりも強固に防御されている。

防御甲板は、対弾防御用に開発された銅入り薄均質甲鈑のCNCが採用された。この甲鈑によって機械室、罐室の舷側は六〇ミリの厚さで防御された。弾火薬庫はその側面を三〇ミリ甲鈑でおおい、上部の甲板は二〇ミリ甲鈑で防御されている。またとくに艦橋操舵室が四〇ミリ甲鈑で防御されたが、これは砲弾が命中した場合、瞬発弾に対しては有効という程度のものであった。

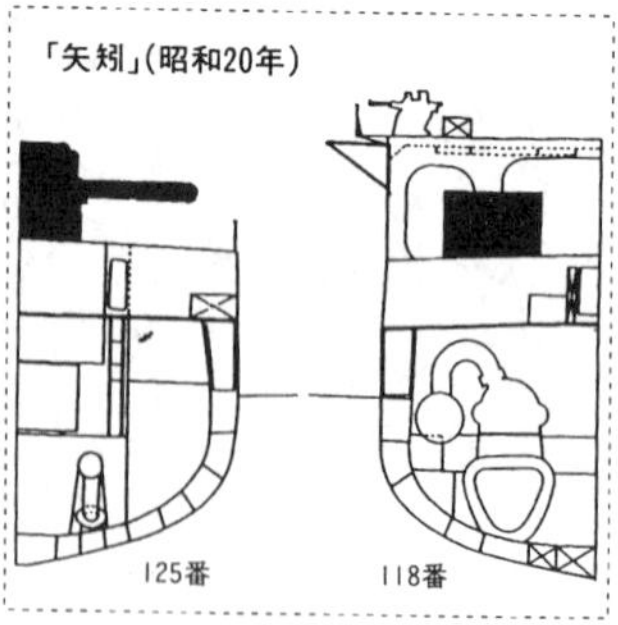

〈魚雷発射管〉

「阿賀野」型の特徴は、魚雷発射管にあるといってよいだろう。六一センチ四連装発射管二基を、艦の中心線上に配置し、両舷いずれの方向にも旋回して発射できるようになっていた。したがって片舷発射力が八門という、軽巡としては重雷装になった。

発射管の門数でいえば、新造時の重巡「高雄」型に匹敵するものだが、片舷発射力でいえば改装後の「妙高」型、おなじく改装後の「高雄」型と同じ能力である。したがって「阿賀野」型の雷装は、重巡なみといいしことがいえる。

これに対して米国の軽巡アトランタ型は、五三センチ四連装が一基ずつ両舷に配置されており、英国のダイドー型も、五三センチ三連装が両舷に一基ずつ配置されているだけで、米英の新鋭軽巡をこの点でも完全に凌駕していた。

〈艦首〉

スマートなクリッパー型艦首で、大きなシーアをもたせて凌波性を向上させている。高い乾舷の船首楼にひろいフレアーをもたせているのも、この艦の特徴だ。水線下の艦首は、いわゆるバルバス・バウになっているが、これは「大鳳」や「大和」のように前方に突き出たバウではなく、傾斜艦首にそのままふくらみをつけた小型のバルバス・バウである。これに

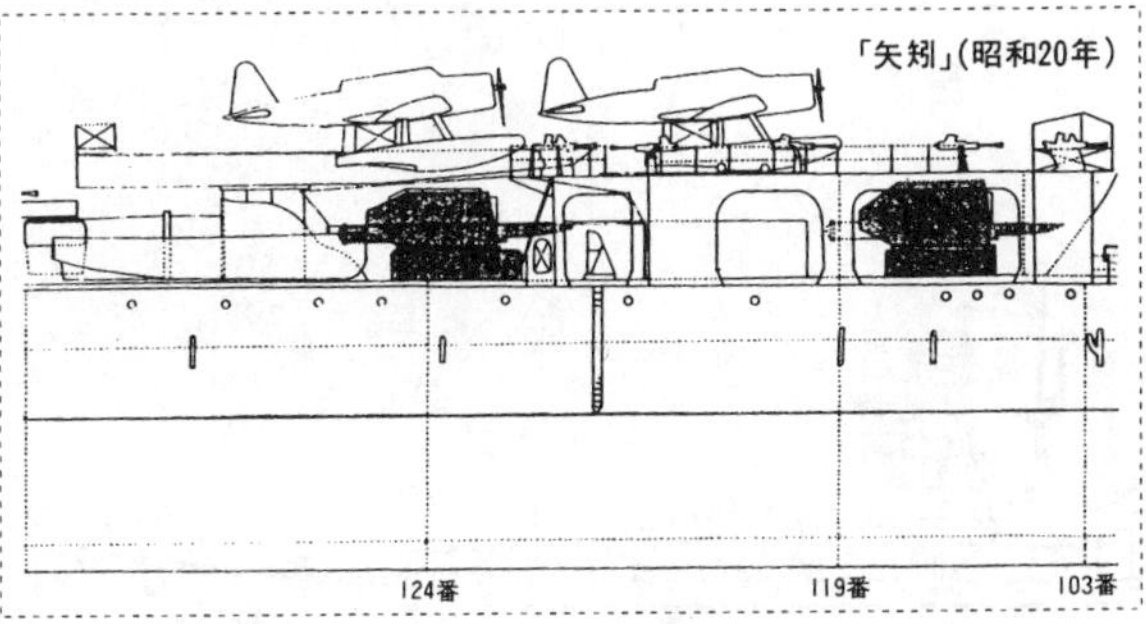

よって海水の抵抗をためることができ、速力を増大させるのに役立った。

〈艦橋構造物〉

軍艦の中枢神経ともいうべき艦橋構造物は、これまで日本海軍でもさんざん問題になってきたところである。

とくに、「高雄」型では巨大化の極にたっし、さまざまな問題を提起したが、それが「最上」型でおおいに反省されて整理された。この小型化への傾向は「阿賀野」型にもひきつがれ、新形式のコンパクトな型に落ち着いている。しかも、そのスタイルはきわめて洗練されており、うしろの傾斜煙突と好一対のムードをかもし出して、艦容の美しさを演出している。

こうして「阿賀野」型は、わずか六六五〇トンの小型艦に、すぐれた攻撃力と運動力をもりこみ、軽巡としては世界でも無類の理想的な艦となった。

とくに、諸施設が艦全体にバランスよく配置されているのは絶妙で、これが、傑作艦といわせる大きな根拠にもなっている。

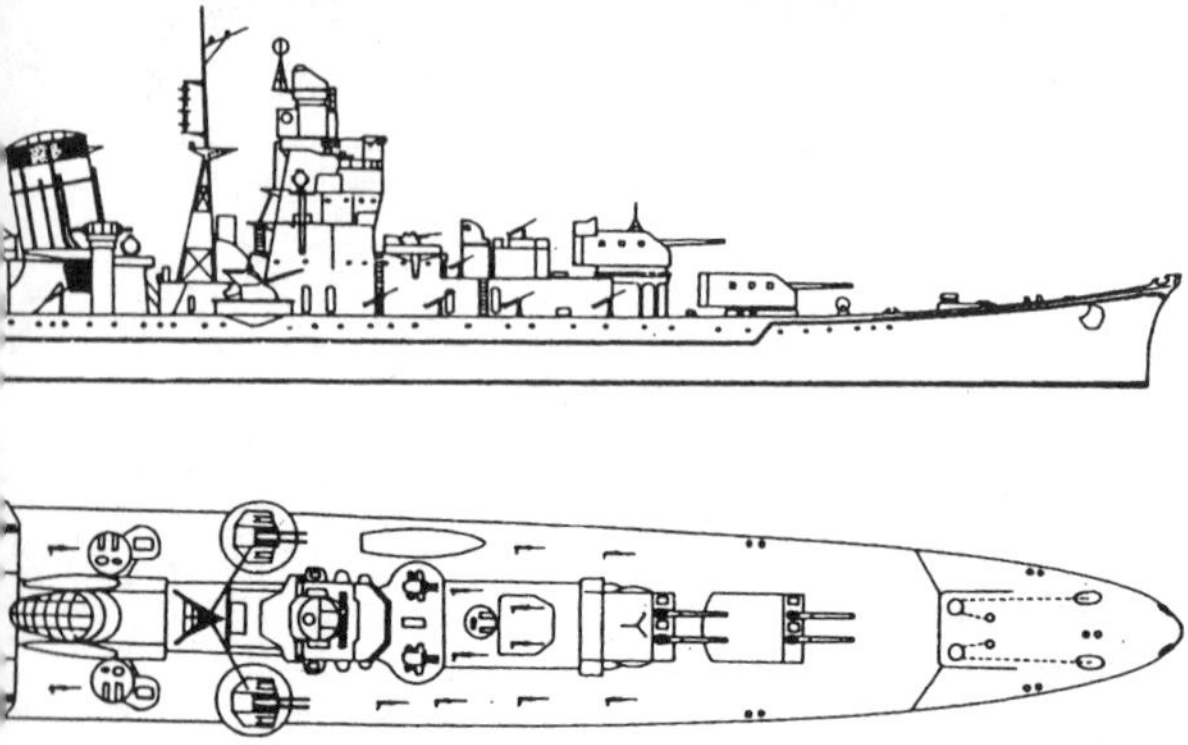

速力35kn　備砲15cm砲×6，8cm高角砲×4，
発射管×8　航空機2機　射出機1基

「阿賀野」型の奮戦

「阿賀野」

昭和十七年十月三十一日に竣工した「阿賀野」は、十二月にトラックへ進出、ウェワクの攻略戦に参加した。翌十八年五月に帰還した「阿賀野」は呉で整備をうけ、一三号、二一号、二二号の各電探を装備した。

七月に、宇品で陸軍部隊を載せてラバウルへ輸送、その後はトラック、マーシャル、ラバウルと輸送作戦をつづけていたが、十一月一日に米軍がブーゲンビル島のタロキナ岬に上陸した

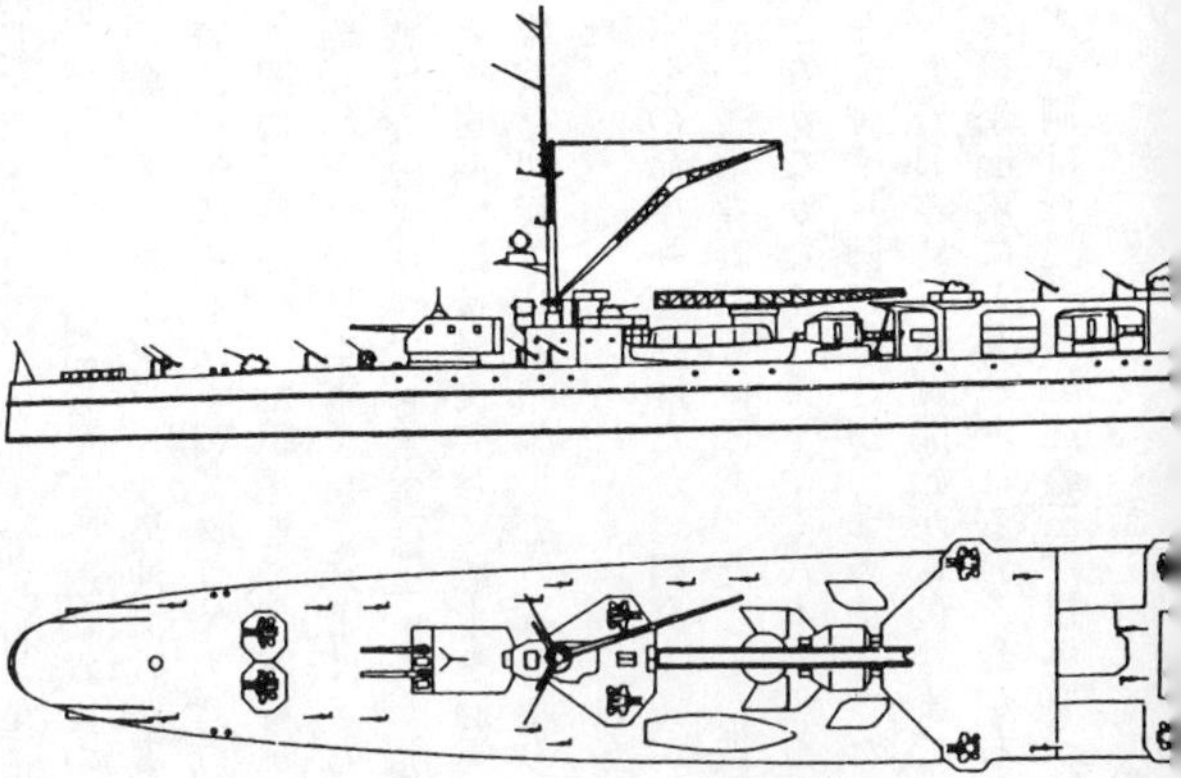

矢矧(昭和20年) 基準排水量6652t 水線長172m
最大幅15.2m 吃水5.63m 馬力10万

との報により、「阿賀野」は第八艦隊に編成され、出撃することになった。

米軍がブーゲンビル島の中部西岸にある、ほとんど無人のタロキナを選んだのは、ここに飛行場をつくってラバウルを攻撃することが目的だった。米軍部隊はハルゼー提督指揮の空母サラトガとプリンストン、およびA・S・メリル少将指揮の第三十九任務部隊(軽巡四、駆逐艦八)それにソロモン航空隊の支援を得て、この地を守備する一個中隊の日本軍を玉砕させ、第一次上陸部隊一万四千名を上陸させたのである。

これに対して日本軍は、大森仙太郎少将を指揮官とする襲撃部隊を編成、重巡「妙高」「羽黒」、軽巡「川内」「阿賀野」、駆逐艦六隻の合計一〇隻でラバウルを出撃、大森部隊とメリル部隊の激突するブーゲンビル島沖海戦が展開されたのである。

メリル少将は軽巡四隻をひきいてタロキナ湾口をおさえ、砲撃によって日本艦隊を沖合に圧迫し、その間に二群に分けた駆逐艦で、左右からはさみ討ちにしようという作戦をたてた。そして距離約三〇キロで日本軍をレーダーにとらえ、予定の行動を開始した。

米軍の作戦はぼぼ成功し、日本軍は「川内」が雷撃と砲撃とによって撃沈され、駆逐艦「五月雨」と「白露」は接触衝突して線上を避退。旗艦「妙高」も駆逐艦「初風」と衝突し、「初風」は艦首を切断されて漂流しているところを敵駆逐艦に発見され、いとも簡単にとどめを刺された。

「羽黒」は六発の命中弾をうけたが、四発までが不発だったので命びろいした。「阿賀野」は艦隊陣型の一番はなれた位置にあったので、被害はなかった。しかし敵にむかって魚雷を発射す機会がなかなかなく、ようやく八本の魚雷を発射したが、すべて空ぶりにおわった。

日本軍は吊光弾や星弾で敵を追いつめていったのだが、米軽巡部隊は煙幕をもうもうと張って逃げきった。日本軍は戦闘開始から最後まで正確に敵情をつかむことができず、夜が明けると敵機の爆撃圏内にとり残されるおそれがあるため反転避退、ラバウルに引き返した。この戦闘で米軍側は軽巡一、駆逐艦三が損傷をうけた程度だった。

昭和18年12月19日、公試運転に出動する「矢矧」。建造途中から前線の戦訓が取り入れられ、艦窓の大部分を廃止し、また対空火器などを増備した。

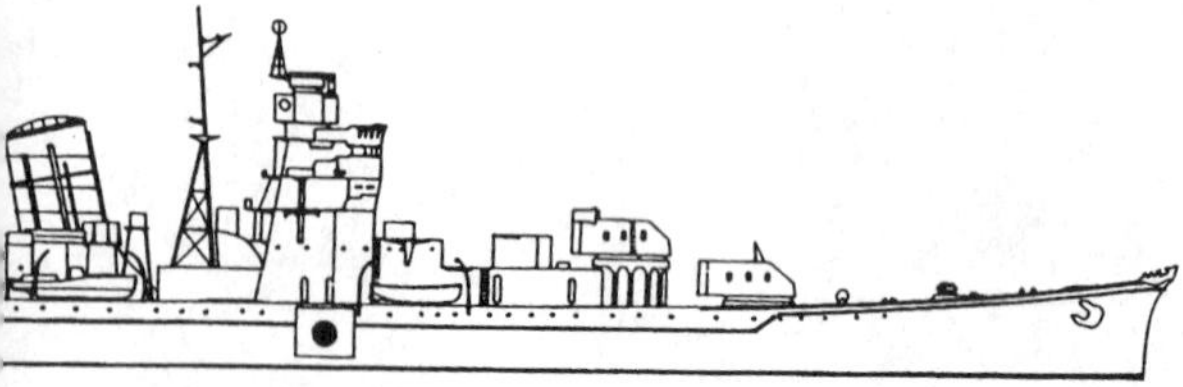

最大幅15.2m　吃水5.63m　馬力10万　速力35kn

「阿賀野」にとって、これが最初の海戦であったが、あと味の悪いものだった。そのままラバウルのシンプソン湾に待機していたが、十一月十一日に米艦上機が来襲、ただちに港外に避退したが魚雷一本の命中をうけてしまった。しかし浸水はくい止め、二軸運転が可能だったのでトラックに回航すべく港を出たが、翌十二日、こんどは敵潜に狙われ、魚雷一本を中部罐室にうけてしまった。このために航行不能となり、「能代」に曳航されてトラック島に帰投、応急修理がほどこされた。

このあと翌十九年二月十五日、本国で本修理を行なうためにトラックを出港したが、翌十六日の午後、またも米潜から攻撃をうけ、右舷罐室に一本が命中、つづいてもう一本が艦橋の直下右舷に命中し、航行不能となって全艦が火災につつまれ、ついに沈没した。しかし悲劇は、なおも追い打ちをかけてきた。「阿賀野」の乗組員はほとんどが駆逐艦「追風」に移乗し、トラックへ引き返したのだが、こんどは敵艦上機の攻撃をうけ、「追風」は撃沈された。このために「阿賀野」の艦長以下、ほとんど全部の乗組員が海没してしまった。

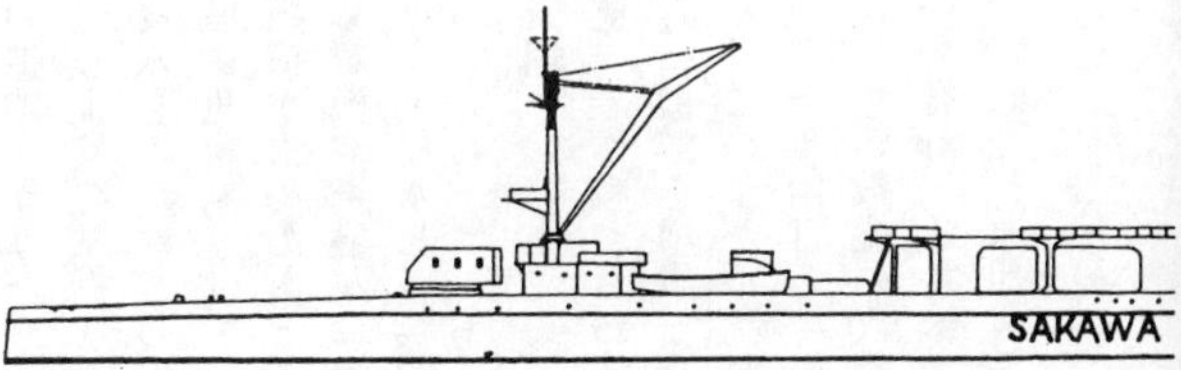

酒匂(昭和21年)　基準排水量6652 t　水線長172m

「能代」竣工して半年ほどたった昭和十八年十二月二十八日、「能代」を旗艦とする「大淀」と駆逐艦八隻は、トラックから陸海軍部隊をニューアイルランド島のカビエンに輸送した。明けて十九年一月一日、戦隊は輸送作戦を無事おえてカビエンの港外に出たとたん、突然、敵機の襲撃をうけた。

この戦闘で「能代」は、第一砲塔直前に五〇キロ爆弾二発の直撃弾をうけた。ところが敵弾は遅発進管の徹甲弾だったので、装甲の薄い「能代」の前甲板をぶち抜き、爆発もせずに艦首に大穴を開けて海中深く落下していった。「能代」の艦首は二つの穴があいただけで航行には影響がなかった。装甲が薄いというのも、軍艦には一種の防御になりうるという見本であった。

その後「能代」は、昭和十九年六月のマリアナ沖海戦に出撃しているが、このときは対空兵装が増備され、二五ミリ機銃三連装八基、単装八基の合計三二門になっていた。しかし作戦終了後には、さらに増設され、三連装一〇基、単装一八基の合計四八門になり、この装備で「能代」は十月の捷一号作戦に参加した。

このとき第二水雷戦隊の旗艦として栗田艦隊に編入され、レイテ湾突入をめざして進撃、二十五日のサマール島沖の海戦後、ブルネイに向けて帰投中、敵機の追撃をうけた。

敵艦上機の執拗な攻撃に「能代」は、左舷後部に至近弾をうけ、外舷に破孔を生じ、海水の浸水をみた。この程度はさほどの傷ではなかったが、翌二十六日にふたたび空襲をうけ、左舷に魚雷をうけて大破孔を生じ、全罐室に浸水し、航行不能となった。

敵機が去ったあと、「能代」は駆逐艦に曳航してもらうために準備しているところへ、またも敵機が来襲。二番砲塔右舷に一本の魚雷が命中、これが致命的になった。船体の内部はほとんど浸水し、「能代」はついに艦首から沈んでいった。


「矢矧」


捷一号作戦がおわったあと、生き残った「矢矧」は、十一月に竣工した「酒匂」とともにさらに機銃を増設した。二五ミリ三連装一〇基、単装三一基の合計六一門という重装備になった。このほか不沈対策として、舷窓が閉ざされ、艦内は暗く暑くるしいものになった。

翌二十年四月、「矢矧」は菊水作戦で「大和」とともに出撃、六日の昼から坊の岬沖でおびただしい敵機の攻撃をうけた。このときの米機は、戦闘機一八〇、爆撃機七五、雷撃機一三一の合計三八六機であった。「矢矧」は魚雷七本、直撃弾一二発をうけて「大和」とともに沈没した。乗組員四四六名がともに海没した。

戦後、米軍に引き渡され、横須賀に停泊中の「酒匂」。終戦時には25ミリ機銃61門を搭載していたが、全ての兵装は撤去され、復員輸送艦となった。

昭和21年7月1日、ビキニ環礁の原爆実験により破壊された「酒匂」の艦中央部。この状況で燃え続け、翌日、沈没した。

「酒匂」

竣工が戦争末期になったため、「酒匂」はついに出撃する機会がえられなかった。内海西部で訓練に入ったが、燃料の重油が欠乏して動きがとれず、満足な訓練もできない。

待機部隊に編入されて呉港外に在泊していたが、空襲されるおそれがあるので舞鶴に回航された。ここでは敵機の攻撃もうけず、そのまま終戦を迎えた。連合艦隊の艦艇で、まったく無傷だったのは、きわめてめずらしいことである。

「酒匂」は兵装をすべてとりはらい、特別輸送艦となって海外からの復員者を内地へ輸送していたが、二十一年二月、突然、米軍から輸送艦の任務を解かれ接収された。米軍の本艦の使用目的は原爆の標的艦とすることにあった。

七月一日、ビキニ環礁において戦艦「長門」とともに実験艦となった。原爆投下の目標艦は米戦艦ネヴァダだった。「酒匂」はこのネヴァダから約五〇〇メートルの位置におかれた。原爆はネヴァダをはずれて「酒匂」の近くで爆発、このため「酒匂」は大火災を起こし、艦尾付近は二四時間にわたって燃えつづけていた。上部構造物は爆風によって大破、艦橋のみが破壊されながらも原型をとどめていた。やがて浸水がひどく、左舷に傾斜して艦尾から沈んでいった。

第九章　連合艦隊の旗艦を務めた「大淀」　大淀

潜水戦隊の旗艦として建造

日本海軍の艦艇の中で、「大淀」ほどその本来の目的とちがった用途にさんざん酷使された軍艦はないだろう。

昭和十八年二月二十八日に呉で竣工したときは、艦隊型潜水隊をひきいる旗艦として完成したのだが、太平洋戦争の戦況は組織的な潜水艦作戦ができるような状態ではなかった。

竣工後の所定の訓練もそこそこに、他の艦もそうであったように、「大淀」は南方基地への兵員・物資の輸送にかりだされた。速力のおそい輸送船は、太平洋を暴れまわる米潜水艦の犠牲になるばかりだったので、高速の戦艦、巡洋艦、駆逐艦が輸送船のかわりをしなければならぬという、末期的な現象があらわれていたのである。

その後「大淀」は、すぐれた通信施設が買われて、本来、戦艦があたるべき連合艦隊の旗艦を務めた。だがそれも「あ」号作戦（マリアナ沖海戦）がおわると、連合艦隊最高の名誉である旗艦の地位から解放され、今度は空母の護衛艦として、捷一号の小沢〝囮〟艦隊に参加、乱舞する敵機のまっただ中に突入していった。それがおわると巡洋艦としての役目があたえられ、ミンドロ島の敵基地を艦砲射撃するために出撃していった。

最後は江田島湾の飛渡瀬沖で、動かぬ洋上の防空砲台となって敵機の空襲と対決するという、悲壮な終末を迎えるのだが、考えてみると、竣工後わずか二年間という短期間のうちに、これだけのさまざまな変化に富んだ活動ができたというのも、「大淀」がきわめてすぐれた万能艦であったことを意味する。

「大淀」は前述したように、昭和十四年の第四次補充計画で「阿賀野」型四隻とともに建造を認められた、潜水戦隊旗艦用の丙巡である。このタイプは二隻つくられる予定だったが、開戦直前に一隻の建造がとりやめとなり、かわって重巡「伊吹」を建造することになったが、これも完成をみなかった。

このような動乱期に計画が着手されただけに、「大淀」の設計も最初から大揺れに揺れたいきさつがある。

軍令部が、この潜水戦隊旗艦にもとめた基本的な性能は、①基準排水量＝五〇〇〇トン、②速力＝三六ノット、③航続力＝一八ノットで一万浬、④兵装＝一二・七センチ高角砲八門、二五ミリ機銃一八門、⑤飛行機＝長距離高速水上偵察機六〜八機というもので、潜水戦隊旗艦として小型で高速、通信設備を充分にし、水中聴音器、水中信号器を備えた艦にするというものであった。

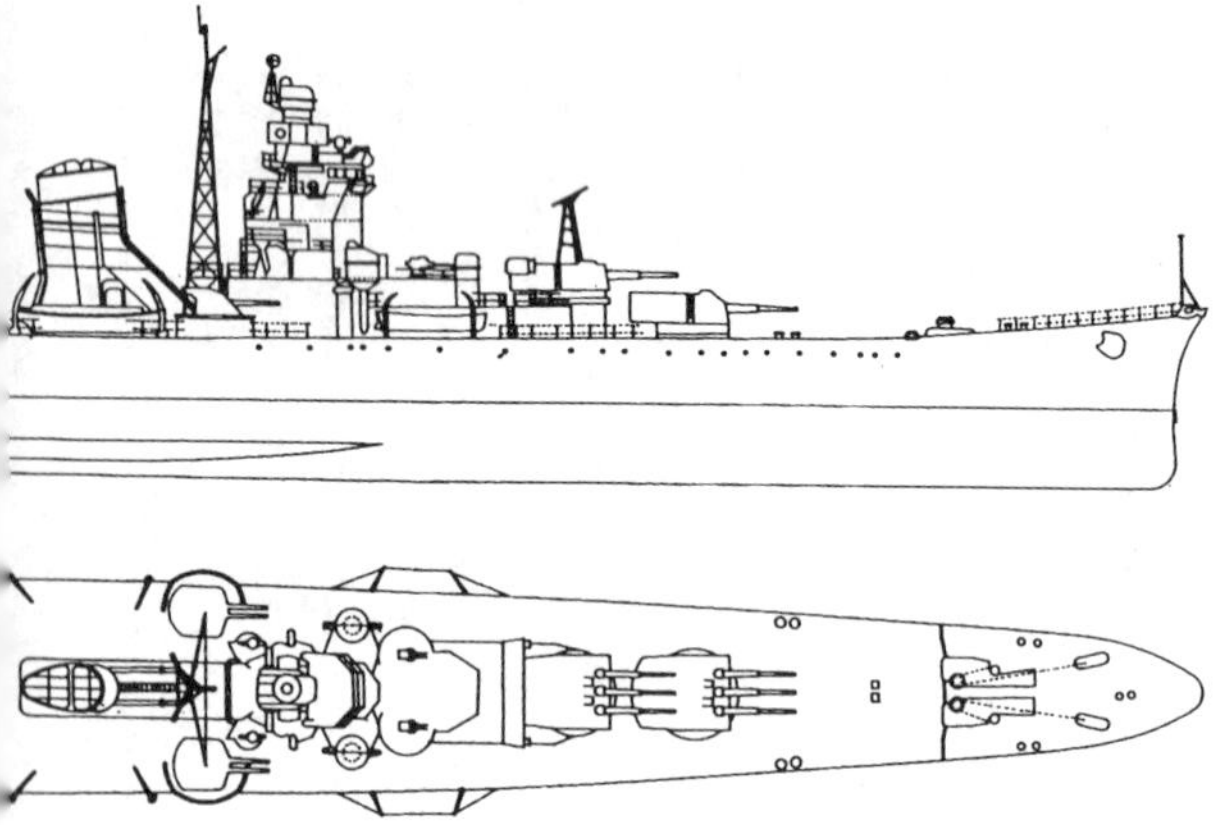

備砲15.5cm砲×6，10cm高角砲×8，　航空機6機　射出機1基

これでみると、まず気がつくことは、主砲と発射管がないことである。そのかわり高速水偵を多数搭載して、対空砲火を強化している。これだけ思いきった艦は、これまでなかった。このことは、潜水戦隊の前方に水偵を多数発進させて索敵し、自隊の潜水艦を的確に敵の方向に進出させることが狙いであった。

この要求案にもとづいて設計作業がすすめられ、できあがった設計案を海軍技術会議にかけて検討したところ、軍務局側からクレームがついた。兵装が貧弱だ、

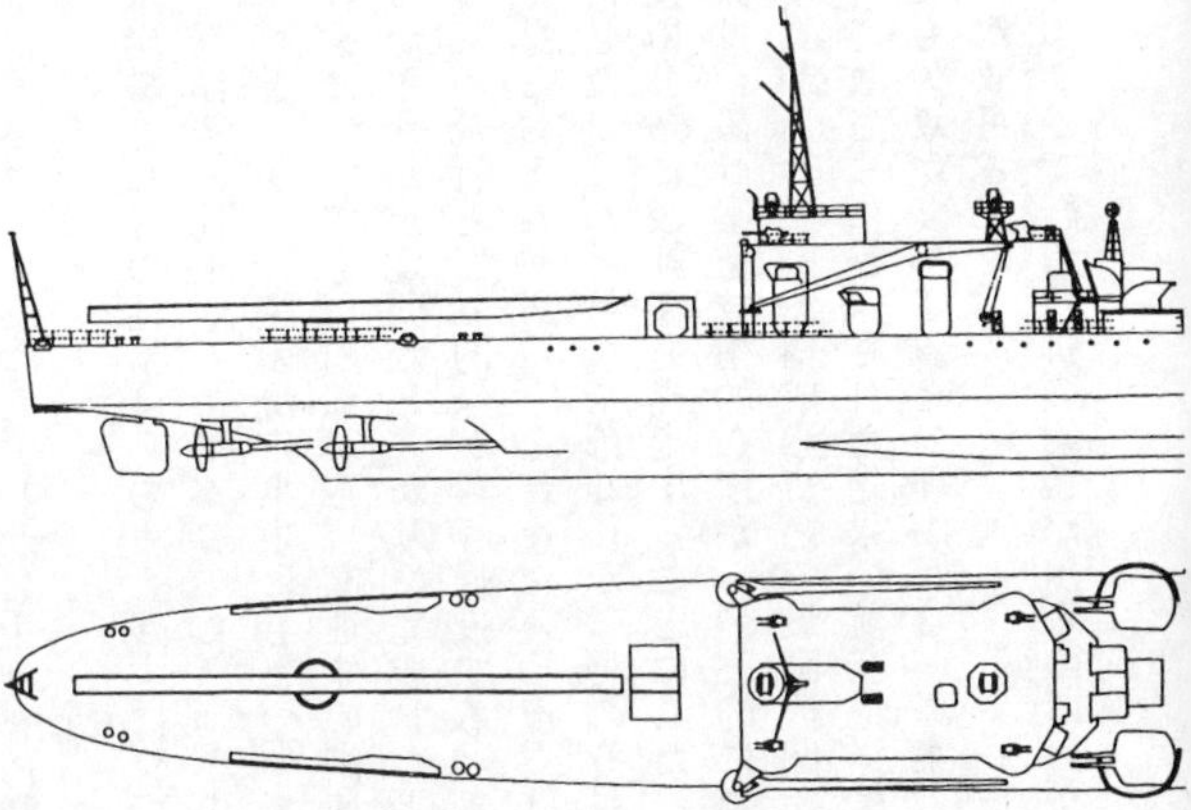

大淀（新造時）　基準排水量9980 t　全長189m　速力35kn

というのである。高角砲が八門だけでは、敵の駆逐艦に遭遇しても歯がたたないし、もし敵の巡洋艦にでも出あったら、魚雷もないのだから完全にお手あげになる。これでは、とても承認できん、という。

「しかし、幸いなことに、いま『最上』型から降ろした一五・五センチ三連装砲塔があまっているから、これを最低二基搭載して、後部にも発射管をもうけたらどうか」

との提案がされた。「最上」型の主砲なら対空射撃もできる両用砲なので文句と変わる。

はない。しかし発射管の搭載は重量やスペースの関係からとてもムリなので、これを装備しないで再設計することになった。しかし主砲を搭載するということになると、条件がガラリと変わる。

潜水戦隊旗艦としての性格はそのまま残すにしても、すでに建造された「利根」型にやや似た、航空巡洋艦の性格が入ってくる。ちょっと中途半端な、どっちつかずの艦になるおそれがあるが、とにかく会議の決定事項にもとづいて設計した。

この設計案についても、内部から、高性能の高速水偵というのが、本艦ができあがるまでに完成するかどうかが疑問だし、かりに完成したとしても、従来の水偵よりも長距離、長時間にわたっての飛行となる関係から、帰投するときの天候の変化などで母艦に帰りつくことができなくなるおそれがある。それならいっそ、はじめから航空巡洋艦の性格をはっきり持たせた艦にしたほうがよいのではないか、との意見が出された。そこでこの案もふくめて、海軍高等技術会議に設計案を提出することにした。

この会議は、設計案を技術的な面から最終的に審理決定する機関で、各部門の権威や将官クラスの委員があつまって構成している最高機関である。

ここで、さまざまに論議された結果、航空巡洋艦としては防御面からみても弱体だし、空母といっても欠点が多すぎるとの理由から、原案どおりの、水偵搭載の旗艦用軽巡として建造することが認可された。

一隻だけのことで紆余曲折の論議が出るのはおかしなことだが、当時の国力からいって多

昭和18年2月28日に竣工した「大淀」。写真は完成まもない頃。当初の計画では、潜水艦をひきいる潜水戦隊の旗艦として建造された。

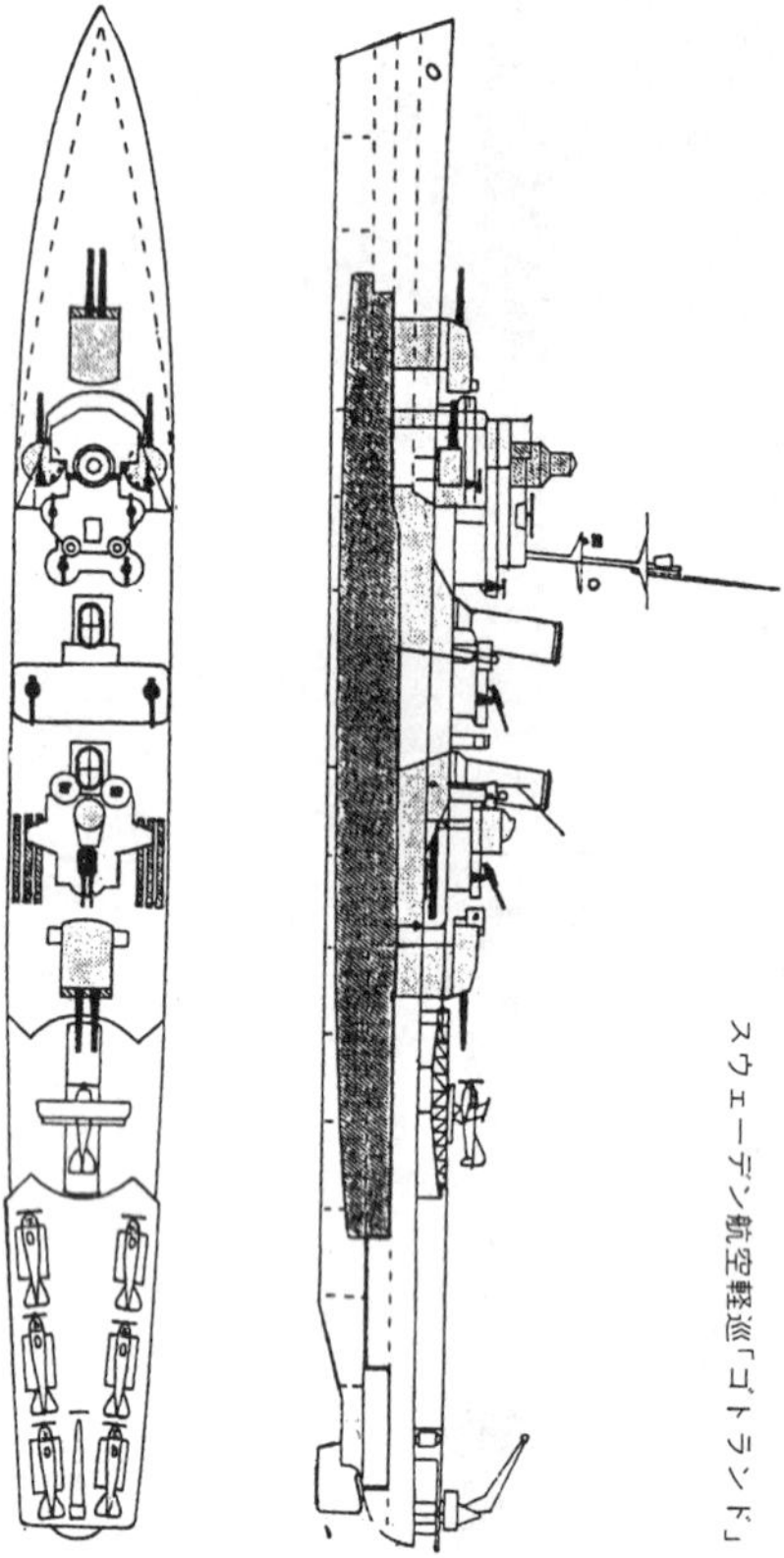

スウェーデン航空軽巡「ゴトランド」

305　潜水戦隊の旗艦として建造

「大淀」の計画にあたって参考にされたといわれるスウェーデンの航空巡洋艦ゴトランド。艦の中央部から艦尾にかけて飛行甲板が設けられていた。

数の艦をつくることができない日本海軍としては、一艦でもムダのない、効果的な優秀艦をとねがう気持ちから出たものであった。

米国のように、空母でも防空巡でも、必要とあればどんどん作れるような国情でなかっただけに、一艦一艦にそそがれた情熱は、異常といってよいほど真剣なものがあった。

潜水戦隊旗艦としてつくられる予定の「大淀」型は、一番艦の「大淀」につづいて二番艦「仁淀」が建造されることになっていたが、昭和十六年十一月になって、いよいよ開戦が真実性を帯びてきたとき、艦艇の建造計画が大幅に改正され、いわゆる戦時急造計画に切りかえられた。このため、ようやく船体建造にとりかかったばかりの「仁淀」の工事が中止され、その材料をそっくり、新造の重巡洋艦「伊吹」にふりかえられたのである。

戦闘開始となると、砲力の優れた戦闘艦を一隻でも多くほしいと願いのは用兵者の切なる願望であることはいうまでもない。こうして軽巡「仁淀」は犠牲となり、「大淀」型は一隻だけという日本海軍にとって変則的な建艦計画となった。

しかしその後の戦況からみると、軽快俊敏なこのタイプの軽巡がきわめて有利な戦闘を展開した実績があり、むしろ思いきって建造をすすめたほうが、日本海軍にはよかったのではないかと思われる。

改「阿賀野」型の「大淀」

「大淀」の船体設計は、基本的には「阿賀野」型の船体をそっくりもってきたもので、「阿賀野」型よりひとまわり大きく、一万トン重巡よりはひとまわり小さいという中間の大きさであった。

したがって性能は「阿賀野」型とはほとんどおなじものになっている。ただわかっているのは、艦の後部を飛行機搭載用の甲板にしていることで、このタイプは日本ではじめてのものである。一見、重巡「利根」型と似ているが、「利根」型のほうはむしろ、二〇センチ連装砲四基という大攻撃力の砲塔を、いかに艦首部に集中配置するかという問題がテーマになっていた。その点から類似艦にネルソンやダンケルクがあげられたわけだが、「大淀」のほうはむしろ、スウェーデンの航空軽巡ゴトランドの系譜に属するとみてよいだろう。

ゴトランドは、一九三四年（昭和九年）に竣工した四五二七トンの軽巡で、艦首部に一五センチ連装砲を二基、艦橋両舷に同単装砲一基ずつの合計六門を搭載しており、艦のほぼ中央部から艦尾にかけて飛行甲板とし、その前方にカタパルトをおいて水上機八機を搭載していた。主として沿岸警戒に用いられていたが、斬新な発想と、成功した船体に、当時、世界の海軍国は注目したものである。

とうぜん「大淀」を計画するにあたって、このゴトランドを参考にすることは念頭にあったと思われるが、これによって設計が左右されるほどのことはない。というのも、「大淀」のもつべき性格は、潜水戦隊旗艦であって、このことから割り出してゆけば、必然的に生まれてくる艦型であったからだ。むしろ一五・五センチ三連装砲塔二基を、背負い式に艦首部に搭載したことはきわめて成功であった。

前述したように、この主砲は最大仰角七五度、最大射程二万七〇〇〇メートル、発射速度毎分七発、弾丸の初速毎秒九二〇メートルという高性能である。おまけに高角砲に匹敵する大仰角をあたえることができ、対空射撃も可能となれば「大淀」にとって、うってつけの主砲であった。しかもこの砲は、二〇・三センチ砲よりも命中精度がたかいということで評判をとった砲である。

二五ミリ連装機銃は、艦橋の基部前面に二基装備し、煙突後方の巨大な格納庫の上に四基配備された。これは竣工時の基本的な配備であり、「大淀」が完成した昭和十八年春には、この程度の機銃装備では間にあわないことは明白で、間もなく増備されている。

船体防御は、自艦のもっている一五・五センチ砲弾に耐えられるものとして設計された。まだヴァイタル・パートの水平防御は、三〇〇〇メートルの高度から投弾される二五〇キロ爆弾に耐えられるよう設計されている。

装甲の厚さは、弾火薬庫の舷側部が四五ミリ、甲板部は五〇ミリの甲鈑が用いられ、機関室は舷側が六〇ミリ、甲板部は三〇ミリとなっている。

罐は「阿賀野」型とまったくおなじものが採用され、罐数も六基でおなじである。主機は艦本式の高中低圧ギャードタービン四基で、出力一一万馬力、この機関で最大速力三五・二ノットと、予定どおりの速力をうることができた。

「大淀」にとって、もっとも特徴的なものは、つぎに述べる高角砲と航空兵装である。この二つの兵装が「大淀」をさらに強力にし、他の艦とはちがった様相をあたえることになった。

最新式の高角砲と航空兵装

〈高角砲〉

軍艦が飛行機に弱いことを暴露したのは、真珠湾攻撃とマレー沖海戦で実証した日本海軍であった。それなら、飛行機攻撃から軍艦を防御する決め手を日本海軍はもっていたかというと、これが皆無にひとしかった。

軍艦は、砲撃戦で水上決戦を行なうものであると考えられていたから、その防御方法に、自艦の主砲弾に耐えられるだけの防御をほどこしておけば、まず安全と考えられていた。ところが相手が飛行機となると、どんな大きな爆弾を投下するかわからないし、何本の航空魚雷が命中するか見当もつかない。これらの爆弾や魚雷に耐えられるような防御を艦にほどこすとなると、その防御甲板の厚さと重量に艦自体が押しつぶされ、船としての能力をもたないものになってしまう。

したがって軍艦は、飛行機に対して予測しうる防御甲鈑もつことはできない。つまり、船体は、ある程度の防御しかできず、飛行機には無力であることを覚悟しなければならなかった。

これでは軍艦の存在価値はない。そこで飛行機を撃ち落とす武器として機銃と高角砲の性能向上が叫ばれ、各国でもいろいと工夫されたのだが、高速で飛びまわる飛行機を確実にとらえる火器は、なかなか実現しなかった。

昭和19年５月４日、「大淀」は連合艦隊旗艦となった。写真の左側の人物は連合艦隊司令長官豊田副武大将。15・5センチ砲、長10センチ高角砲などの様子がよく分かる。

戦争中期までは、高空機に対しては高角砲が狙いすまして射撃し、近接した敵機には機銃弾の弾幕を張って阻止するしか方法がなかった。

昭和12年ごろに計画された「秋月」型駆逐艦のために製作された九八式10センチ高角砲。発射速度も速く、高性能だった。

昭和十九年六月のマリアナ沖海戦のころから、米軍はVT信管（VT-fuze＝近接信管または感応信管）つきの高角砲弾を撃ちあげるようになり、ようやく対空射撃に初歩的な革命がもたらされた。このVT信管というのは、弾丸のなかに超小型の発信機と受信機が組みこまれており、自分で発信した電波が目標から反射してくるのを受信し、それがある一定の強さで受信されたとき、自動的にスイッチが入り、弾丸を爆発させるというものであった。したがって弾丸を目標に向けてどんどん撃ち上げれば、その近くでかならず爆発するというものである。このVT信管のおかげで、日本機はバタバタ撃ち落とされることになったのである。

しかしそれまでは、いかに速いスピードでどんどん弾丸を発射し、しかも高空まで到達する性能のよい高角砲を出現させるか、というのが各国の目標であった。

これに対して日本海軍では、昭和十年十二月から、有力な新高角砲を開発するための設計がはじめられた。その結果、従来の一二・七センチ高角砲よりもさらにすぐれた、長一〇センチ高角砲を完成し、昭和十三年から制式採用となり、六五口径九八式一〇センチ高角砲と呼ばれた。

本砲のすぐれた性能は、最大射程一万八七〇〇メートル、最大射高一万三三〇〇メートルという長大な射程と、一分間に一九発という発射スピードである。しかし、それだに砲身の磨耗がはげしく、三五〇発の発砲で寿命が切れるという短命な欠点があった。そこで砲身の交換が簡単に行なえるような構造にされた。

これだけの高性能の高角砲は世界の海軍にはまったくなく、本砲を凌駕する高角砲が現われたのは、戦後の昭和二十八年になって、ようやく米国でつくられたのであった。じつに昭和十三年以来、一五年にわたって、本砲は世界の高角砲の最高位を独占していたのである。

この長一〇センチ高角砲は、「大淀」のほかに空母「大鳳」と、防空駆逐艦として米国海軍がおそれていた「秋月」型の主砲に採用されていただけだった。この高角砲の命中率はきわめてたかく、実戦で

「大淀」が搭載する予定だった水上偵察機紫雲。川西航空機が製作にあたったが、失敗作となり、搭載は不可能となった。

はおおいに期待され、好評を博した高角砲であった。日本海軍の名兵器の一つである。

〈航空兵装〉

新鋭高速水偵を搭載するということが「大淀」の〝目玉商品〟であり、これが本艦の大きな特徴であった。その新鋭機は、昭和十四年から川西航空機で試作研究に入っていた三座水上偵察機紫雲である。

計画によれば本機は速力三六〇キロで航続力二〇〇〇浬（東京～マニラ間）、最大速度五〇〇キロという、当時、世界にも類をみない快速水偵であった。この高速力をもって敵戦闘機の制空権下を強行突破し、敵情偵察、必要に応じて敵艦に急降下爆撃も行なうという革新的な飛行機であった。

「大淀」は、この新鋭機を六機搭載するために、後部に巨大な格納庫と、連続射出用の大型カタパルトを一基設けた。飛行機はカタパルトの上に常時一機をおき、他の五機は格納庫に入れておき、連続発進させるときは、油圧式エレベーターで二番機以後をつぎつぎにカタパルト上に送りこみ、四分間隔で全機発進させることができるようになっていた。

カタパルトは、日本海軍最大の四五メートル射出機で、圧縮空気によって射出する新形式のものだった。射出重量四・五トンで八〇ノット、五トンで七〇ノットの射出速度を発揮することができた。

こうして「大淀」の航空兵装に対する受け入れ態勢はできあがっていたのだが、かんじんの紫雲が失敗作で、搭載することができなくなってしまったのである。

紫雲は昭和十七年に一号機が完成したが、東大の谷教授の手になるＬＢ翼型(層流翼型)を採用し、翼端フロートは半引込式とした。この翼端フロートは、底面が金属製、上部がズック製で、ズックの中の空気を真空ポンプで排除して折りたたむしかけになっていた。さらに敵戦闘機に追いかけられたときは、主フロートを落としてスピードをあげ離脱するようになっていた。このフロートは二個所で胴体下に支えられ、前部がピン止めになっており、レバーで引き抜く。後部はフックで支えられているので、前部のピンがはずれれば自然に落ちるようになっていた。

ところが実際の本機は、期待された速度もわずか二五三ノット(四六八・五キロ)しか出ず、これでは強行偵察も困難であった。本機は一五機だけ製作され、実戦にはパラオで試験的に六機使用されたが、敵戦闘機にあっても主フロートがなかなか落下せず、装備も七・七ミリ旋回機銃一梃だけでは太刀打ちすることもならず、全機、枕をならべて撃墜されるという、あわれな欠陥飛行機であった。

このため、せっかく準備した巨大な格納庫も、四五メートルの大型カタパルトも、そして、高速水偵を最大の武器とするためにあたえられた艦自体のすぐれた性能も、すべてがなんの役にも立たなくなってしまった。これが「大淀」を他の目的に使用することになった主たる原因であった。

ミンドロ島に一矢を報いる

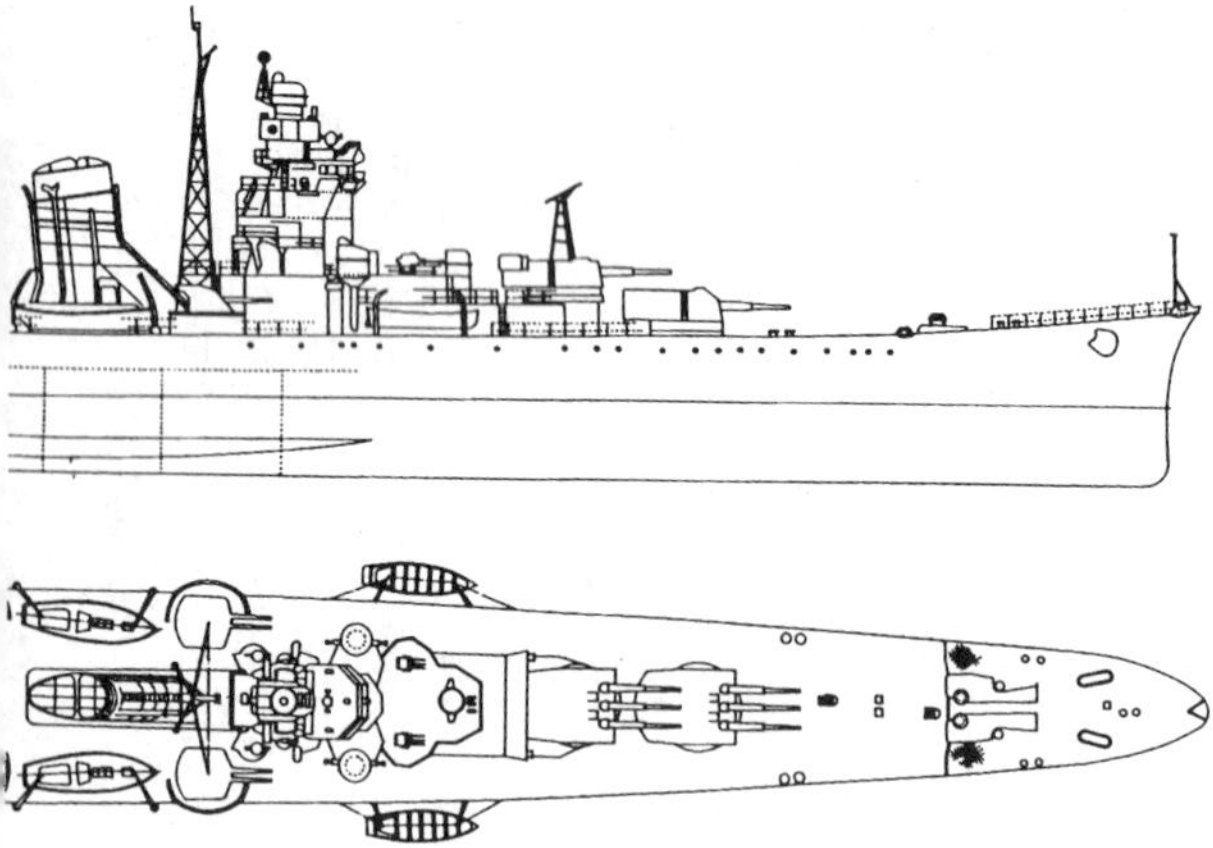

10cm高角砲×8　航空機6機　射出機1基
機銃，射出機などを換装

方基地への輸送についていた「大淀」に、突然、大任がふりかかってきた。連合艦隊旗艦の任務である。

これまで連合艦隊旗艦は戦艦「武蔵」がつとめていたが、戦況が複雑になり、作戦範囲が広大にひろがってきたので、連合艦隊司令部が戦艦に乗って移動しながら陣頭指揮をとるという方法は非現実的になってきた。米海軍のように、陸上に司令部を移すか、あるいは本国の泊地に固定した艦上から指揮をとるのでなければ、近代戦の作戦を有効

竣工以来、約一年間、南

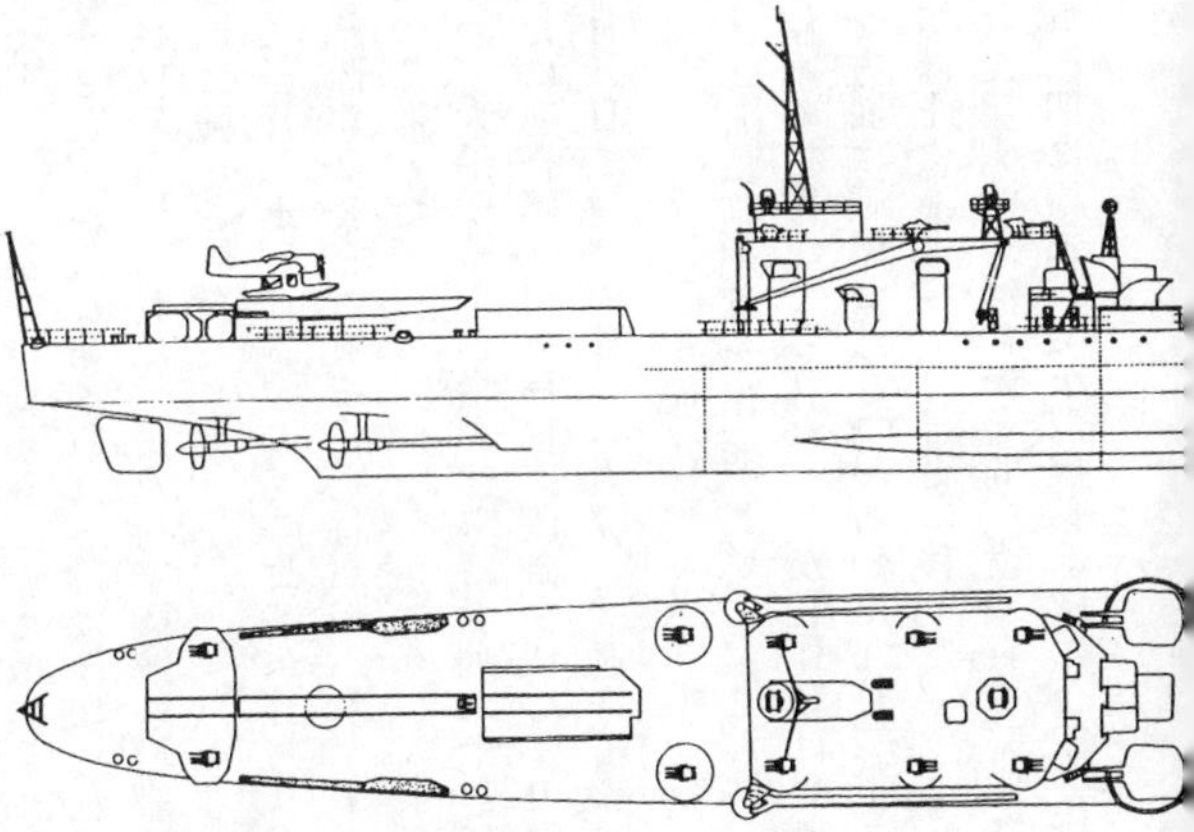

大淀（昭和19年）　基準排水量9980 t　全長189m
速力35kn　備砲15.5cm砲×6，

に遂行することが、きわめて困難になってきた。

それに司令部が乗っているということで、最強の戦艦を戦闘に投入することができないということは、戦力低下をきたしている今日、見過ごしておくわけにもいかない。そこで司令部設備をもち、最新の通信兵装も完備している「大淀」を連合艦隊の旗艦にしようという案がもちあがり、直ちに準備されることになった。

連合艦隊の司令部となると、潜水戦隊の司令部とちがって大世帯が乗りこんでくることになる。そこで、

「大淀」に司令部施設のための改装や、部員の居住区を設ける改装を行なうことになった。

十九年三月、「大淀」は横須賀工廠で改装され、約三週間で完成した。艦尾の大型カタパルトは撤去され、巨大な格納庫は三段に仕切られて、ここに作戦室や事務室、幕僚や司令部要員の居住区が設けられた。また対空機銃も増設され、二五ミリ三連装一二基、単装八基の合計四四門に強化された。

こうして三月三十一日、すべての改装がおわり、受け入れ態勢がととのったその日、奇しくも連合艦隊司令長官古賀峯一大将が、パラオ―ダバオ間の洋上で乗機の二式大艇が遭難し殉職したのであった。

このため、太平洋戦争の指導態勢に混乱が生じ、全作戦に大きな影響をおよぼしたのであった。新たに連合艦隊司令長官に任命された豊田副武大将が全艦隊の指揮をとるようになったのは五月三日で、翌四日、「大淀」は連合艦隊の旗艦となり、将旗を東京湾上になびかせたのである。

五月二十二日に横須賀を出発した「大淀」は、翌日、内海の柱島泊地に到着し、ここで「あ」号作戦の指揮がとられた。しかし作戦は失敗に帰し、次期決戦の作戦が練られていた。フィリピン方面に戦機が熟しつつあった九月二十九日、連合艦隊司令部は、海軍八〇年の伝統を破って陸上にあがり、日吉台に移った。

解放された「大淀」は約一週間、横須賀で整備され、二五ミリ単装機銃をさらに八基追加し、合計五二門に増強して小沢機動部隊に合流、捷一号作戦の〝囮〟艦隊の一員としてエン

昭和19年10月25日、捷号作戦において、被弾傾斜した空母「瑞鶴」に旗艦変更のため接近する「大淀」。小沢艦隊のオトリ空母4隻はすべて沈没した。

ガノ岬沖に出撃、まんまとハルゼーの機動部隊を引き寄せるという、世界海戦史上未曽有の大作戦を敢行したのであった。

このとき、旗艦の空母「瑞鶴」が雷撃をうけて傾斜したので、司令長官小沢治三郎中将は「大淀」に将旗を移し、艦隊の旗艦となった。「大淀」は、むらがりくる敵機を高角砲と機銃ではらいのけながら、得意の快速で洋上を突っ走った。

捷一号作戦をおわって奄美大島にひきあげだ「大淀」は、休む間もなくマニラへの回航を命じられた。まだまだ「大淀」には働いてもらわなければならなかったのである。マニラで糧食や燃料の補給をうけると、さらに南下してブルネイに入港し、ここで栗田艦隊と合流した。

十一月十六日のこと、ブルネイに敵機約五〇機が来襲してきた。すでに遠距離でこれを発見していたので、在泊中の各艦はそろって主砲を敵機に照準して待ちかまえ、ころあいをみていっせいにぶっ放した。「大和」「長門」「金剛」をはじめとして、約二〇隻の艦隊の一斉砲撃は、敵編隊のまっただ中で炸裂、たちまち敵機半数がバラバラと墜落した。残った敵機はびっくり仰天し、攻撃もせずに反転、雲を霞と遁走してしまった。艦隊の砲撃で、これほどの威力を示したのは敗北戦の中での一服の清涼剤であった。

その後「大淀」は、シンガポール沖のリンガ泊地に向かい、訓練をつづけていたが、礼号作戦の命令を受けて出撃することになった。フィリピン中部のミンドロ島サンホセに米軍が上陸、基地の設営をすすめているとの情報により、これに夜間に殴り込みをかけようとの作戦である。

　指揮官木村昌福少将は旗艦に駆逐艦「霞」を選び、これに重巡「足柄」、軽巡「大淀」、駆逐艦五隻が従うという陣容である。十二月二十六日の夜、艦隊は敵の不意を突いてサンホセ港に突入した。意外にも港内には敵艦はいず、四、五隻の輸送船のみだった。艦隊はこれに集中砲火を浴びせて全船を炎上させ撃沈した。つづいて敵飛行場と物資集積所を砲撃し、大火災を起こさせる。

　この間に敵機が反撃に飛来し、駆逐艦「清霜」が沈められた。「足柄」は撃墜した敵機がそのまま突っ込んできて激突、船体に直径二メートルの大穴を開けられてしまった。が、航行に支障はない。「大淀」には二個の二五〇キロ爆弾が命中したが不発弾だった。一個は艦首右舷を貫き海中にすっぽ抜け、一個は右舷中央部の中央部の上甲板を貫いて機関室の真上の格子で止まっていた。もし爆発していたら「大淀」はこの時点で爆沈したであろう。この不発弾をあとで調べてみると、なんと信管を装着していない爆弾だった。これでは爆発しようがない。この

昭和22年12月、解体作業のため、呉ドックに引き入れられた「大淀」。20年7月24日の爆撃で、本艦は横転擱座していた。

奇襲攻撃に、いかに米軍があわてふためいていたかがわかるというものである。

翌二十年二月、シンガポールにいた「大淀」に北号輸送作戦が下令された。これには、戦艦「伊勢」「日向」、それに駆逐艦数隻が動員された。物資欠乏の内地へ、戦略物資を輸送する任務である。シンガポールで積めるだけ積むと艦隊は、二月十日、セレター軍港を出発、敵潜の跳梁する海面を無事突破して二十日に呉についた。

この作戦がおわったところで、「大淀」はその後、第一線に復帰することができなくなった。理由は燃料の欠乏で動きがとれなくなったからである。三月十九日の呉の大空襲で「大淀」ははじめて被爆した。艦内はたちまち火の海となり右傾する。直撃弾のためにキールが曲がるほどの被害に、修理しても戦列にはもどれない姿になってしまった。このとき五〇名をこえる戦死者が出た。

応急修理をして江田島湾の一角、飛渡瀬に繋留された「大淀」は、兵学校の練習艦とされた。そして七月二十四日、またも敵艦載機の攻撃をうけて損傷。つづいて二十八日、九発の直撃弾と四発の至近弾に、さしもの「大淀」も力つきて横転、転覆したのである。名艦「大淀」も、他の艦艇と同様に、最後は悲惨な運命でおわったのであった。

終章 最後の軽巡・練習巡洋艦「香取」型 香取 鹿島 香椎

軽巡の中で、とかく忘れられがちなのが練習巡洋艦である。日本海軍では、ながいあいだ旧式の装甲巡洋艦を練習航海に使ってきたが、艦の老朽化と装備の旧式化で、有能な士官候補生の練習用には向かなくなってきた。

そこで昭和十一年の第三次補充計画で「香取」と「鹿島」を、十四年の第四次補充計画で「香椎」の三隻が建造されることになった。これらは「香取」型と呼ばれる同型艦である。基準排水量は五八九〇トン、公試状態で六三〇〇トン、水線長一三〇メートル、最大幅一五・九五メートル、出力八〇〇〇馬力、速力一八ノットという要目で、船体は大まかではあるが、よく整備されてスッキリした艦型である。練習艦であるから、兵装はあっても精悍さはない。

兵装は一四センチ連装主砲塔二基四門、一二・七センチ連装高角砲一基二門、五三センチ連装発射管二基四門、カタパルト一基、水偵一機という内容である。主砲は前部と後部に一

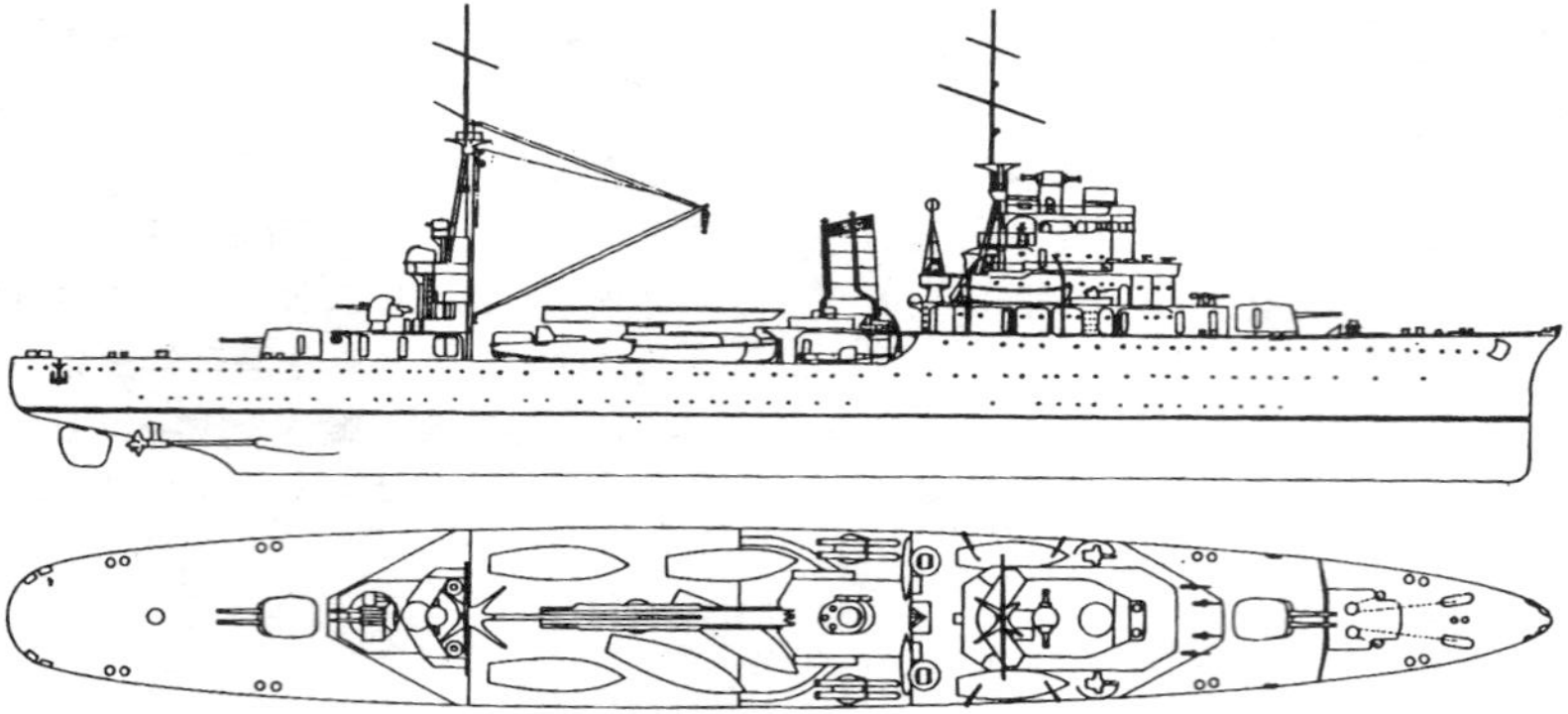

鹿島(新造時)　基準排水量5890 t　水線長129.7m　最大幅15.95m　吃水5.75m　馬力8000
速力18kn　備砲14cm砲×4，12.7cm高角砲×2，発射管×4　航空機1機　射出機1基

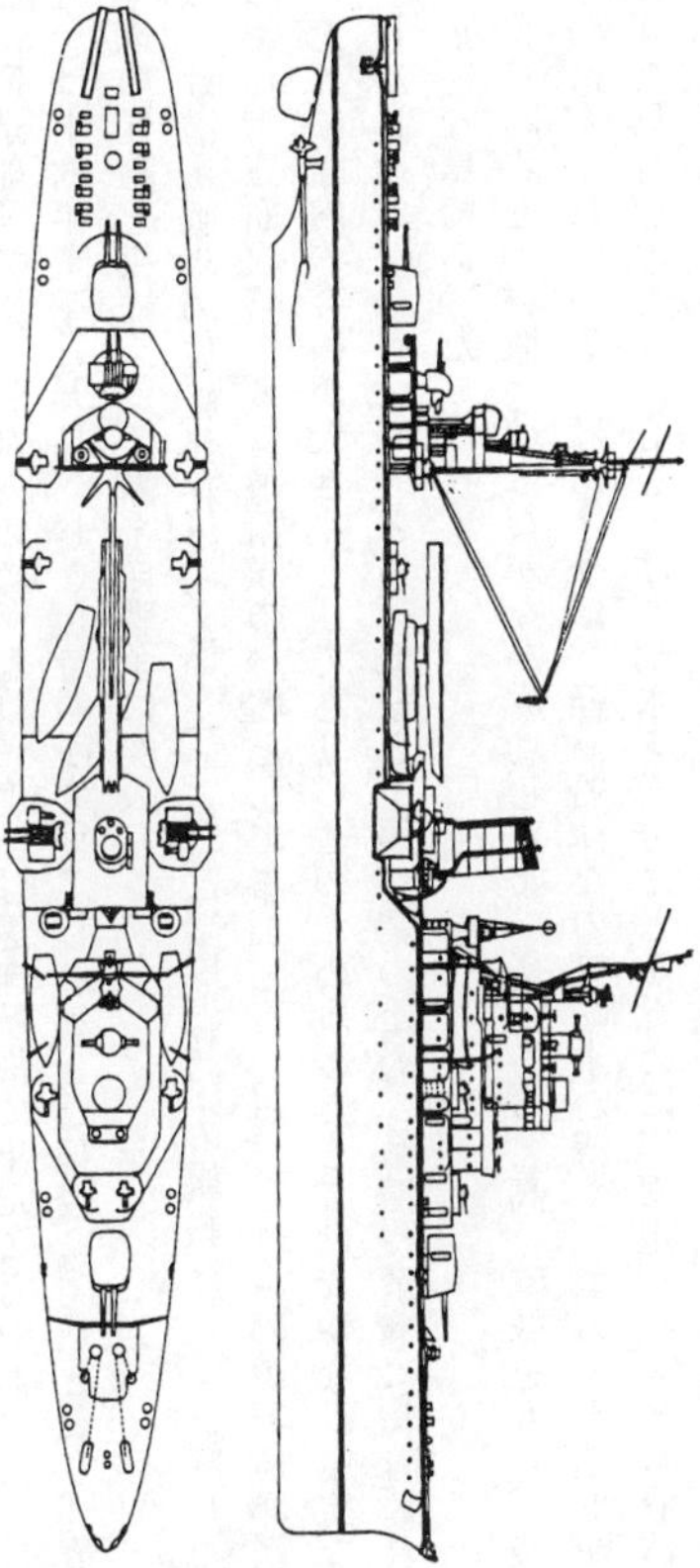

香椎（昭和19年）　基準排水量5890ｔ　水線長129.7ｍ　最大幅15.95ｍ　吃水5.75ｍ
馬力8000　速力18kn　備砲14cm砲×4，12.7cm高角砲×6　航空機1機　射出機1基

基ずつふり分けられており、後部砲塔のうしろに高角砲が背負い式に配置されている。発射管は、比較的ほそい一本煙突の両舷上甲板に配備されているが、ひろい甲板上にどっかりと腰をすえている感じでほほえましい。

「香取」は昭和十五年四月二十日、三菱横浜造船所で竣工し、つづいて「鹿島」が翌五月三十一日に同造船所で竣工した。この両艦は一度だけ遠洋航海に出たことがあった。

「香椎」は十六年十二月五日、おなじ造船所で竣工したが、三日後に開戦となり、僚艦三隻とも本来の任務を投げうって太平洋戦争に突入した。

「香取」は潜水戦隊の旗艦任務につき、「鹿島」は南遣艦隊の旗艦として活躍した。「香椎」はマレー方面攻略作戦に護衛隊の一艦として参加している。これらの練習巡洋艦は、訓練用のために艦内の容積が大きくとってあり、このため旗艦としてはなかなか重宝な艦であった。しかし速力が一八ノットという低速と、弱兵装のため、敵潜や敵機にねらわれるときわめて危険な艦であった。

艦としてみると「香取」型はなかなか成功したよい艦である。高い乾舷をもち、凌波性、耐波性にはすぐれている。ほんとうは、軽い船体なので吃水が浅く、ゴム・ボートが浮いているような具合なので、重心を下げ、吃水を充分にとるために、固定バラストや液体バラストを艦腹に搭載していた。それでもなお重量には余裕があるので、船体の強度などについては充分に考慮がはらわれたが、いわゆる「アーマー」による甲鈑防御はなされていない。いわば軍艦の形をした輸送艦といった感じである。

「香取」と「鹿島」の両艦は、戦争後期に南方から帰艦し、対潜部隊の帰艦として改装された。両舷におかれていた発射管を撤去し、これにかえて一二・七センチ高角砲二門を搭載した。また、いままで司令部の居住区としていたところを改装して爆雷庫とし、「香椎」は三

昭和15年４月20日に竣工した練習巡洋艦「香取」(上)、諸外国への寄港を考慮し、客船建造に実績のある三菱横浜造船所で作られた。15年５月31日に竣工した２番艦「鹿島」(中)。完成直後、南遣艦隊に編入され、旗艦任務についた「香椎」(下)。

〇〇個、「鹿島」は一〇〇個の爆雷を搭載した。

　やがて戦局はいよいよ不利に傾き、「香取」は十九年二月十七日のトラック島大空襲に遭遇し、艦上機の攻撃により大破、航行不能となったところを敵重巡二、駆逐艦二に発見され、砲撃をうけて沈没した。また「香椎」は二十年一月十二日、シンガポールから内地に向かう船団を護衛中、米機動部隊の攻撃をうけて南シナ海に沈没した。「鹿島」は内地で空襲をうけたが小破にとどまり、終戦を迎えた。その後、引揚げ船として海外から多数の邦人、復員兵の輸送任務についたあと、解体された。

あとがき　――連合艦隊の系譜

連合艦隊という名称は、かつての日本海軍を表わす代名詞であった。それはまた強大無比の艦隊であり、国を守る礎（いしずえ）として全国民から強く信頼されていたものである。

もちろん、連合艦隊は日本海軍のすべてではない。このほかに横須賀、呉、舞鶴、佐世保にはそれぞれ鎮守府があり、艦隊や警備隊などある程度の防衛兵力をもっていた。しかし連合艦隊は日本海軍の主戦力であり、外戦部隊のすべてである。攻守いずれにせよ、本格的な作戦をおこなうことができるのは連合艦隊においてほかにはなかった。

この連合艦隊という名称をもった独特の編制は日本独自のもので、世界にはその例がない。英国海軍にグランド・フリート（GrandFleet＝大艦隊）という名称があるが、これが連合艦隊にやや近い性格をもったものといえよう。というより、連合艦隊というものの発想の根源が、じつはこのグランド・フリートから出ているものとみたほうがいいだろう。

各国の海軍の場合、ロシアのバルチック艦隊、太平洋艦隊、黒海艦隊のように、地域の名称を艦隊につけたものが多い。これは第一次、第二次大戦を通じて変わらず、地中海艦隊、太平洋艦隊など、今日でも使われている名称である。

連合艦隊という制度が生まれたのはかなり古く、明治十七年十月一日に初めて連合艦隊編制の条例が制定されている。しかし、このときの日本海軍には合計二一隻の軍艦しかなく、このうち外洋に遠征して作戦ができる一〇〇〇トン以上の船は一二隻しかなかった。したがって条例はあっても、実際問題として連合艦隊を編成できる状態ではなかったのである。

その後、軍備の拡充と軍艦の建造にともなって数もふえ、明治二十二年七月になったて、ようやく「常備艦隊」と「警備艦隊」の二つの艦隊が編成された。これがのちの連合艦隊の母体となったのである。

ついで明治二十七年六月、日・清両国の関係がいよいよ険悪になってきたとき、艦隊条例が改訂され、警備艦隊が「西海艦隊」と改称された。読んで字のごとく、日本の西方海域に派遣された艦隊である。ここで主力の常備艦隊と西海艦隊とをもって、連合艦隊と呼ぶことになった。したがって、正式に連合艦隊という名称が日本海軍に登場したのは、このときがはじめてである。当時の連合艦隊の総数は軍艦三一隻、水雷艇二四隻という、まだまだ貧弱な勢力であった。

連合艦隊が編成された翌月の七月に日清戦争がはじまり、九月に黄海海戦が展開され、はじめて連合艦隊は勝利を博した。このときは六隻のコルベットを主力とし、四隻の巡洋艦を遊撃隊として、いわゆる六四艦隊の編成で戦闘がおこなわれた。日本海軍がはじめて近代的な編成によって勝利をえた歴史的な海戦である。

ついで明治三十六年十月になって、それまでの常備艦隊制度を廃し、第一艦隊、第二艦隊という名称を新設して連合艦隊が編成された。日本の四周がすべて海で囲まれているので、外国のように地域名をつけることが困難であったし、編成上、第一、第二としたほうが便利であった。それにこのころは、日露戦争の開始が時間の問題ともなっていたので、艦隊の近代的編成が急がれていた。ついで十月十九日、連合艦隊司令長官に東郷平八郎が親補され、第一艦隊司令長官を兼務した。

日露開戦のときの連合艦隊は、第一、第二、第三の三つの艦隊で編成されていた。第一艦隊は「三笠」を旗艦とし、戦艦六、装甲巡洋艦四を主力とする合計三一隻。第二艦隊は装甲巡洋艦六、巡洋艦四を主力とする合計三〇隻。そして第三艦隊は海防艦四、巡洋艦四を主力とする合計三一隻である。各艦隊には、駆逐艦、水雷艇、通報艦などが随伴していた。

このうち第三艦隊は老朽艦が多く、実際には戦力になりえない艦隊だったので、結局、第一、第二の両艦隊が主力となり、旅順港攻撃、黄海の海戦、蔚山沖の海戦を戦いぬき、日本海海戦でバルチック艦隊を殲滅するという大偉業をなしとげたのである。

この当時は、連合艦隊というのは平時では編成されず、臨戦体制にうつるようになってから、はじめて編成されることになっていた。それが平時でも常設されるようになったのは大正十一年からである。日本海海戦という完全試合をやってのけた連合艦隊の評価は激烈なもので、艦隊編制の定着化がこれによって確立された。さらに、艦隊の構成が、巡洋戦艦とでコンビを組むのが効果的であるとして、これが六六艦隊の要求、さらに八八艦隊の要求へと拡大していったのである。

太平洋戦争の開戦時には、連合艦隊の編成は第一～第六、第一航空、第一一航空、南遣の九つの艦隊をもち、総数二五四隻である。これに戦時建造の三八三隻を加えた合計六三七隻が太平洋上で激闘したのである。終戦時には作戦可能の艦は、四三隻しか残らなかった。もちろん主力艦はゼロである。

本書は、連合艦隊の主力艦を補佐する巡洋艦をテーマとしたが、日本の巡洋艦は「大和」「武蔵」に匹敵する、世界をリードした名鑑ばかりであった。このすぐれた遺産を生んだ日本民族の誇りは、永久に世界の海軍史上に輝くものであることを忘れてはならない。

本書を執筆するにあたって多くの資料を参考にした。そのうち主なものを左に掲げて謝意を表したい。とくに福井静夫元海軍技術少佐の諸論文に負うところが大きかった。

福井静夫『日本の軍艦』(出版共同社)。池田清『激闘』(R出版)。堀元美『駆逐艦』(原書房)。野沢正『日本軍艦100選』(秋田書店)。遠藤昭『高角砲と防空艦』(原書房)。『写真集巡洋艦』(戦史刊行会)。『日本海軍艦艇図面全集』①②(潮書房)。「丸」311号、Extra. No.34.49～53. Special. 4. 5. 10.14. Graphic Quarterly. No.25(潮書房)。

佐藤和正

単行本　昭和五十二年十二月　廣済堂出版刊　原題「連合艦隊巡洋艦」

NF文庫

巡洋艦入門

二〇〇六年 五月十七日 新装版第一刷
二〇一三年十一月十六日 新装版第二刷

著者 佐藤和正

発行者 高城直一
発行所 株式会社潮書房光人社
〒102-0073 東京都千代田区九段北一-九-十一
振替/〇〇一七〇-六-五四六九三
電話/〇三-三二六五-一八六四(代)
印刷所 慶昌堂印刷株式会社
製本所 東京美術紙工
定価はカバーに表示してあります
乱丁・落丁のものはお取りかえ致します。本文は中性紙を使用
ISBN978-4-7698-2181-6 C0195
http://www.kojinsha.co.jp

NF文庫

刊行のことば

第二次世界大戦の戦火が熄んで五〇年——その間、小社は夥しい数の戦争の記録を渉猟し、発掘し、常に公正なる立場を貫いて書誌とし、大方の絶讃を博して今日に及ぶが、その源は、散華された世代への熱き思い入れであり、同時に、その記録を誌して平和の礎とし、後世に伝えんとするにある。

小社の出版物は、戦記、伝記、文学、エッセイ、写真集、その他、すでに一、〇〇〇点を越え、加えて戦後五〇年になんなんとするを契機として、「光人社NF（ノンフィクション）文庫」を創刊して、読者諸賢の熱烈要望におこたえする次第である。人生のバイブルとして、心弱きときの活性の糧として、散華の世代からの感動の肉声に、あなたもぜひ、耳を傾けて下さい。

＊潮書房光人社が贈る勇気と感動を伝える人生のバイブル＊

ＮＦ文庫

無名戦士たちの戦場　兵士の沈黙
土井全二郎
狂気の戦場のただ中で営まれた名もなき兵隊たちの日常と生と死のドラマ。元朝日新聞記者がインタビューをかさねて再現する。

陸軍航空隊全史　その誕生から終焉まで
木俣滋郎
黎明期の青島航空戦にはじまり、ノモンハン、中国戦を経て、太平洋戦争の本土防空にいたるまで、日本陸軍航空の航跡を描く。

銀翼、南へ北へ　軍航空の多彩な舞台
渡辺洋二
ソロモンから千島まで、空の戦いに示された日米の実力。異端武装の四式戦、兵器整備学生など、知られざる戦場の物語を描く。

飛龍天に在り　航空母艦「飛龍」の生涯
碇　義朗
艦と人と技術と航空機が織りなす絶体絶命、逆境下の苦闘——国家存亡をかけて戦った空母の誕生から終焉までを描いた感動作。

海防艦三宅戦記　輸送船団を護衛せよ
浅田　博
船団護衛に任じ、幾多の死闘をくり広げた武勲艦の航跡。黙々と任務をやり遂げ、太平洋戦争を生き残った強運艦の戦いを描く。

革命家チャンドラ・ボース　祖国解放に燃えた英雄の生涯
稲垣　武
ベンガルの名家に生まれケンブリッジ大学で学び、栄達の道をなげうって独立運動に身を投じた心優しき闘魂の人の運命を描く。